Simon Grieger

W0415834

Haus der Zukunft

Wie wir unser Zuhause klimafreundlich und intelligent zu einem besseren Ort zum Leben machen können

ökobuch

Bibliografische Information der Deutschen Nationalbibliothek

Die Deutsche Nationalbibliothek verzeichnet diese Publikation in der Deutschen Nationalbibliografie; detaillierte bibliografische Angaben sind im Internet unter http://dnb.d-nb.de abrufbar.

ISBN 978-3-947021-20-8

1. Auflage 2022
© ökobuch Verlag GmbH,
Königstr. 43, 26180 Rastede
E-Mail: verlag@oekobuch.de
http://www.oekobuch.de

Alle Rechte der Verbreitung, auch durch Funk, Fernsehen, fotomechanische Wiedergabe, Einspeicherung in EDV-Anlagen, Tonträger jeder Art und auszugsweisen Nachdruck, sowie die Rechte der Übersetzung sind vorbehalten.

Druck: Grafisches Centrum Cuno, Calbe

FSC® www.fsc.org MIX Papier aus verantwortungsvollen Quellen FSC® C043106

Unsere Bücher werden nach höchsten Ansprüchen an Nachhaltigkeit und Ökologie produziert und wir optimieren ständig weiter:

- Papiere und Pappen sind FSC® oder PEFC™ zertifiziert
- Druckfarben auf Pflanzenölbasis
- Druckplattenbelichtung komplett chemiefrei
- Klebstoffe lösungsmittelfrei
- 100% Öko-Strom bei Druck und Bindung
- Müllvermeidung und Recycling bei der Produktion
- kurze Wege, gedruckt in Deutschland

Inhalt

Vorwort des Autors

Im Laufe von mehreren Wochen entstand die Idee, ein Buch zu schreiben gegen den Klimawandel, über die effiziente Nutzung von Energie in unserem Zuhause. Als Ingenieur könnte ich das Thema und seine Aspekte aus verschiedenen Blickwinkeln betrachten und dabei gesundes Wohnen und Smart Home mit einbeziehen. Aber sollte ich wirklich ein ganzes Buch darüber verfassen? Gibt es nicht schon ausreichend Lektüre über Klimawandel, erneuerbare Energien und Energieeffizienz? Möchte das überhaupt noch jemand lesen?

Und lebe ich selbst klimafreundlich genug, um das Recht zu haben, ein Buch darüber schreiben? Zum ersten Punkt muss ich ehrlich „nein" sagen – darüber schreiben möchte ich trotzdem.

Das waren meine Gedanken, ehe ich mich entschieden habe, Buchinhalte zu gliedern, Themenfelder abzustecken, Wissenslücken zu recherchieren und schließlich einfach mit dem Schreiben zu beginnen.

Denn ja, es gibt sehr viele Bücher zum Thema Klimawandel und es gibt eine Menge technischer Lektüre, insbesondere für Experten. Doch ich möchte mit diesem Buch versuchen, die teilweise komplexen Themen mundgerecht für jeden zu vermitteln und allgemeinverständlich mit Fakten, Daten und Zahlen zu informieren, wohin die Entwicklung beim Wohnen geht bzw. gehen muss. Vor allem aber möchte ich Lösungsvorschläge liefern für ein klimafreundliches gesundes Zuhause, in dem es sich besser, gesünder und gleichzeitig klimafreundlich leben lässt.

Versuchen wir also, einen Blick über das Heute hinaus – bis ins Jahr 2060 – zu werfen und aus dieser Perspektive wünschenswerte Entwicklungen im Bereich Klimawandel, die notwendige Transformation der Energiesysteme, neue Technologien und mögliche Weiterentwicklungen in Politik und Gesellschaft zu beschreiben.

Das Buch ist für alle interessierten Leser geschrieben, egal ob Jung oder Alt, Mieter oder Vermieter, Stadt- oder Landbewohner. Denn mit unserem Zuhause können wir alle heute schon einen Beitrag gegen den Klimawandel leisten. Jeder Schritt, sei er noch so klein, ist besser als untätig stehen zu bleiben.

> *„Denn die reinste Form des Wahnsinns ist es, alles beim Alten zu belassen und zu hoffen, dass sich etwas ändert"*
> (Albert Einstein)

Ich wünsche Ihnen viel Freude und inspirierende Gedanken beim Lesen!

Über dieses Buch

Wer kennt sie nicht, die Begriffe, die seit Jahren über die Medien immer wieder auf uns einwirken: Klimakrise, Treibhausgase, Kohlendioxid, Temperaturanstieg, Hitzesommer, Gletscherschmelze, Meeresspiegelanstieg, Artensterben, Kyoto-Protokoll, Klimaabkommen von Warschau und Paris, Fridays for Future, 1,5-Grad-Ziel, Energiewende, Ausstieg, Klimaflüchtlinge, Energiearmut… Manch einer mag solche Reiz-Worte gar nicht mehr hören, ja, die Phänomene, für die die Worte stehen, können uns richtig Angst machen.

An Krisen und Problembeschreibungen mangelt es fraglos nicht. Doch wie sieht es mit Antworten und Lösungen bzw. Lösungsansätzen aus? Es gibt sie, aber sie werden oft nicht genügend beachtet oder gar ignoriert. Negativnachrichten lassen sich auf jeden Fall besser verkaufen.

Genau solche positiven Lösungsansätze und Perspektiven möchte dieses Buch bieten. Immerhin entsteht rund ein Drittel aller Treibhausgase bei uns zuhause – für die wir verantwortlich sind. Das Buch möchte motivieren, Antworten geben auf die größte Herausforderung des 21. Jahrhunderts und zeigen, wie unser Zuhause in 20 bis 40 Jahren aussehen könnte bzw. sollte und welche Wege dorthin führen. Wir haben heute bereits viele Mittel und Techniken zur Verfügung, um auf die Herausforderung des Klimawandels zu reagieren. Die Frage ist nur, wie schnell wir den Weg gehen (wollen). Viele Vorreiter und deren Praxis zeigen, dass es ein gutes Gefühl gibt, Energie einzusparen und selbst erneuerbare Energie umweltfreundlich zu produzieren.

Um klug und vorausschauend zu handeln, brauchen wir gute, verständliche Informationen über unsere individuelle Situation zuhause und wie wir unsere Wohnung, unser Heim energieeffizient gestalten können. Während wohl jeder die PS-Zahl seines Autos sowie Hubraum und Spritverbrauch kennt, haben viele das Baujahr ihrer Heizung längst vergessen, kennen nicht die CO_2-Emissionswerte beim Heizen mit Öl, Strom oder Gas und wissen mit Fachbegriffen wie Heizwärmebedarf oder Heizlast kaum etwas anzufangen. Würden unsere Heizungsanlagen im Vorgarten stehen, wäre dies höchstwahrscheinlich etwas anders.

Mit diesem Buch möchte ich versuchen, ganzheitliche Antworten aus verschiedenen Blickwinkeln zu geben, sowohl um Energie im und am Haus zu sparen, aber auch, um eine möglichst wohltuende und bezahlbare Lebensumgebung zu schaffen und gesundheitsschädliche Einwirkungen von innen und außen zu vermeiden – auch mit einem intelligenten Zuhause-Management, das mitdenkt und seine Bewohner schützt und unterstützt. Es soll aufzeigen, wie Sie schrittweise vorgehen können, um Verbesserungen heute zu erreichen und um auch später noch zukunftsfähige Innovationen einzubinden. Es soll möglichst alle notwendigen Informationen liefern, um mit Planern und Installateuren, die manchmal aus reiner Gewohnheit nicht gerade optimale Lösungen anbieten, auf Augenhöhe diskutieren zu können.

> *„Wir sind nicht nur verantwortlich für das, was wir tun, sondern auch für das, was wir nicht tun"*
> (Molière)

Nachvollziehbare Rechenbeispiele möchten motivieren, in ressourcenschonende und für den Besitzer finanziell lohnende Alternativen zu investieren.

Darüber hinaus möchte ich mit Ihnen hin und wieder einen Blick in die Zukunft wagen, in das Jahr 2060 und auf den Weg dorthin. Wie können wir und unsere Kinder morgen leben, welche politischen, gesellschaftlichen und technischen Veränderungen sollten oder könnten eintreten und welche Herausforderungen werden in Deutschland und international auf uns zukommen? Die teilweise etwas gewagten Ideen und Vorschläge mögen dazu anregen, über die Zukunft nachzudenken. Wie wollen wir leben? Was soll sich ändern? Was können wir für unsere Kinder verbessern? Wie stelle ich mir meine Zukunft vor?

Da höre ich den einen oder die andere sagen: *Ist die Klimakrise eigentlich mein Problem oder nicht eher ein allgemeines, um das sich doch bitte die Politikerinnen und Politiker kümmern sollen? Muss ich als Individuum mein Verhalten verändern oder gar auf etwas verzichten, um den Planeten zu retten? Ich bin doch kein Öko. Außerdem machen es doch hier alle so.*

Gerade die letzte Ausrede kennen wir aus unserer deutschen Geschichte nur zu gut.

So gesehen kann der Blick ins Jahr 2060 zu der interessanten Frage führen: „Oma, Opa, was habt ihr damals gegen den Klimawandel gemacht? Wie konntet ihr das zulassen? Ihr könnt doch nicht sagen, ihr wusstet von nichts".

Nach „Fridays for Future" ist es naheliegend, dass uns unsere Kinder und Enkel genau diese Frage stellen werden, zumal der Klimawandel nicht nur ein Umweltproblem ist, sondern Gefahren für die gesamte Menschheit mit sich bringt. Wir leben schon seit Jahren auf Kosten zukünftiger Generationen, der unserer Kinder und Enkel. Wir verursachen dadurch bereits heute viel Leid und morgen unter Umständen noch viel mehr Unheil.

Klimawandel und Energieverbrauch sind vielschichtige Themen, die die Gesellschaften weltweit, nationale und internationale Politik, Unternehmen, Verbraucher, aber vor allem jeden von uns berühren und fordern.

Gedankenreise 2060

Begeben wir uns zusammen auf eine Gedankenreise und springen in das Jahr 2060...

Wir legen uns dazu auf den Rücken, strecken Beine aund Arme flach aus, die Handflächen zeigen nach oben. Wir schließen die Augen, fühlen den Kontakt zum Boden und atmen mehrere Male tief in den Bauch ein und aus, lösen uns von unseren Gedanken und denken an nichts...

Dann bewegen wir uns gedanklich in die Zukunft – in das Jahr 2060. Wir stehen nun im Zentrum der Hauptstadt, in Berlin, in der Nähe vom Brandenburger Tor – und schauen dort dem Treiben zu...

...In Europa hat es über die letzten Jahrzehnte Veränderungen in einer noch nie dagewesenen Geschwindigkeit gegeben. Dinge haben sich rasant geändert. Sowohl aus kultureller, medizinischer, politischer und technologischer Sicht, als auch unter soziodemografischen Gesichtspunkten.

Wir sehen Personen aus den verschiedensten Ländern, die sich dank simultaner Übersetzung über ihre Kopfhörer ohne Probleme direkt verständigen können. Es ist ruhig hier im Berliner Zentrum. Teure Fahrzeuge, die noch selbst gefahren werden müssen, sind kaum zu sehen. Stattdessen dominieren die elektrisch betriebenen „Robotertaxis", die von Google-Ride, dem Europäischen Konsortium CEAM (Clean, Efficient Autonomous Mobility) oder Tuya, einem chinesischen Internetriesen, betrieben werden. Alles absolut geräuschlos. Der Individualverkehr findet, wenn, dann fast nur noch über elektrisch angetriebene Zweiräder statt. Wer es sich leisten kann, nimmt ein elektrisch angetriebenes Flightboard oder auch mal ein autonom verkehrendes Flugtaxi. In Deutschland sind alle öffentlichen Verkehrsmittel, ob nah oder fern, seit Jahren kostenlos. Innerdeutsch geflogen wird seit einigen Jahren nicht mehr, Westeuropa fast ausschließlich per Schnellzug bereist.

Es ist leider brütend heiß, was dem Klimawandel geschuldet ist, der insbesondere im Sommer die Stadt extrem aufheizt. Im Zentrum Berlins ist es im Sommer im Schnitt etwa 8°C wärmer als im grünen Brandenburger Umland. Wie vorhergesagt, nähert sich die Durchschnittstemperatur Berlins immer mehr der von Toulouse vor 40 Jahren an. Da heute die zweithöchste Stufe für das Hitzerisiko ausgerufen wurde, sieht man kaum ältere Menschen in der Stadt. Bestimmten Personengruppen wird empfohlen, Zuhause zu bleiben oder ins kühlere Umland zu fahren. Leider wüten aufgrund der Trockenheit gerade vor den Toren Berlins wieder Waldbrände, was den Risikogruppen einen Ausflug erschwert und zudem die Luftqualität in der Stadt verschlechtert. Auch ein Grund, warum in den letzten Jahren Atemwegserkrankungen häufiger werden.

Stadtplanerisch konsequent werden seit vielen Jahren innerstädtisch freiwerdende Parkplätze, Parkhäuser und ungenutzte Einkaufszentren, die durch den Online-Handel verdrängt wurden, zu Parks und Grünanlagen umgestaltet. Auch wurden bei innerstädtischen Gebäuden in den letzten drei Jahrzehnten Fassaden und Dachflächen begrünt. Das kühlt zwar etwas im Sommer, wirkt jedoch geradezu wie ein „Tropfen auf den heißen Stein".

ökobuch

Zukunft leben

GESAMTPROGRAMM

ökobuch
Zukunft leben

ökobuch Verlag GmbH
Königstr. 43
D-26180 Rastede
Telefon 04402 926315
Telefax 04402 926350
E-Mail: info@oekobuch.de
Internet: www.oekobuch.de

Heute habe ich deshalb meine CoolClothes - Kleider angezogen, um den heißen Sommertag einigermaßen frisch überstehen zu können. Die sehen nicht nur „cool" aus, sondern haben sogenannte phase-change-materials integriert, die meine Hautoberfläche angenehm temperieren.

Ich gehe in eine Eisdiele und kaufe mir für 2 CO_2-€ ein Stracciatella-Eis. Der CO_2-€ wurde in der 2030er-Jahren nach der großen Inflation, ausgelöst durch die exponentiell ansteigende und unkontrollierbar gewordene Staatsverschuldung, in Europa eingeführt. Die Währung wurde von Euro auf den ausschließlich digital gehandelten CO_2-€ umgestellt. Der CO_2-€ ist an die jährlichen CO_2-Emissionen in Europa gekoppelt, die von Jahr zu Jahr sinken. Durch die Verknappung ergibt sich eine planbare Inflation. Steigende Staatsschulden können dadurch zukünftig leichter kompensiert werden. Pro Kopf erhält jeder EU-Bürger ab 20 Jahren ein monatliches Grundeinkommen von 800 CO_2-€, der Rest wird individuell dazuverdient.

Abbildung 1: Blick auf Berlin im Jahr 2060

Während ich von der freundlichen Bedienung mein Eis in Empfang nehme, schaue ich interessiert auf den Wall-Screen in der Eisdiele. Es laufen die aktuellen Nachrichten:

- *Die Einwohnerzahl Deutschlands wird in diesem Jahr vermutlich die 110 Mio. Grenze durchbrechen. Der Bevölkerungsanstieg ist fast ausschließlich auf Zuwanderung, vor allem durch die Aufnahme von Klimaflüchtlingen nach Europäischem Schlüssel, zurückzuführen*
- *Europa nimmt im Juli 30.000 weitere Klimaflüchtlinge aus Zentralafrika auf*
- *Land unter in UK: Innerhalb der letzten 3 Tage mussten 15 weitere Dörfer in Südengland im Flutgebiet aufgegeben werden. Nach Aussagen des Englischen Premiers lohnen sich weitere bauliche Maßnahmen gegen die Überschwemmungen nicht mehr. In diesem Jahr wurden bereits 18 Mrd. Pfund zur Stärkung der Dämme verbaut. Dies entspricht in etwa dem englischen Bildungsetat*
- *Europäische Finanzministerin Delgado gibt weitere 12 Mrd. CO_2-€ für die Aufforstung in Brasilien frei. Der Fortschritt wird mittels Drohnen kontrolliert, um die Wirksamkeit zu überwachen*
- *Mittlerweile werden zwei Drittel des Europäischen Verteidigungshaushalts für Klimakatastrophenschutz eingesetzt*
- *Studentenunruhen von Paris auf Berlin, Hamburg und München übergeschwappt. Studentenführer Laurent ruft zu Rentenkürzungen als finanzielle Entschädigung für die Klimafolgen auf. Die heutige Rentnergeneration sei mit ihrer Ignoranz und ihrem gierigen Konsumverhalten verantwortlich für den Klimawandel*
- *Wirtschaftliche Misere in Saudi-Arabien befeuert Tumulte in Riad. Demonstranten wütend, weil das saudische Wirtschaftsmodell zu lange auf Ölexporte vertraute. Die Königsfamilie um Mohammed bin Salman ist auf dem Weg ins Schweizer Exil*
- *Wüste frisst sich in Südspanien weiter vor. In den letzten 15 Jahren sind deshalb bereits 500.000 Spanier in den Norden gezogen. Bilbao ist mittlerweile zur drittgrößten Metropolregion Spaniens aufgestiegen*
- *USA: Folgen der Reaktorkatastrophe in Michigan werfen Fragen zum Preis der Atomkraft zur Herstellung von CO_2-armem Strom auf*
- *Deutscher Finanzminister nimmt 5 Mrd. CO_2-€ für weitere Waldschutzmaßnahmen auf*
- *Wassermangel in Nordrhein-Westfalen. Düsseldorf schließt Freibäder und limitiert täglichen Wasserverbrauch*
- *Waldbrände im Südschwarzwald. Dieses Jahr bereits eine Fläche so groß wie Nürnberg vom Feuer vernichtet*
- *Ernteausfälle in Deutschland erreichen biblisches Ausmaß. Das siebte Jahr in Folge abnehmende Erträge. Insbesondere Brot und natürliches Fleisch werden dieses Jahr noch teurer*

Wie immer, die guten Nachrichten zum Schluss:

- *China hat sein vor 40 Jahren ausgegebenes Ziel tatsächlich erreicht und ist ab heute klimaneutral. Das zweitgrößte Land der Welt hat nach dem Höhepunkt im Jahr 2030 seine Treibhausgasemissionen kontinuierlich reduziert*
- *Die Vereinigten Russischen Staaten eröffnen die weltweit größte Carbon-Capture-Anlage. Bis 2070 sollen 1,8 Gigatonnen CO_2 in ehemaligen, unterirdischen Gasfeldern gespeichert werden*

- *Inflation in Europa das fünfte Mal in Folge bei nahezu null Prozent. Experten sehen als Grund die immer geringer werdende Abhängigkeit von steigenden Rohstoffpreisen*
- *20-jähriges Jubiläum der international geförderten Hyperloop-Strecke zwischen Teheran, Bagdad, Amman und Tel Aviv. Studien bescheinigen dem Friedensprojekt zwischen Schiiten, Sunniten, Juden und Christen einen signifikanten Beitrag zur deutlich verbesserten Völkerverständigung*

Ich verabschiede mich von der Bedienung. Ich denke nach …

Viele dieser Nachrichten hätten wir uns 40 Jahre zuvor nicht vorstellen können. Wie hat doch das Tempo der Veränderungen in den letzten Jahrzehnten zugenommen. Auch der Kampf gegen den Klimawandel. Er hat sich gelohnt. Zwar wurden die anfangs international gesteckten Ziele nicht vollständig erreicht, doch konnte den Auswirkungen der Klimakrise deutlich Einhalt geboten werden. Über den Berg sind wir zwar noch lange nicht. Aber hätten wir damals nicht so entschieden reagiert, wäre es deutlich schlimmer gekommen. Was waren das doch teils für absurde Diskussionen, ehe wir uns mit voller Kraft auf den Weg gemacht haben. Nach 200 Jahren Industrialisierung haben wir es in Europa heute endlich geschafft: Ein nachhaltiges und intelligentes Energiesystem ohne Emissionen…

West- und Nordeuropa haben heute die Stromerzeugung zu über 80 Prozent auf erneuerbare Energien und Atomkraft umgestellt. Während Deutschland früh aus der Atomkraft ausstieg, baute Frankreich sie ab Mitte 2025 massiv aus. Erdöl wird nur noch in der verarbeitenden Industrie eingesetzt. Erdgas erreichte als Brückentechnologie, hauptsächlich in der Stromerzeugung und im Gebäudesektor, seinen Höhepunkt Anfang der 2030er-Jahre. Seitdem wird der Verbrauch kontinuierlich reduziert und der Rest vereinzelt durch Wasserstoff ersetzt. Grüner Wasserstoff wird heute hauptsächlich aus Nordafrika und Übersee importiert. Die Technologie zur Erzeugung und Nutzung von Wasserstoff hat noch großes Potential – und soll verstärkt auch in andere Weltregionen exportiert werden.

Unvorstellbar, was passiert wäre, hätten wir den Temperaturanstieg nicht aufgehalten. Wir haben zwar die 1,5°C-Erwärmung leicht überschritten und müssen deshalb heute mit den Folgen leben. Aber jenseits von 2°C wäre das menschliche Leid heute noch unvorstellbar größer.

Wir haben zusammen als Welt gezeigt, dass wir gelernt und reagiert haben. Gott sei Dank trifft folgende Weisheit der Cree heute nicht mehr auf uns zu:

„Erst wenn der letzte Baum gerodet, der letzte Fluss vergiftet, der letzte Fisch gefangen ist, werdet ihr feststellen, dass man Geld nicht essen kann."

Das Eis ist gegessen …

Wir öffnen langsam wieder unsere Augen, bewegen sanft die Arme und Beine und begeben uns wieder 40 Jahre zurück in die Gegenwart.

Klimawandel: Unsere Jahrhundert-Herausforderung

Der vom Menschen verursachte Klimawandel ist unter Wissenschaftlern heute unumstritten. Beschleunigt wird er nach wie vor durch die Verbrennung von fossilen Energien und durch die Viehzucht, bei gleichzeitiger Abholzung von Regenwäldern. Der Anteil der bereits natürlich vorhandenen Treibhausgase, wie zum Beispiel CO_2 oder Methan, wird von Jahr zu Jahr vom Menschen künstlich erhöht. In Folge wird die Abstrahlung der Wärme von der Erdoberfläche in den Weltraum gemindert, das „Gewächshaus“ Erde heizt sich auf – man spricht vom Treibhauseffekt.

Die CO_2-Konzentration in der Erdatmosphäre ist heute um rund 40 Prozent höher als zu Beginn der Industrialisierung (1). Bis zum Jahr 2017 wurde dadurch bereits eine um 1°C höhere globale Erdtemperatur im Vergleich zum vorindustriellen Zeitalter verursacht. Simulationen zeigen, dass eine Temperaturerhöhung um 1,5°C vermutlich in den 2040er-Jahren erreicht wird, siehe waagerechten, orangenen Fehlerbalken im nachfolgenden Diagramm.
Die türkise Kurve stellt dar, wie über eine schnelle Vermeidung von CO_2-Emissionen der Temperaturanstieg auf 1,5 Grad Celsius begrenzt werden kann.

Abbildung 2: Beobachtete globale Temperaturänderung und modellierte Reaktionen auf stilisierte anthropogene Emissions- und Strahlungsantriebspfade

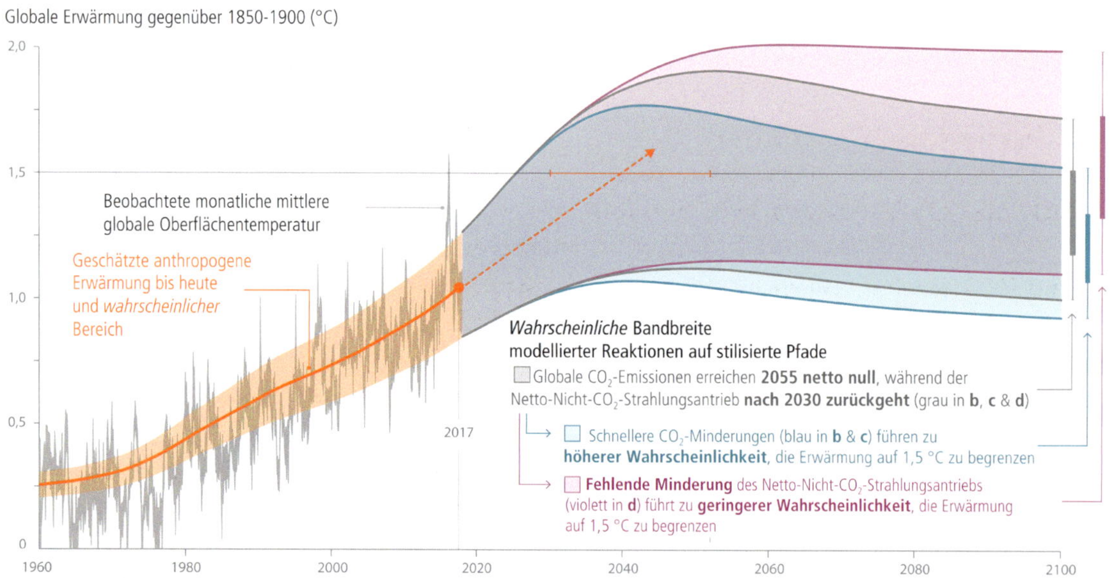

Der CO_2-Gehalt in der Erdatmosphäre steigt kontinuierlich seit Beginn der Industrialisierung, wie folgende Abbildung zeigt. Messreihen über einen längeren Zeitraum ermöglichen es, die vom Menschen verursachten Emissionen von natürlichen Schwankungen zu unterscheiden. Deutlich zu erkennen ist der immer schneller werdende Anstieg des CO_2-Gehalts in den letzten Jahrzehnten.

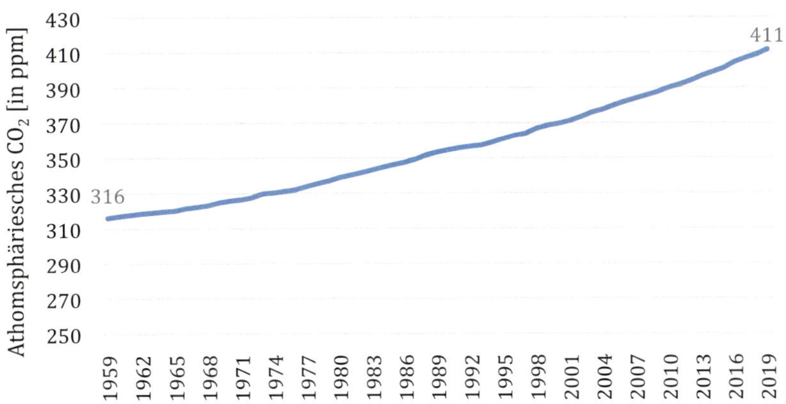

Abbildung 3: Anstieg des atmosphärischen CO_2-Gehalts. Gemessen auf Mauna Loa Observatory, Hawaii

Das Pariser Abkommen: Das 1,5°C-Ziel

Deutschland und die Welt haben auf der Pariser UN-Klimakonferenz 2015 vereinbart, den Temperaturanstieg auf weniger als zwei Grad Celsius, möglichst unter 1,5 Grad Celsius, zu beschränken. Das Pariser Klimaabkommen löst damit das Kyoto-Protokoll ab, welches zunächst nur die Industriestaaten verpflichtete, CO_2-Emissionen zu reduzieren. Die nationalen Klimaschutzziele werden von den Staaten selbst definiert und alle fünf Jahre einem internationalen Komitee zur Umsetzungskontrolle vorgelegt.

Allerdings bewerten Wissenschaftler **das 1,5-Grad-Ziel nur noch als erreichbar, wenn vor 2030 die CO_2-Emissionen deutlich sinken.**

Ab etwa 2050 müssten zusätzlich netto null Emissionen erreicht werden, also sämtliche noch ausgestoßenen CO_2-Mengen wieder der Atmosphäre entzogen werden. Neben der Reduzierung des Energieverbrauchs werden Kompensationsmaßnahmen, wie beispielsweise die Aufforstung oder die Wiederherstellung von Sumpf- und Moorlandschaften, eine große Rolle spielen müssen.

Bei einer Erwärmung der Erde „nur“ um weitere 1,5 Grad sind die Klimaauswirkungen deutlich geringer. Berechnet man die Auswirkungen für einen Anstieg um 2 Grad, dann liegt der Meeresspiegel noch einmal 10 cm höher – was weitere 10 Mio Menschen in Mitleidenschaft ziehen würde. Auch Extremtemperaturen und Dürren wären deutlich seltener, die Ozeane würde deutlich weniger versauern (2).

Kipppunkte bei mehr als 1,5 Grad Erwärmung

Das Risiko, sogenannte Kipppunkte („tipping points“) zu übersteigen, nimmt bei einer Erwärmung über 1,5 Grad deutlich zu. Kipppunkte lösen einen Dominoeffekt aus, der den Klimawandel zusätzlich verstärkt und das Erdsystem unwiederbringbar in einen neuen Zustand versetzt. Die Erde selbst treibt nun den Klimawandel unaufhaltsam voran. In der Vergangenheit wurden Kipppunkte in der Klimadiskussion unterschätzt und werden erst seit wenigen Jahren diskutiert.

Die Abbildung auf Seite 18 zeigt eine Übersicht wichtiger geografischer Kippelemente. Diese werden unterschieden in Abschmelzen

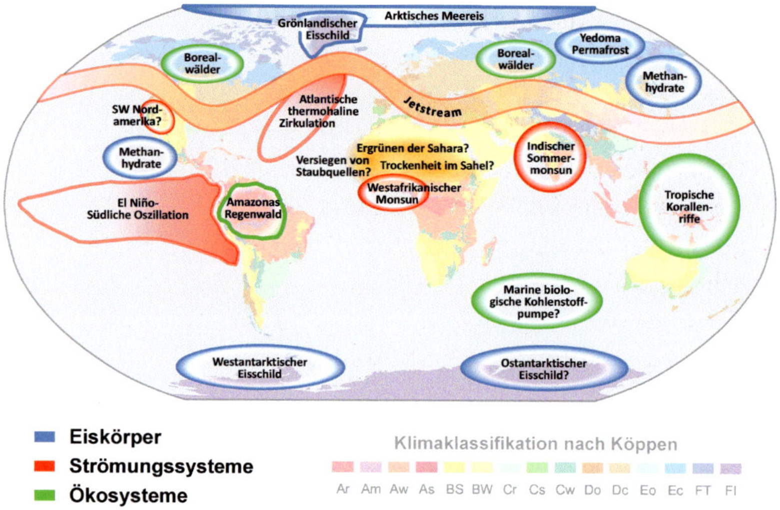

Abbildung 4: Übersicht einiger geografischer Kippelemente

von Eiskörpern, Richtungswechsel von geografischen Strömungssystemen oder Auswirkungen auf Ökosysteme, die sich durch die Erderwärmung verändern und dadurch für Mensch und Tier teilweise unbewohnbar werden.

Ein Beispiel eines Kipppunktes ist das Abschmelzen des Grönländischen Eisschildes. Dies führt zum Hervortreten einer im Vergleich zum weißen Schnee dunkleren Erdoberfläche. Anstelle Wärme über die weiße Oberfläche abzustrahlen, wird sie nun absorbiert. Der Untergrund wärmt sich auf, das Abschmelzen des Eisschildes schreitet von selbst weiter voran. Ob dieser Kipppunkt nicht bereits überschritten wurde, wird in der Wissenschaft kontrovers diskutiert.

Auch das Auftauen der Permafrostböden in Sibirien würde zusätzlich CO_2 und das noch 25-mal klimaschädlichere Methan freigeben (5).

Die Weltmeere speichern riesige Mengen CO_2 für Pflanzen- und Algenwachstum. Eine Versauerung und ein weiterer Temperaturanstieg der Ozeane würde die heutige Aufnahmekapazität von CO_2 deutlich verringern (4). Anstelle CO_2 zu binden, würden die Meere CO_2 freigeben und somit den Treibhauseffekt weiter verstärken.

CO_2-Budget noch für 9 Jahre

Der Weltklimarat IPCC (Intergovernmental Panel on Climate Change) hat ausgerechnet, wie viel CO_2 in Summe noch ausgestoßen werden darf, um das 1,5°C-Ziel zu erreichen. Derzeit beträgt das verbleibende CO_2-Budget etwa 420 Gigatonnen. Wenn man davon ausgeht, dass in den kommenden Jahren rund 42 (+/- 2) Gigatonnen CO_2 pro Jahr emittiert werden, ist das Budget nach etwa 9 Jahren aufgebraucht. Für das 2°C-Ziel wären es bis zu 26 Jahre (2). Heißt, die Emissionen müssen schon jetzt schnell sinken, um das Überschreiten der Kipppunkte zu verhindern.

In den letzten Jahrzehnten ist die jährlich ausgestoßene CO_2-Menge, von einzelnen Weltwirtschaftskrisen abgesehen, stets gestiegen. Jedoch konnte in den letzten Jahren der jährliche CO_2-Ausstoß etwas gebremst werden, was immerhin als kleiner Erfolg zu verbuchen ist.

Die Auswirkungen des Klimawandels heute und in Zukunft

Die wärmsten 6 Jahre seit 1881 wurden alle im erst angebrochenen 21. Jahrhundert erfasst

Die Folgen des Klimawandels sind heute bereits spürbar. In Deutschland wurden in diesem Jahrhundert die sechs wärmsten Jahre seit Beginn der Aufzeichnungen im Jahr 1881 gemessen (6).

In den kommenden Jahrzehnten werden sich diese Trends weiter beschleunigen. Das Klima in den Städten der nördlichen Hemisphäre wird sich dabei etwa dem heutigen

Klima der Städte 1.000 km südlich angleichen. So wird im Jahr 2050 das Klima in London dem heutigem von Barcelona entsprechen, und Madrids dem von Casablanca (7).

Seit 1984 ging es dem deutschen Wald noch nie so schlecht wie heute

Deutsche Wälder sind durch Hitze und Dürre aktuell mehr gefährdet als in den 1980er-Jahren, als Autos noch ohne Katalysatoren ausgestattet waren, und Industrieanlagen und Kraftwerke noch weit mehr die Luft verschmutzten als heute. Noch nie hatte es seit Beginn der Erfassung des Kronenzustandes im Jahr 1984 eine so starke Kronenverlichtung *[Kronenverlichtung: Anteil der Blätter/Nadeln einer Baumkrone, gemessen in Prozent, ist ein Indikator für den Gesundheitszustand eines Baumes.]* wie im Jahr 2019 gegeben. Nur noch rund ein Fünftel der Bäume zeigt keine Kronenverlichtung (8).

Weitere Extreme in Zukunft

Zukünftig sind verstärkt folgende Phänomene aufgrund des Klimawandels zu erwarten:

- Hitzeextreme. Extrem heiße Tage werden nochmal um 3-4°C wärmer
- Anstieg von hitzebedingten Todesfällen, auch in Deutschland
- Starkniederschläge, die zu Überschwemmungen führen können
- Niederschlagsdefizite, Dürren und vermehrt Waldbrände
- Artensterben
- Waldsterben
- Abschmelzen von Gletschern
- Veränderte Meeresströmungen. Der Golfstrom kann sich abschwächen, dadurch würden Extremwetter in Europa zunehmen
- Unbewohnbarkeit größerer Landstriche, insbesondere in Entwicklungsländern mit hohem Bevölkerungswachstum (z. B. der Sahelregion)
- Zunahme von Hungersnöten
- Verdrängungskampf durch Klimawandel sät Konfliktpotential für weitere Kriege
- Klimaflucht, insbesondere von Afrika nach Europa
- Volkswirtschaftlicher Schaden durch Klimawandel (ohne Umweltschäden): weltweit jährlich 4,6 Billionen €. (9)
- und und und und.

Abbildung 5: Wald mit Kronenverlichtung. Nur noch rund ein Fünftel der Bäume in Deutschland hat keine Schäden

Klimawandel ist weit mehr als ein reines „Umweltproblem"

In der Regel wird in der Öffentlichkeit der Klimawandel als ein allgemeines Umweltproblem wahrgenommen. Ähnlich wie zum Beispiel verseuchte Gewässer oder versauerte Böden.

Kofi Annan[1]

Der Klimawandel ist viel mehr als ein Umweltproblem, er ist eine Gefahr für die Menschheit, die die Ärmsten der Armen am stärksten treffen wird. Die Auswirkungen des Klimawandels treiben ganze Regionen in die Armut. Dürren machen fruchtbares Land unbrauchbar, erhöhte Wassertemperaturen führen zu einem Fischsterben, Überschwemmungen zerstören die Ernte.

Während 99 Prozent der Betroffenen in Entwicklungsländern leben, sind diese gerademal für ein Prozent der Treibhausgasemissionen verantwortlich. Der Klimawandel legt daher den Nährboden für weitere Konflikte, ausgelöst durch Armut, Perspektivlosigkeit und Wut. Muss nicht derjenige, der den Schmutz verursacht, diesen auch wieder beseitigen?

Bereits heute sterben jährlich mehr als 300.000 Menschen an den Folgen des Klimawandels. Mehr als 300 Millionen Menschen sind derzeit vom Klimawandel betroffen. Sie leiden unter Wasserknappheit, Dürre, Hunger und Krankheiten oder verlieren durch Unwetter ihre Häuser. In den nächsten zwei Jahrzehnten wird erwartet, dass sich diese Zahlen verdoppeln (10).

Die folgende Abbildung zeigt eine Weltkarte mit dem globalen Klima-Risiko-Index (KRI). Er zeigt auf, wie stark Länder von Wetterextremen, wie zum Beispiel Hitzewellen, Stürme, Überschwemmungen usw. betroffen sind. In den KRI fließen Todesopfer und wirtschaftliche Verluste mit ein (11).

Wenngleich die Auswertung der Todesopfer und Schäden keine Aussagen darüber erlauben,

Abbildung 6: Weltkarte des globalen Klima-Risiko-Index

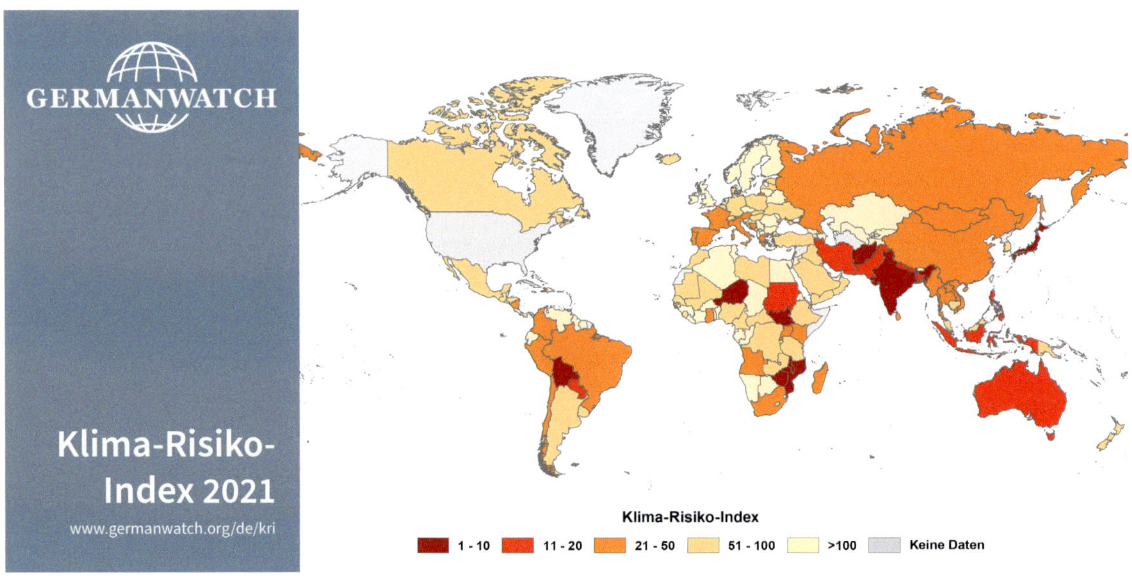

1 Nobelpreisträger, ehemaliger Generalsekretär der Vereinten Nationen und Präsident des Global Humanitarian Forum

welchen Einfluss der Klimawandel bereits bei diesen Ereignissen hatte, so lässt sich doch ein Bild der Verwundbarkeit der Staaten zeigen. Angeheizt durch den Klimawandel werden Wetterextreme zukünftig vermehrt auftreten und insbesondere verwundbare Regionen besonders treffen. Schon heute zählen viele der „Least Developed Countries" mit starkem Bevölkerungswachstum zu den am stärksten betroffenen Ländern. So wurden in den vergangenen 10 Jahren im Durchschnitt über 20 Millionen Menschen pro Jahr durch extreme Wetterereignisse zur Flucht aus dem eigenen Land gezwungen (12).

Durch das Klima hervorgerufene Schäden und Verluste bedrohen Leben und entziehen nicht nur die Lebensgrundlage, sie erschweren auch den Zugang zu Nahrung und schaffen unsichere Lebensverhältnisse, in denen eine wirtschaftliche Entwicklung nicht mehr stattfinden kann (11). Etwa wenn Kleinbauern aufgrund von Versteppung ihre Ackerflächen verlieren. Eine Spirale, die weitere Konflikte zu säen droht, und in der die Klimaflucht auf der Suche nach einem besseren Leben für viele die einzige Alternative sein wird. Ein trauriger von uns mitverursachter Trend, der im Gemisch aus Bevölkerungswachstum und Klimawandel gedeiht. Die Weltbank schätzt, dass es bis 2050 143 Mio. Klimaflüchtlinge geben wird (13).

CO_2-Ausstoß: Deutschland weltweit mit an der Spitze

Deutschland hat nach wie vor einen zu hohen CO_2-Ausstoß pro Kopf

Aufgrund des starken Wirtschaftswachstums in China, ist Deutschland mit einem Anteil von 1,1 % an der Weltbevölkerung heute „nur" für circa 2 % der weltweiten CO_2-Emissionen verantwortlich.

Skeptiker argumentieren häufig mit Hilfe dieser Zahlen: Was hilft es, wenn wir unsere Emissionen senken? China stößt doch die Masse aus! China ist wichtig!

So lässt sich dann ein Nichtstun rechtfertigen, notwendige Veränderungen in Politik und Unternehmen werden auf die lange Bank geschoben – aber damit macht man es sich zu bequem.

Denn natürlich müssen bei diesem Vergleich die CO_2-Emissionen pro Kopf herangezogen werden, und da steht Deutschland mit an der Spitze. Es ist völlig klar, dass ein Land mit mehr Einwohnern auch mehr CO_2 emittiert. „Organisatorische" Ländergrenzen können hier nicht der Maßstab sein. In Deutschland kann das Saarland auch nicht sagen: Wir machen keinen Klimaschutz, weil wir in Deutschland nur für 1 Prozent der Emissionen verantwortlich sind.

Als Industrienation hat Deutschland im 20. und 21. Jahrhundert bereits einen überdurchschnittlich hohen Anteil des weltweit noch verfügbaren CO_2-Budgets aufgebraucht. Dieser Anteil steht zur Einhaltung des 1,5-Grad-Zieles heute nicht mehr zur Verfügung. Das reiche Deutschland hat seinen Teller schon leergegessen und isst jetzt beim Nachbarn, der noch Hunger hat, mit.

Aber hätte Deutschland im weltweiten Kampf gegen den Klimawandel technisch und

„Der Preis der Größe heißt Verantwortung“
(Winston Churchill)

wirtschaftlich nicht viel mehr Möglichkeiten und könnten wir, uns unserer Verpflichtung bewusst, nicht ganz anders agieren?

Zwischen 1990 bis 2019 konnten hierzulande die CO_2-Emissionen pro Kopf bereits von 12,5 auf 7,9 Tonnen reduziert werden, siehe Abbildung unten.

Allerdings liegen die Emissionen Deutschlands nach wie vor weit über dem weltweiten Durchschnitt von 4,8 Tonnen pro Kopf. Ebenso liegen die deutschen Emissionen über dem europäischen Durchschnitt von 6,7 Tonnen pro Kopf (14).

Um wenigstens das 2-Grad-Ziel zu erreichen, müssen bis 2050 weltweit die durchschnittlichen CO_2-Emissionen auf unter 2 Tonnen pro Kopf gesenkt werden. Deutschland hat sich das Ziel gesetzt, bis 2050 die Treibhausgasemissionen um 80 bis 95 % gegenüber 1990 zu senken. Dies hätte einen CO_2-Ausstoß unterhalb einer Tonne pro Kopf zur Folge. Wir haben also noch einen weiten Weg vor uns.

Ein großer Hebel, um dieses Ziel zu erreichen, liegt in unserem Zuhause. Immerhin verbrauchen wir dort rund 35 % der in Deutschland genutzten Energie (16).

Die CO_2-Emissionen im privaten Haushalt

Die Abbildung rechts zeigt die Aufteilung der CO_2-Emissionen für private Haushalte nach Bedarfsfeldern. Mehr als ein Drittel der Kohlendioxid-Emissionen entstehen durch das Wohnen. Dies vor allem aufgrund des Heizens mit fossilen Energieträgern, heute noch hauptsächlich Heizöl und Erdgas.

Knapp ein Viertel der CO_2-Emissionen privater Haushalte sind auf den Verkehr zurückzuführen. Dabei dominieren private PKW gegenüber Verkehrsdienstleistungen (Bus, Bahn, Flugzeug) deutlich.

In Summe entfallen somit rund 60 Prozent der CO_2-Emissionen pro Kopf für Wohnen und Verkehr an und bieten somit hohe Potentiale, um den pro Kopf Ausstoß von heute 7,9 Tonnen CO_2 pro Jahr auf unter eine Tonne bis 2050 zu senken. Dazu bietet sich eine Kombination aus „Energieverbrauch senken“ und „Substitution fossiler Energieträger durch erneuerbare“ an. Dies wird im späteren Verlauf des Buches explizit beschrieben.

Abbildung 7: Entwicklung der CO_2-Emissionen pro Kopf in Deutschland in den Jahren 1990 bis 2019

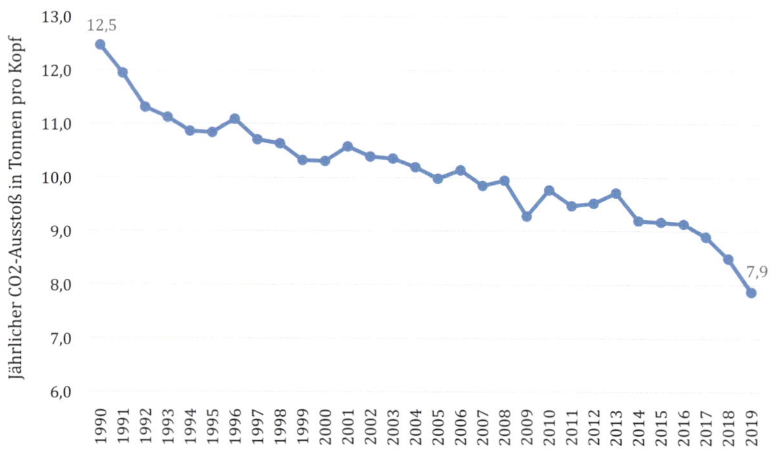

CO_2-Bepreisung

Um den Ausstoß von CO_2 zu reduzieren, wurden von politischer Seite zwei Mechanismen eingeführt. Zum einen den bereits existierenden europäischen Emissionshandel für große Marktakteure, hauptsächlich aus der Industrie und Energiewirtschaft. Zum anderen die CO_2-Steuer, die – nach anderen europäischen Ländern – zuletzt auch in Deutschland eingeführt wurde. Diese bezieht neben der Industrie und Energiewirtschaft zusätzlich die Sektoren Verkehr und Gebäude mit ein.

Seit 2021 liegt in Deutschland der politisch festgelegte CO_2-Preis pro Tonne, der auf die Brennstoffkosten umgelegt wird, bei 25 Euro und steigt bis 2025 schrittweise auf bis zu 55 Euro an (18). Für ein mittelmäßig gedämmtes Einfamilienhaus, das mit Erdgas beheizt wird, ergeben sich im Jahr 2025 dadurch Mehrkosten von ungefähr 160 Euro pro Jahr *[Annahme: Verbrauch: 13.000 kWh, CO_2-Emissionen Erdgas: 220 g/kWh, CO_2-Preis in 2025: 55 €]*. Um dem Markt keine Kaufkraft zu entziehen, werden im Gegenzug andere Steuern gesenkt (z. B. die Stromsteuer) oder ein gewisser Betrag pro Jahr den Bürgern pauschal erstattet. Aufgrund des momentan noch sehr geringen Einführungspreises erwarten Experten zunächst noch keine größere Lenkungswirkung.

Leider wurde dieses doch sehr sinnvolle Instrument mit zukünftig einigermaßen planbaren CO_2-Preisen für private und industrielle Akteure, die die Wirtschaftlichkeit von Investitionen bewerten können müssen, bisher nicht ausreichend genutzt. Anstelle von politischer Seite klare Rahmenbedingungen vorzugeben, wurde und wird nach wie vor zu viel Technologieförderung betrieben, die hauptsächlich einzelnen Interessensgruppen dient.

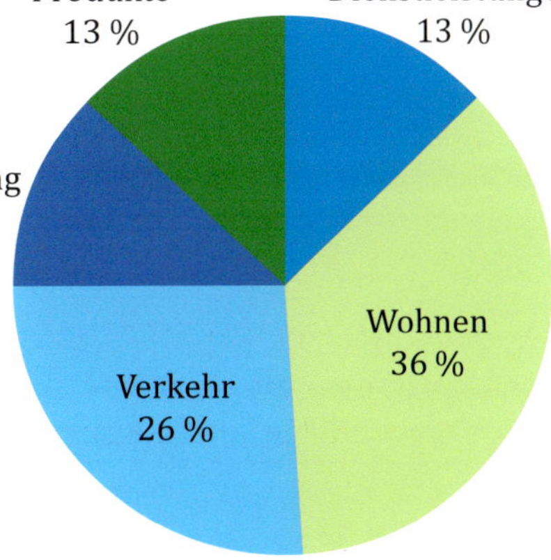

Abbildung 8: Aufteilung CO_2-Emissionen privater Haushalte

European Green Deal – das europäische „Moonshot Projekt"

Mit der in 2019 von der Europäischen Kommission vorgestellten Wachstumsstrategie soll Europa bis 2050 der erste klimaneutrale Kontinent werden und eine kreislauforientierte Wirtschaft etabliert haben. Nachhaltige Investitionen sollen angeschoben und fossile Energieträger stärker besteuert werden. Europäische Firmen sollen sich auf dem Weltmarkt als Anbieter von grünen Technologien etablieren können.

Per Gesetz soll im Vergleich zu 1990 der CO_2-Ausstoß bis 2030 um mindestens 55 % reduziert werden. Bis 2050 soll Europa netto keinerlei CO_2-Emissionen mehr ausstoßen. Außerdem soll Europa finanziell seinen Beitrag leisten, um besonders vom Klimawandel betroffene Staaten zu unterstützen. Dies ist mehr als gerecht. Sind doch bisher hauptsächlich Europa und die USA für den Klimawandel verantwortlich. Von den Folgen der Erderwärmung werden jedoch äquatornahe Staaten überproportional betroffen sein.

Europäische und nationale Staatskredite, die in Wirtschaftskrisen für antizyklische Investitionen aufgenommen werden müssen, um die Konjunktur wieder anzukurbeln, sollen in Zukunft verstärkt für Klimaschutzmaßnahmen eingesetzt werden. Dies hilft kommenden Generationen, denen durch Staatskredite der zukünftige finanzielle Handlungsspielraum genommen wird, wenigstens den Klimawandel abzufedern.

Das Wichtigste in Kürze

1. Seit Beginn der Industrialisierung ist die globale Erderwärmung um 1 °C gestiegen.
2. Auf der Pariser UN-Klimakonferenz 2015 wurde vereinbart, den Temperaturanstieg auf weniger als zwei Grad Celsius, möglichst unter 1,5 Grad Celsius, zu beschränken.
3. Bei einer Erwärmung über 1,5 Grad nimmt das Risiko für Kipppunkte, die einen Dominoeffekt in unserem Ökosystem auslösen, deutlich zu.
4. Unser aktuelles CO_2-Budget reicht mit dem heutigen Ausstoß noch etwa 9 Jahre um das 1,5 Grad Ziel zu erreichen. Die Emissionen müssen deshalb bereits vor 2030 deutlich sinken.
5. Der Klimawandel ist mehr als ein Umweltproblem. Er ist eine Gefahr für die Menschheit und trifft die Ärmsten der Armen am stärksten. Schon heute sterben Hunderttausende pro Jahr an den Folgen des Klimawandels.
6. Als Industrienation hat Deutschland bereits einen überdurchschnittlich hohen Anteil des weltweit noch verfügbaren CO_2-Budgets aufgebraucht. Die pro Kopf Emissionen liegen weit über dem weltweiten und europäischen Durchschnitt.
7. Bis 2050 sollen in Deutschland die Treibhausgasemissionen um 80 bis 95 % gegenüber 1990 gesenkt werden.
8. Große Potentiale können in unserem Zuhause gehoben werden, wo etwa ein Drittel aller CO_2-Emissionen verursacht wird. Jeder von uns kann deshalb einen Beitrag zum Erreichen der Klimaziele leisten.

Das Energiesystem der Zukunft

> *„Die Energie kann als Ursache für alle Veränderungen in der Welt angesehen werden"*
> Werner Heisenberg

Energieebenen

Zur Definition von Energieformen gibt es verschiedene Ebenen: Die Primärenergie, die Endenergie und die Nutzenergie, dargestellt in folgender Abbildung

- Primärenergie ist die ursprüngliche Energieform. Beispiele: Rohöl aus der Nordsee, Erdgas aus Erdgasfeldern, Wind oder Sonne
- Endenergie ist der Anteil, der dem Nutzen nach der Umwandlung und Übertragung zur Verfügung steht: Benzin im Tank, am Haus ankommender Strom oder ankommendes Gas. **Im Bereich Heizung: Heizenergiebedarf** *[Der Heizenergiebedarf schließt im Vergleich zum Heizwärmebedarf die Verluste des Heizungs- und Warmwassersystems, der Verteilung sowie die Hilfsenergie für den Betrieb der Anlagentechnik (Pumpen, Regelung, usw.) mit ein.]*. **Die gemessene Energiemenge für die Heizung eines Gebäudes**

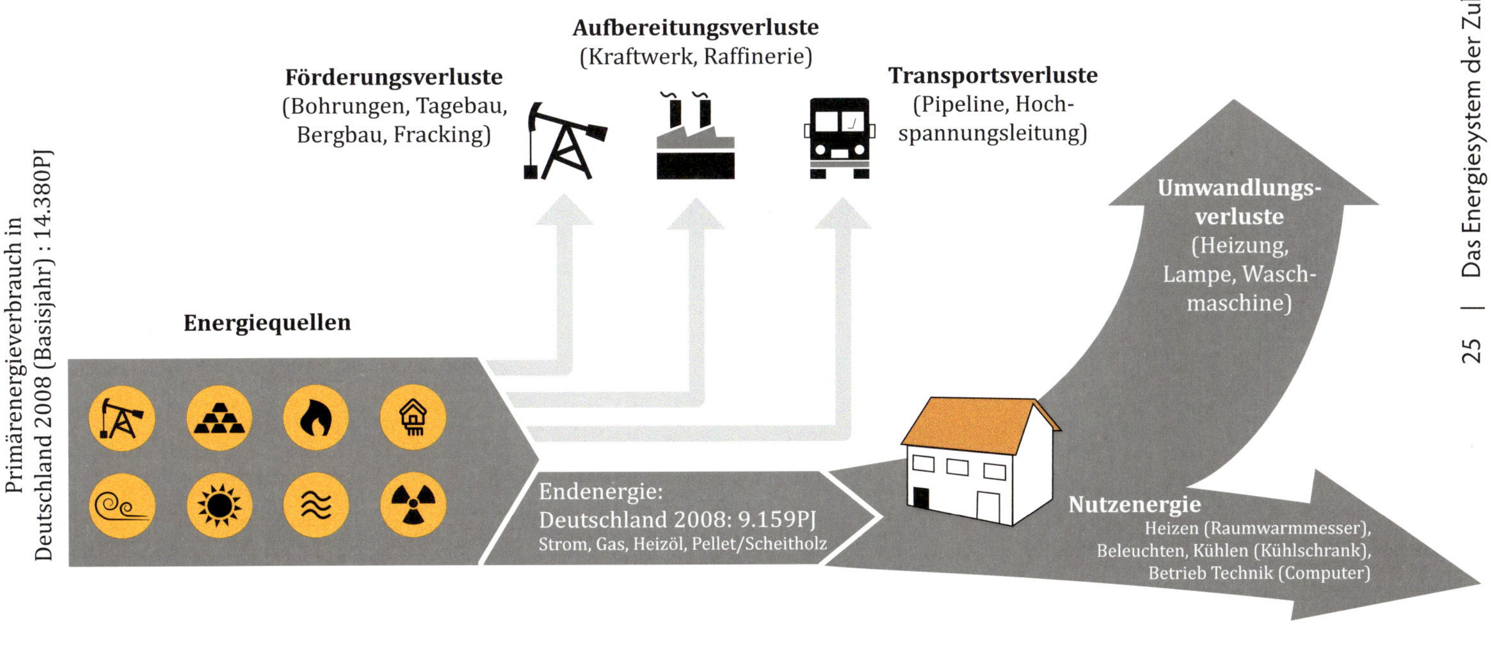

Abbildung 9: Energiefluss von Primär- zu Nutzenergie und Verbräuche

- Nutzenergie beschreibt den Anteil, der der eigentlichen Anwendung zur Verfügung steht. Beispiele: Wärme, Licht. **Im Bereich Heizung: Heizwärmebedarf** *[Der Heizwärmebedarf wird berechnet in Kilowattstunden (kWh/Quadratmeter (m²) und pro Jahr (a) angegeben. Der Heizwärmebedarf beschreibt, wie viel Wärme einem Raum zugefügt werden muss, um Temperaturverluste durch Lüftungs- und Transmissionswärme auszugleichen.]*, **eine Kennzahl zur Bewertung von Energiestandards in Neubauten**

Energie kann zwar nicht „vernichtet“ werden, trotzdem gibt es von der Umwandlung von Primär- zur End- und Nutzenergie Umwandlungsverluste. Umwandlungsverluste sind Energieabflüsse, die der nächsten Energieebene nicht mehr zur Verfügung stehen. Beispielsweise die Wärmeentwicklung an einer Glühbirne bei der Umwandlung der Endenergie Strom zur Nutzenergie Licht.

Insgesamt geht es auf allen Ebenen darum, den Verbrauch und Umwandlungsverluste zu reduzieren sowie erneuerbare Energien zu integrieren.

Abbildung 10: Primärenergieverbrauch in Petajoule [PJ] nach Energieträger mit politischen Zielen in Deutschland

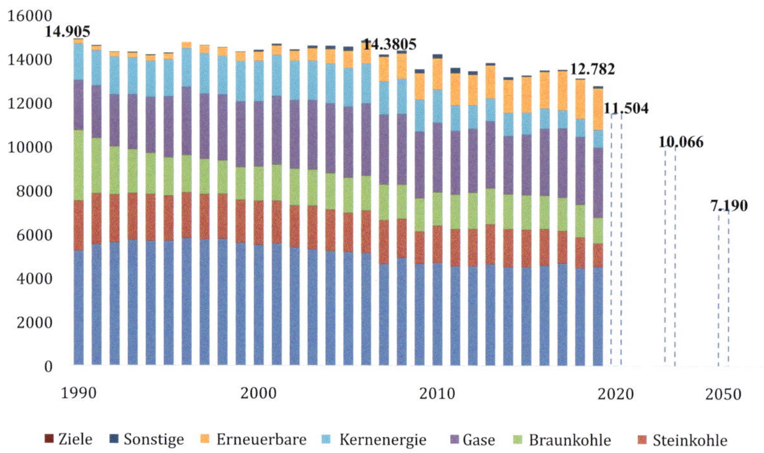

Primärenergieverbrauch in Deutschland: Ziel 30 % Reduktion bis 2030

Die unten stehende Abbildung zeigt die Entwicklung des Primärenergieverbrauchs in Deutschland von 1990 bis 2019 sowie rechts dargestellt die politischen Ziele (21). In Summe konnte er, trotz des Bevölkerungs- und Wirtschaftswachstums, gesenkt werden.

Abgesehen von Gas sind die Verbräuche aller Energieträger zurückgegangen. Seit dem Jahr 2000 nehmen die erneuerbaren Energien zu. Jedoch dominieren fossile Energieträger nach wie vor noch deutlich.

Politisches Ziel ist es, bis zum Jahr 2030 den Primärenergieverbrauch im Vergleich zu 2008 um 30 % und bis 2050 um 50 % zu reduzieren. Allein im Gebäudebereich soll der Primärenergieverbrauch bis 2050 um 80 % im Vergleich zu 2008 sinken.

Endenergieverbrauch in Deutschland: Ziel 30 % Erneuerbare bis 2030

Abbildung 11 stellt die Entwicklung der jährlichen Endenergieverbräuche nach Sektoren dar. Bis auf den Verkehr konnte zwar in allen Sektoren eine Reduktion erreicht werden, diese liegen jedoch in Summe unter dem politischen Ziel.

Im späteren Verlauf werden wir uns auf die Energieeffizienz im Bereich privater Haushalte fokussieren. Dort macht die Raumwärme den Großteil des Endenergieverbrauchs aus. Trotz zunehmender Dämmung im Neubau und Bestand sowie dem Einsatz von effizienteren Technologien, konnte keine größere Reduktion des Endenergieverbrauchs erreicht werden (19). Ein Grund ist unter anderem der Bevölkerungsanstieg, kombiniert mit der weiter zunehmenden Wohnfläche pro Kopf bei höheren Komfortansprüchen.

In Abbildung 12 ist der Anteil der erneuerbaren Energien am Endenergieverbrauch sowie dem Bruttostromverbrauch dargestellt. Aktuell wird, übergreifend über alle Sektoren, etwa 17 % der Endenergie aus Erneuerbaren bereitgestellt. Politisches Ziel ist es, bis 2030 den Anteil auf 30 % und bis 2050 auf 60 % zu steigern, was sich insbesondere stark auf den Gebäudesektor (Wärmewende) und Verkehrssektor (Verkehrswende) auswirken wird. Beide Sektoren hängen in der Transformation zurück.

Der erneuerbare Anteil am Stromverbrauch lag bereits 2020 oberhalb des politischen Ziels von 35 %. Auch die Zielsetzung „65% aus erneuerbaren Energien“ für das Jahr 2030 dürfte erreicht werden.

In den Bereichen Wärme und Verkehr konnten die Erneuerbaren nicht so stark zulegen wie im Bereich Stromerzeugung, siehe Abbildung 13. Um hier das Ziel „30 % Erneuerbare bis zum Jahr 2030“ zu erreichen, müssen insbesondere in diesen beiden Sektoren größere Anstrengungen unternommen werden.

Die Stromerzeugung: CO_2-Emissionen fast halbiert

In den Jahren 1990 bis 2019 konnte in Deutschland, trotz einer Erhöhung der Bruttostromerzeugung und des eingeleiteten Ausstiegs aus der nahezu CO_2-freien Kernenergie, eine merkliche CO_2-Reduktion erzielt werden, dargestellt in Abbildung 15. Die spezifische CO_2-Emissionen für Strom sanken in diesem Zeitraum von 764 auf 401 g/kWh Strom *[Der aktuelle Strommix und die damit verbundenen CO_2-Emissionen werden auf Webseiten für Deutschland und andere Länder zur Verfügung gestellt. Z. B. https://www.electricitymap.org/zone/DE].*

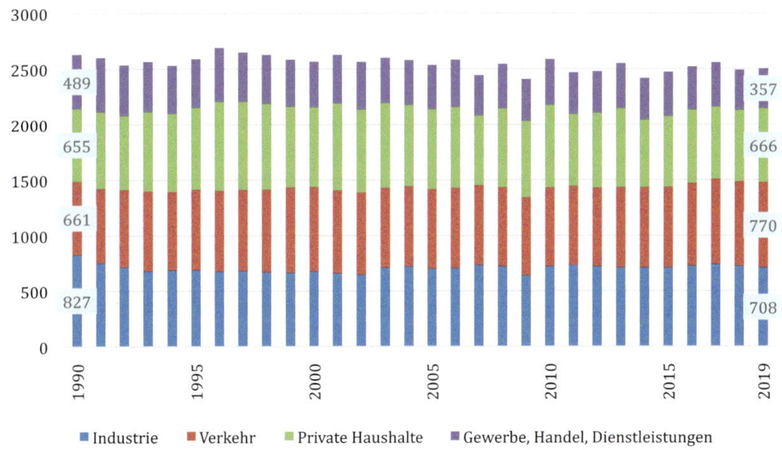

Abbildung 11: Endenergieverbrauch in TWh nach Sektoren

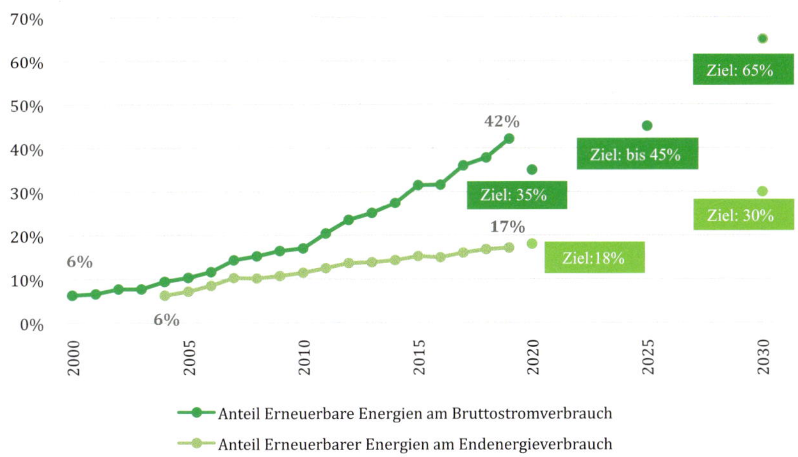

Abbildung 12: Anteil erneuerbarer Energien am Bruttostromverbrauch *[Bruttostromverbrauch = Erzeugung + Importe – Exporte]* und Endenergieverbrauch

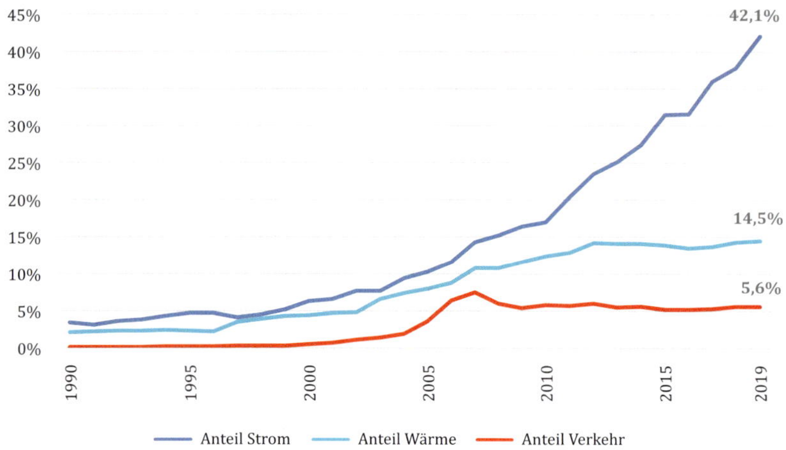

Abbildung 13: Anteil Erneuerbarer Energien im Bereich Strom, Wärme und Verkehr

Entwicklungen im Stromsektor

In der Vergangenheit gab es bereits in Deutschland und Europa große Veränderungen im Stromsektor. Erzeugung, Verteilung über das Netz und Vertrieb von Strom wurden getrennt (Unbundling), und erneuerbare Erzeugungskapazitäten ausgebaut. Die installierte Stromerzeugungskapazität muss gesteigert werden, da erneuerbare Energien nicht immer zur Verfügung stehen. Das letzte Kernkraftwerk wird in Deutschland im Jahr 2022 abgeschaltet, das letzte Kohlekraftwerk soll laut Ampel-Koalitionsvertrag bis 2030 vom Netz. In Folge dessen wird es in diesem Jahrzehnt einen noch stärkeren Umbau der Erzeugerkapazitäten geben müssen.

Die Stromerzeugung in Deutschland wird nach und nach von einer zentralen Erzeugung mit fossilen oder nuklearen Großkraftwerken auf eine dezentrale, erneuerbare Erzeugung umgebaut. Der erzeugte Strom wird zunehmend vor Ort produziert und ins Mittel- oder Niederspannungsnetz anstelle des Hochspannungsnetzes eingespeist. Das hat zur Folge, dass neben dem Zubau neuer Stromleitungen auch der Speichertypus verändert werden muss.

Zusätzlich zu bisher zentralen Großspeichern im Hochspannungsnetz, etwa Pumpspeicher, werden dezentrale Speicher auf dem Mittel- und Niederspannungsnetz notwendig sein. In der Regel handelt es sich dabei um elektrische Stromspeicher in der Nähe von Windkraftanlagen oder etwa im Heimbereich zur Aufnahme von überschüssigem Photovoltaikstrom.

Zukünftig werden Elektrolyseure auf Mittelspannungsebene aus überschüssigem, hauptsächlich regenerativ erzeugtem Strom, Wasserstoff produzieren. Dieser kann wiederum in das bestehende Erdgasnetz eingespeist werden, welches somit eine weitere Speicheralternative darstellt.

Werden zukünftig Stromverbraucher entsprechend der fluktuierenden Stromerzeugung intelligent geregelt, so kann der Zubau an weiteren Stromnetzen oder Speichern geringer ausfallen. Neben industriellen Großverbrauchern werden zunehmend netzdienliche Verbraucher im Gebäude relevant. Etwa die Wärmepumpe oder das Laden von Elektroautos.

2030: Strom „sauberer" als Erdgas

Es wird erwartet, dass durch den weiteren Ausbau der Erneuerbaren, bis 2030 die spezifischen CO_2-Emissionen zur Herstellung von Strom in Richtung 150 g/kWh sinken (27). Damit wäre eine kWh Strom aus CO_2-Sicht „sauberer" als Erdgas (~202 g/kWh) oder Heizöl (~290 g/kWh).

Durch Beimischung von Biogas, oder in Zukunft von grünem Wasserstoff, können auch bei Erdgas die spezifischen CO_2-Emissionen gesenkt werden. Jedoch ist bei Biogas der Einsatz von Energiepflanzen nicht unumstritten, und das Potential für nachhaltig erzeugtes Biogas in Deutschland begrenzt. Der intensive Maisanbau führt zur einseitigen Nutzung des Ackerbodens, welcher dann nicht mehr für Lebensmittel zur Verfügung steht. Zudem wird beim Maisanbau Stickstoffdünger eingesetzt, was wiederum das Treibhausgas Lachgas (N_2O) freisetzt. In gleicher Menge schädigt Lachgas die Atmosphäre etwa 300 Mal stärker als CO_2 (29). Politisch wird der Einsatz von Energiepflanzen zur Biogaserzeugung deshalb auf unter 50 % beschränkt. Ergänzend kommen andere Quellen wie Klärschlamm oder organischer Müll hinzu.

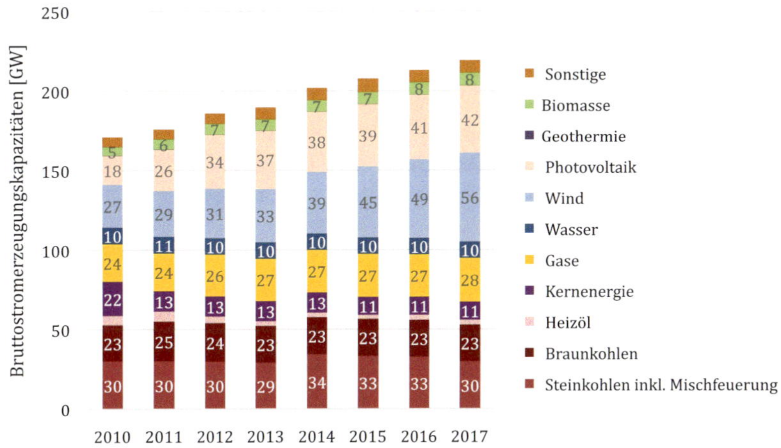

Abbildung 14: Umbau der Stromerzeugungskapazitäten in Deutschland

Das „Almost All Electric Szenario" zum Erreichen des 1,5-Grad-Zieles

Aufgrund des von Jahr zu Jahr CO_2-freieren Stroms und dem notwendigen Ziel, die Treibhausgase bis 2030 um 55 % gegenüber dem Jahr 1990 zu senken, wird die Elektrifizierung in der Mobilität aber auch im Wohngebäudebereich stark zunehmen müssen. Elektrisch betriebene Heiz- und Warmwasseranwendungen werden das Verbrennen von Heizöl und Erdgas ergänzen beziehungsweise gänzlich substituieren. Dieser Trend wird sich bis 2050 weiter verstärken, da bis dahin mindestens 80 % der CO_2-Emissionen im Vergleich zu 1990 vermieden werden müssen. Um die deutschen Klimaziele zu erreichen, ist das „Almost All Electric Szenario" der Weg, der bis zur Klimaneutralität 2045 zu gehen ist.

Vorteil des „Almost All Electric Szenario" ist die breite und universelle Nutzung der hochwertigen Energieform Strom für Wärme, Mobilität und das Betreiben von Endverbrauchern/Haushaltsgeräten. Im Gegensatz zu Öl und Gas ist die Übertragung von Strom kostengünstig und mit geringen Verlusten möglich.

Auf europäischer Ebene und in einzelnen Mitgliedsstaaten hat die Politik bereits

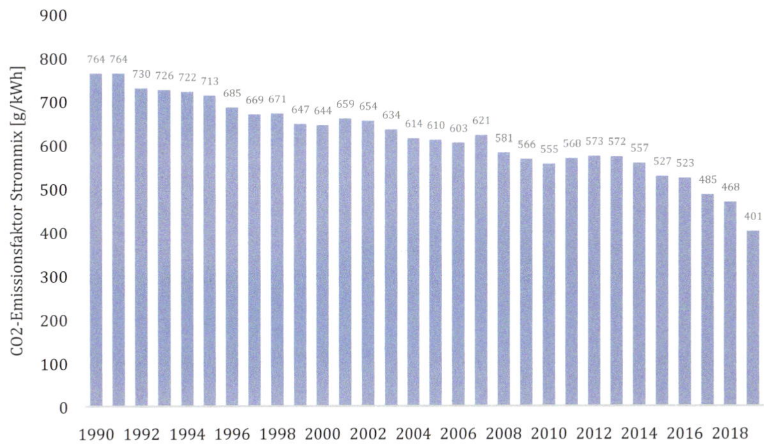

Abbildung 15: Entwicklung spezifischer Kohlendioxidemissionen im deutschen Strommix

Regelungen in Kraft gesetzt, um entsprechende Rahmenbedingungen für die Umsetzung des „Almost All Electric Szenarios" zu schaffen. Zukünftig dürften die bisherigen Regeln ausgeweitet und verschärft werden.

Die Abbildung auf Seite 30 zeigt die erwartete Stromnachfrage 2050 im Vergleich zu 2020 – und deren Bereitstellung. Auch wenn dieses ambitionierte Szenario nicht vollständig eintritt, ist der zukünftige Trend doch klar erkennbar. Aufgrund der zunehmenden Elektrifizierung in den Bereichen Industrie, Gebäudewärme und Mobilität wird sich die Stromnachfrage mehr als verdoppeln und nahezu emissionsfrei bereitgestellt werden (27). Dafür sinkt der CO_2-intensivere Kohle-, Öl- und Gasverbrauch.

Die Stromlücke schließen

Aufgrund des gesetzlich bereits beschlossenen Ausstiegs aus der Kernenergie (bis Ende 2022) und aus der Stromerzeugung aus Braun- und Steinkohle (bis 2030), entstehen Lücken in der Strombereitstellung. Diese werden neben dem massiven Ausbau von fluktuierenden Wind- und Photovoltaikanlagen über leicht zunehmende Stromimporte sowie den verstärkten Einsatz von dezentralen Kraft-Wärme-Kopplungsanlagen (KWK), Brennstoffzellen sowie flexiblen Gaskraftwerken für Nachfragespitzen substituiert. Eine „Operation am offenen Herzen".

Wind- und Photovoltaikanlagen ergänzen sich in der Weise, dass über Photovoltaik eher im Sommer Strom produziert wird und über Windkraftanlagen vermehrt im Herbst und Winter.

Um die von Deutschland zugesagten Klimaziele zu erreichen, steigt in dem Modell der Anteil der erneuerbaren Energien an der Stromerzeugung von knapp 40 % in 2019 auf 71 % in 2030 und 93 % in 2050. Im Jahr 2050 erfolgt die Stromerzeugung nahezu CO_2-frei mit 3 g/kWh.

In Zeiten hoher Stromnachfrage müssen Spitzenlasten abgedeckt werden können, auch wenn keine Sonne scheint und der Wind nicht weht. Dazu sind weitere, hochflexible Gaskraftwerke, die nur für diese Zeit einspringen und teilweise mit grünem Wasserstoff befeuert werden, notwendig. Auch werden KWK-Anlagen *[KWK – Kraft Wärme Kopplung]*, insbesondere in Zeiten mit hoher Stromnachfrage im Winter, ausgebaut werden müssen.

Regelbare, intelligente Verbraucher, Stromspeicher und der innereuropäische Ausbau von Kopplungskapazitäten für In- und Exporte von

Abbildung 16: Modell der Strombereitstellung zum Erreichen der Klimaziele

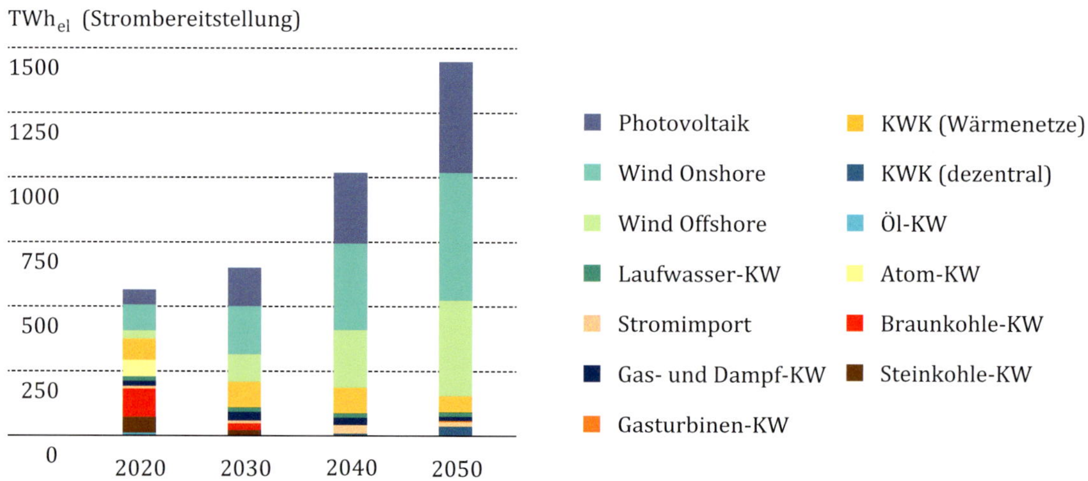

Strom, können helfen, die zusätzlich notwendigen Spitzenlastkraftwerke in Deutschland zu reduzieren.

Wie realistisch ist dieses Szenario?

Doch ist dieser massive Ausbau, insbesondere von Photovoltaik- und Windkraftanlagen, realistisch? Immerhin wird in dem Szenario die installierte Leistung an Photovoltaik und Offshore-Windkraftanlagen bis 2050 mehr als verzehnfacht und die Leistung von Onshore-Windkraftanlagen mehr als vervierfacht.

Das Szenario ist technisch umsetzbar, sofern der Wille vorhanden ist.

Nach diesem Szenario findet der Ausbau von Photovoltaikanlagen zu drei Viertel im Bereich Aufdach-Anlagen auf Häusern statt. Ein Potential, das heute bei weitem noch nicht ausgeschöpft ist. Aktuell sind nur rund 12 % der Dachflächen mit Photovoltaikanlagen belegt. Zudem werden die Investitionskosten für Photovoltaikanlagen und Stromspeicher weiter sinken, und so für Haushalte – und zunehmend auch für die Industrie – attraktiv werden. Gesetzliche Anforderungen, etwa die Pflicht einer Photovoltaikanlage im Neubau, können die Bedeutung von Photovoltaik in Zukunft nochmal deutlich steigern.

Der kommerzielle Ausbau von Offshore-Windkraftanlagen findet erst seit etwa 10 Jahren statt und steht noch am Beginn der Entwicklung. Es gibt noch viel Luft nach oben. Onshore-Windkraftanlagen stören aus nachvollziehbaren Gründen viele Menschen und wirken sich negativ auf das Landschaftsbild aus. Abstandsregelungen und Bürgerproteste erschweren deshalb den Ausbau. Das Potential geeigneter, windreicher Gebiete für die Errichtung der Anlagen scheint bald ausgereizt. Allerdings ist parallel festzustellen, dass zwar die Anzahl der neu errichteten Anlagen durchaus abnimmt, die Leistung pro Windkraftanlage in den letzten Jahren jedoch deutlich gesteigert werden konnte. Mit anderen Worten: mit weniger neuen Anlagen wird mehr Leistung bereitgestellt. Zudem hat sich in den letzten 20 Jahren der Ausbau der Onshore-Windkraftleistung fast verzehnfacht, weshalb eine Vervierfachung in den nächsten 30 Jahren durchaus realistisch erscheint.

Die Stromproduktion wird aktuell von einem System mit zentralen Großkraftwerken auf ein Netz mit dezentraler Stromerzeugung umgebaut. Dazu sind weitere Stromtrassen, etwa vom windreichen Norden in den Süden notwendig. Der Ausbau stößt aus verständlichen Gründen nicht überall auf Gegenliebe und wird von zahlreichen Protesten und Klagewellen begleitet. Erdkabel werden deshalb vermehrt eingesetzt. Es kann davon ausgegangen werden, dass der Netzausbau die Energiewende stark verzögert. Doch werden nach langen Diskussionen, ähnlich wie bei neuen ICE-Trassen, auch hier Lösungen gefunden werden.

Das „Almost All Electric Szenario" heute

Bereits heute ist an manchen Tagen das „Almost All Electric Szenario" Realität. Abbildung 17 zeigt die reale Stromerzeugung in Deutschland über einen Tag im August. An diesem Tag wurden zeitweise mehr als 60 Prozent des Stromes regenerativ erzeugt, ein Wert, der gemäß dem politischen Ziel erst für 2020 vorgesehen ist.

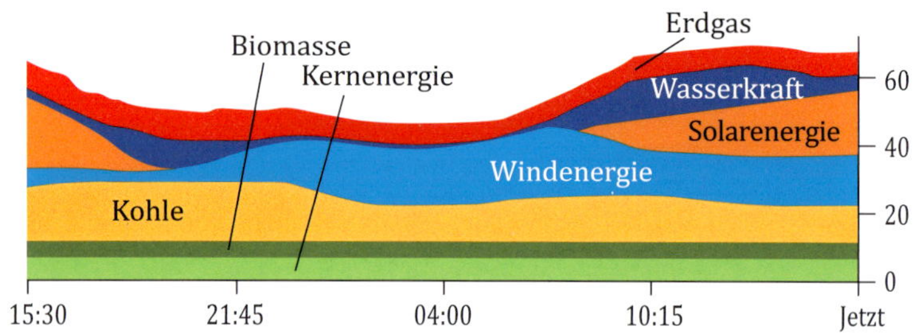

Abbildung 17: Stromerzeugung an einem sonnigen Tag

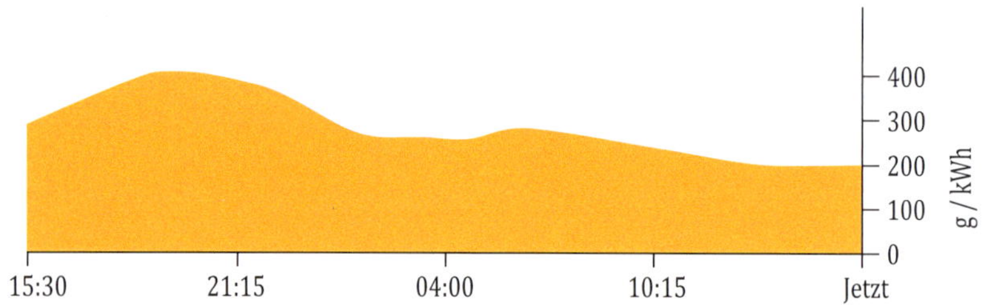

Abbildung 18: Spezifische CO_2-Emissionen in deutscher Stromerzeugung über 24 Stunden

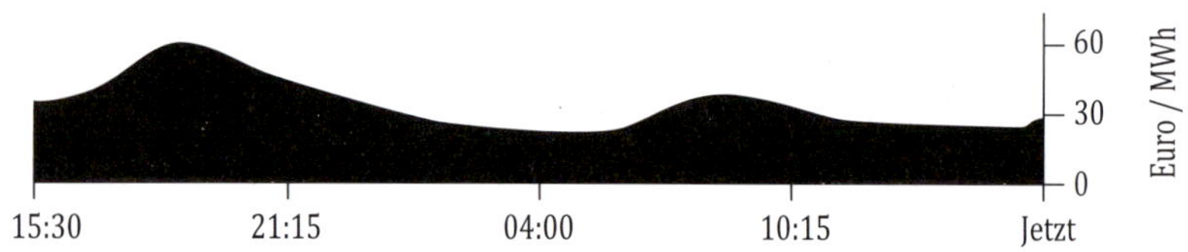

Abbildung 19: Strompreise über 24 Stunden an einem sonnigen Tag

Über den Tag ändert sich die Nachfrage. Sie ist an Werktagen höher als am Wochenende. Insbesondere Photovoltaikanlagen decken den hohen Strombedarf am Mittag gut ab. Über Speicher ist es möglich, den Sonnenstrom auch in den Abend hinein zu nutzen.

Da Braunkohle- und die restlichen, Ende 2022 stillgelegten, Atomkraftwerke ihre Leistung dem Bedarf nur bedingt anpassen können, produzieren sie konstant über den Tag Strom. Wird zusätzlich viel regenerativer Strom bei geringer Nachfrage produziert, so muss überschüssiger Strom in Nachbarländer exportiert werden. Bei geringer Nachfrage im Ausland allerdings zu sehr niedrigen oder gar negativen Preisen. Strom wird dann nicht verschenkt, sondern Stromabnehmer werden bezahlt.

Abbildung 18 zeigt die spezifischen CO_2-Emissionen im deutschen Strommix über den Tag. Nachts, wenn vermehrt Kohle verstromt wird, erreichen sie hier ein Maximum mit rund 400 g/ kWh. Über die nächsten Jahre werden sukzessive alte Kohlekraftwerke stillgelegt und Spitzenlasten verstärkt über CO_2 freundlichere Gaskraftwerke oder auch Stromimporte abgedeckt.

Für Im- und Exporte von Strom eignet sich insbesondere Norwegen mit seinem enormen Angebot zur Stromspeicherung über Pumpspeicherkraftwerke. Diese pumpen bei Stromüberschuss Wasser in höhergelegene Stauseen. Bei hoher Nachfrage wird das Wasser abgelassen und erzeugt über Turbinen Strom. Erst kürzlich wurde zwischen Deutschland und Skandinavien das Seekabel Nordlink mit der Leistung eines Atomkraftwerks fertiggestellt. Gibt es in Norwegen überschüssigen Strom, etwa während der Schneeschmelze, kann dieser nach Deutschland geleitet werden. Im Gegenzug kann überschüssiger, deutscher Windstrom nach Norwegen übertragen und dort gespeichert werden.

In Abbildung 19 werden die Strompreise über den Tag dargestellt. Nachts und morgens, wenn im Sommer wenig Wind weht und fossile Kraftwerke proportional mehr Strom erzeugen, sind die Strompreise deutlich teurer als tagsüber mit einem hohen Anteil von Photovoltaikstrom.

Sektorkopplung: Der elementare Baustein zur Energiewende

Die Stromerzeugung wird jedes Jahr ökologischer – derzeit werden bereits über 40 % des Stroms regenerativ hergestellt. Die Sektoren Industrie, Heizungswärme und Mobilität sind jedoch aktuell noch unzureichend dekarbonisiert. Fossile Energieträger dominieren. Deshalb liegt in Summe über alle Sektoren der Anteil erneuerbarer Energien bei unter 20 %, wie bereits in Abbildung 12 gezeigt.

Wurden in der Vergangenheit die einzelnen Sektoren einzeln betrachtet, so ist heute das Ziel, die Sektoren miteinander zu verbinden. Sektorenkopplung bedeutet, die Bereiche Strom, Industrie, Verkehr und Heizungswärme werden als System zusammen betrachtet. Erneuerbarer Strom aus Photovoltaik- und Windkraftanlagen kann dadurch übergreifend besser genutzt werden. Dazu müssen Verbraucher beider Sektoren verstärkt elektrifiziert werden. Im Sektor Heizungswärme mit elektrischen Wärmepumpen und im Sektor Mobilität mit elektrisch angetriebenen Fahrzeugen. Dem Umbau der Stromerzeugung muss folglich parallel der Umbau der Verbraucher, hin zu elektrischen Systemen erfolgen. Im Vergleich zur konventionellen, fossilen Verbrennung, können

elektrische Verbraucher nicht nur den grünen Strom nutzen, sie haben in der Regel auch einen höheren Wirkungsgrad *[Der Wirkungsgrad beschreibt, welcher prozentuale Anteil der zugeführten Energie nach der Umwandlung in die nächste Energieform noch zur Verfügung steht]*.

Werden die Sektoren intelligent miteinander vernetzt und über zeitabhängige Stromtarife ausreichend monetäre Anreize gesetzt, so können die Sektoren als natürliche Speicher dienen, die den Verbrauch entsprechend der in Zukunft immer stärker schwankenden Stromgestehung anpassen. Man nennt dies Lastmanagement. Wird beispielsweise tagsüber zu viel Strom aus Photovoltaikanlagen produziert, können damit Elektroautos günstig aufgeladen werden. Fehlt an windstillen Tagen Strom im Netz, können im Winter Anlagen einspringen, die neben Wärme auch Strom produzieren – die sogenannte Kraft-Wärme-Kopplung. In Summe sind dadurch weniger Speicher sowie weniger neue Stromtrassen notwendig. Aufgrund der höheren Effizienz der elektrischen Verbraucher sinkt zusätzlich der Primärenergiebedarf bei gleichem Verbrauch von Nutzenergie.

Das Energiesystem der Zukunft: Wasserstoff wird wichtig werden

Als Alternative zu Energiespeichern kann man in Zeiten hoher regenerativer Stromerzeugung und geringer Stromnachfrage grünen Wasserstoff (H_2) herstellen. Man spricht in diesem Zusammenhang von P2X (Power-to-X). Der Wasserstoff kann als Kraftstoff eingesetzt oder ins Erdgasnetz eingespeist werden. Ein großer Vorteil ist seine hohe Energiedichte bei geringem Gewicht, was insbesondere mobilen Anwendungen zugutekommt.

Wasserstoff ist ein Energieträger und keine Energiequelle. Er muss folglich aus Primärenergie hergestellt werden. Neben dem grünen Wasserstoff, der ausschließlich aus erneuerbaren Energien hergestellt wird, gibt es den grauen und blauen Wasserstoff.

Grauer Wasserstoff wird über die Dampfreformierung aus fossilen Brennstoffen, in der Regel Erdgas, gewonnen. Blauer Wasserstoff ist grauer Wasserstoff, dessen CO_2-Gehalt jedoch abgeschieden und gespeichert wird. Heute wird der größte Teil des Wasserstoffs über Erdgas hergestellt.

Mit der Nutzung von Wasserstoff im Erdgasnetz bildet das bestehende Strom- und Gasnetz ein zusammenwachsendes Energiesystem der Zukunft.

Über Elektrolyse wird aus überschüssigem Wind- und Photovoltaikstrom Wasserstoff erzeugt. Dabei geht allerdings rund ein Drittel der Energie verloren. Wasserstoff wird anschließend entweder direkt – oder als Methan synthetisiert – in das Erdgasnetz eingespeist. Das bestehende Erdgasnetz wird so zum Energiespeicher. Zum Verbraucher transportiert wird der Wasserstoff dann über die bestehende Infrastruktur. Heute dürfte eine Beimischung von Wasserstoff ins Erdgasnetz von bis zu 20 % technisch möglich sein (31). Über die bereits bestehende Gasinfrastruktur werden beispielsweise Wohnungen geheizt, Industriewärme erzeugt oder PKWs angetrieben. Durch das Einspeisen von grünem Wasserstoff und Methan sinken, zeitversetzt zum Strommix, letztlich auch die CO_2-Emissionen im Erdgasmix.

Neben der Elektrolyse als Brücke vom Strom- zum Gasnetz, stellt die Rückverstromung vom Gas- zum Stromnetz die zweite Brücke dar. Hierzu kommen Spitzenlast-Gaskraftwerke, Brennstoffzellen oder

Kraft-Wärme-Kopplungsanlagen *[Anlagen, die sowohl Strom als auch Wärme produzieren. Die Wärme wird beispielsweise für Raumwärme oder industrielle Zwecke verwendet]* zum Einsatz. Allerdings schlagen bei der Rückverstromung hohe Wirkungsgradverluste zu Buche, so dass in Summe bei der Speicherung und Rückverstromung rund zwei Drittel der Energie verloren gehen. Ein Vielfaches im Vergleich zu alternativen, elektrischen Speichern.

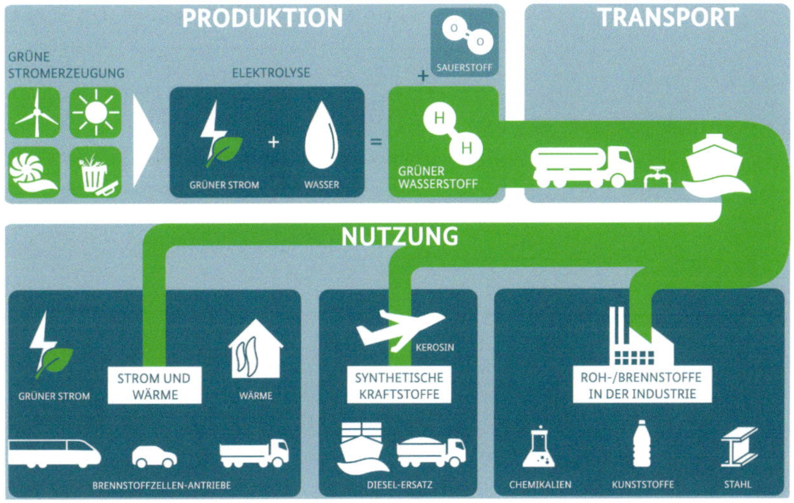

Abbildung 20: Der Weg des grünen Wasserstoffs

Vorteil Wasserstoff: Direkte Einbindung erneuerbarer Energien in den Bestand

Ein wichtiger Vorteil von Wasserstoff ist die direkte Einbindung von erneuerbaren Energien in den Bestand. Es können etwa fossil angetriebene PKWs mit E-Fuels, hergestellt aus Wasserstoff, betrieben werden. Zudem kann der ins Erdgasnetz eingespeiste Wasserstoff für die Wärmebereitstellung in Gebäuden genutzt werden. Für die Energiewende muss also nicht der komplette Bestand erneuert werden, was aufgrund der Lebensdauer von PKWs oder Heizungsanlagen mehrere Jahre dauern würde. Allerdings sind heute die dafür notwendigen Produktionskapazitäten für Wasserstoff und E-Fuels nicht ausreichend verfügbar.

Neben der Rückverstromung von Wasserstoff ins Stromnetz über Spitzenlastkraftwerke wird in Zukunft der knappe Wasserstoff hauptsächlich bei Anwendungen zum Einsatz kommen, die nur schwer zu elektrifizieren sind. Beispiele sind insbesondere der Flug-, Schwerlast- oder Schiffsverkehr, Industrieanwendungen oder etwa für Raumwärme in denkmalgeschützten Gebäuden. Auch in der Industrie, die heute bereits den höchsten Anteil an Erdgas verwendet, wird Wasserstoff in der Glasschmelze, Stahl- und Chemieproduktion, wo hohe Temperaturen notwendig sind, zukünftig zum Einsatz kommen. Für den privaten Wohngebäudesektor im Einfamilienhaus wird kurz und mittelfristig kein großer Wasserstoffbedarf prognostiziert (31). Insbesondere im Einfamilienhaus gibt es Alternativen, die deutlich kostengünstiger sind. So benötigt beispielsweise eine mit Wasserstoff betriebene Gasheizung ein Vielfaches an Strom im Vergleich zu einer Wärmepumpe. Wasserstoffanwendungen werden vermutlich primär Wärme und Strom (Kraft-Wärme-Kopplung) in größeren Gebäuden mit einem höheren Energiebedarf erzeugen.

Heute ist die Wasserstoff-Erzeugung noch zu teuer, weitere Forschungsarbeiten sowie Skaleneffekte sind für eine Marktdurchdringung notwendig. Die installierte Kapazität an Elektrolyseuren steckt aktuell noch in den Kinderschuhen und ist nicht im industriellen Maßstab verfügbar (31). Sie wird jedoch mit dem zunehmenden Ausbau von fluktuierenden Anlagen zur Stromerzeugung (Wind und Photovoltaik) parallel ansteigen müssen.

Nachteil der Elektrolyse sind die kapitalintensiven Anlagen, die sich nur bei hoher Auslastung rechnen. Da jedoch in Deutschland

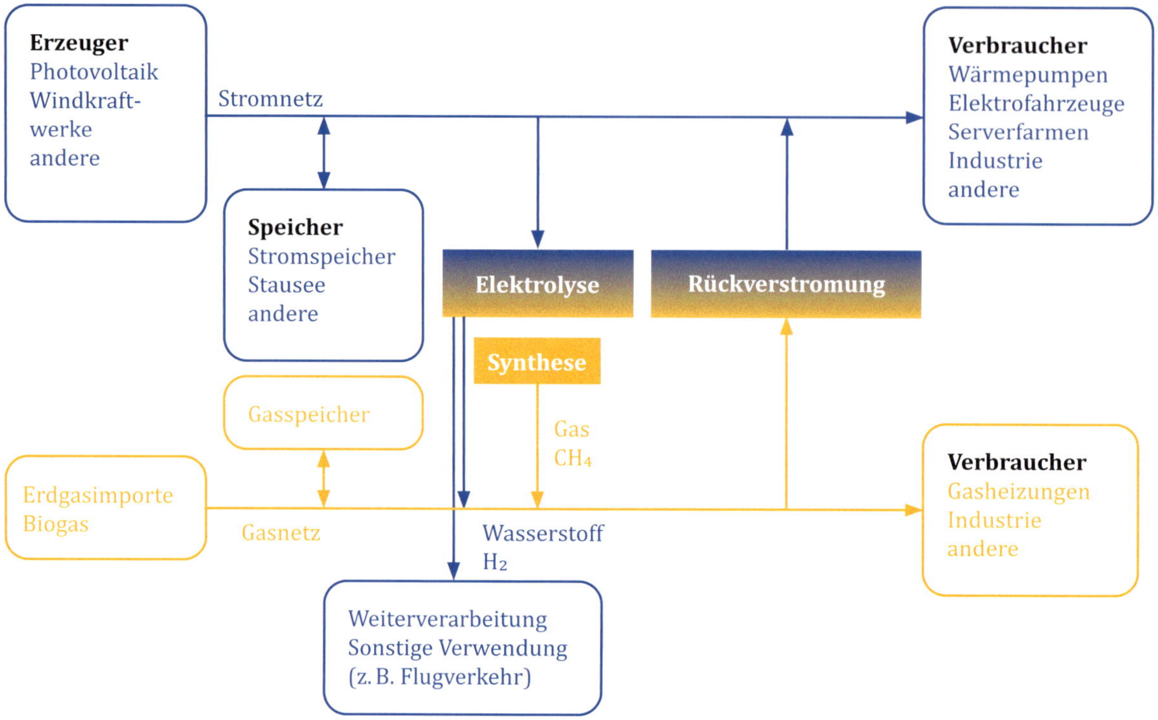

Abbildung 21: Das Energiesystem der Zukunft. Zusammenwachsen des bestehenden Strom- und Gasnetzes

nicht konstant mehr erneuerbarer Strom erzeugt als nachgefragt wird, amortisieren sich diese Anlagen noch nicht. Mittel- und Langfristig wird Deutschland deshalb überwiegend auf Wasserstoff-Importe innerhalb und außerhalb Europas angewiesen sein (32).

Wichtig dabei ist, dass die Erzeugung auch im Ausland nachhaltig erfolgt und nicht auf Kosten der heimischen Energieversorgung geht. Der Export von grünem Wasserstoff nach Deutschland soll „zusätzlich“ sein, also nicht zu Lasten der heute schon unzureichenden Energieversorgung vor Ort. In Afrika haben heute rund 600 Mio. Menschen keinen Zugang zu Strom. Die Bevölkerung wird sich dort zudem bis 2050 nahezu verdoppeln – und in den nächsten 10 Jahren so viel gebaut werden wie in Europa in den letzten 100 Jahren (33). Wichtig wird sein, zunächst diesen massiv wachsenden Bedarf über regenerative Stromerzeugung zu decken, anstelle über Kohlekraftwerke. Erst dann könnte „zusätzliche“ Energie als Wasserstoff nach Europa exportiert werden. Das Energiesystem der Zukunft wird zunehmend global.

Ein Vorteil, insbesondere der Kooperation mit nordafrikanischen Staaten, könnte die Stärkung der wirtschaftlichen Entwicklung vor Ort sowie eine verstärkte Zusammenarbeit sein. Die Anlagen könnten mit europäischer Technologie entstehen – eine Win-Win-Situation.

Das sonnenreiche Australien sowie nord- und südafrikanische Länder sind potentielle Exportnationen, mit denen derzeit die Machbarkeit untersucht wird. Ferner müssen die exportierenden Länder politisch stabil sein, um Energieabhängigkeiten zu minimieren.

In Marokko entsteht derzeit die erste industrielle Anlage zur Herstellung von grünem Wasserstoff. Mit vor Ort erzeugtem Strom von einer der größten Solaranlagen der Welt. In der Nordsee werden Offshore-Windkraftanlagen gebaut, die direkt aus Strom Wasserstoff erzeugen. Wasserstoff steht also eine große Zukunft bevor.

Das zur Verfügung stehende Potential zur Herstellung von grünem Wasserstoff ist allerdings noch nicht erfasst und Gegenstand von Untersuchungen.

Zusätzliche Investitionen in Verteilnetze, Speicher und Umschlagplätze, beispielsweise zur Verflüssigung von Wasserstoff für den Schiffstransport, werden notwendig sein und müssen finanziert werden.

Bei all dem großen Potential warnen Experten deshalb vor einem Hype der „Hydrogen Economy". Es gilt den knappen Wasserstoff auf ökologisch sinnvolle und wirtschaftliche Anwendungen zu konzentrieren. Dies sollten zunächst die Industrie, der Schwerlast- sowie Flug- und Schiffsverkehr sein (34).

Deutschland wird unabhängiger von Energieimporten

In der Vergangenheit und heute ist Deutschland zu über 70 % auf energieimporte angewiesen. Steinkohle, Mineralöl und Erdgas werden nahezu vollständig aus dem Ausland eingeführt (35). Im Zuge der zunehmenden Substituierung fossiler Energieträger durch Erneuerbare Energien, werden Importe und damit die Energieabhängigkeit Deutschlands auf einen Bruchteil reduziert. Jährlich fließen heute für Rohöl- und Erdgasimporte etwa 60 Mrd. Euro aus Deutschland ab. In Zukunft werden schwankende Rohstoffpreise die deutsche Industrie deutlich weniger belasten, und die Inflation, die heute noch stark über steigende Energiepreise angefacht wird, dürfte sinken. Dass Erdöl oder Erdgas schnell zuneige gehen wird, ist allerdings eine Mär. Liegt doch die statische Reichweite von Erdöl- und Erdgasreserven bei über 80 Jahren und die statische Reichweite der Ressourcen nochmal deutlich höher *[Die statische Reichweite gibt an, wie viele Jahre, bei aktuellem Verbrauch, der Rohstoff noch zur Verfügung steht. Es wird dabei in Reserven und Ressourcen unterschieden. Reserven sind Vorkommen, die mit der heutigen Technik wirtschaftlich abgebaut werden können. Ressourcen sind nachgewiesene Vorkommen, die zum heutigen Rohstoffpreis mit der aktuellen Technik nicht wirtschaftlich gefördert werden können.]*.

Im Gegensatz zum aktuellen Energiesystem geht der Trend hin zu kapitalintensiven Anlagen mit geringeren Betriebskosten, sowohl auf der Erzeugerseite als auch auf der Verbraucherseite. Beispielsweise werden in Zukunft vermehrt Photovoltaikanlagen eingesetzt, die zwar initial mit höheren Investitionen behaftet sind, jedoch im Betrieb ohne den Einsatz von Rohstoffen auskommen. Das Umschichten der fossilen Betriebskosten über die Lebenszeit auf die höheren Investitionskosten zu Beginn generiert zusätzliche Wertschöpfung im Inland und stärkt somit die hiesige Wirtschaft. Die technische Komplexität und Intelligenz im Energiesystem nimmt zu, was zu qualifizierter Beschäftigung im Energiesektor führt.

Das Wichtigste in Kürze

1. In Deutschland werden heute bereits über 40 % des Stroms mit erneuerbaren Energien hergestellt.
2. Hauptsächlich Wind- und Photovoltaikanlagen kommen bisher zum Einsatz. Sie ergänzen sich, da über Photovoltaik im Sommer Strom produziert wird und über Windkraftanlagen überwiegend im Herbst/Winter.
3. Die CO_2-Emissionen pro kWh erzeugtem Strom sinken und werden sich bis 2030 halbieren. Eine kWh Strom ist dann „sauberer" als Öl oder Gas.
4. Im Vergleich zur Stromproduktion konnten im Bereich Gebäude und Verkehr die CO_2-Emissionen bisher nur unzureichend gesenkt werden. Größere Anstrengungen sind insbesondere dort notwendig, um die Klimaziele zu erreichen.
5. Verkehr und Gebäude müssen deshalb schnellstmöglich elektrifiziert werden.
6. Deutschland steigt laut Ampel-Koalitionsvertrag „idealerweise" bis 2030 komplett aus der Kohlestromproduktion aus.
7. Wind (onshore und offshore) sowie Photovoltaik werden massiv ausgebaut werden, um die Lücken durch den Atom- und Kohleausstieg und die höhere Stromnachfrage zur Elektrifizierung des Gebäudesektors und Verkehrs zu decken. Außerdem ist der Zubau weiterer Stromtrassen von Nord- nach Süddeutschland notwendig.
8. Der massive Ausbau von Wind- und Photovoltaik ist realistisch. – Bereits heute wird zeitweise der Strom zu ⅔ mit Erneuerbaren produziert
   – die Kosten für Wind- und Photovoltaikanlagen sinken stetig
   – aktuell sind nur 12 % der Dächer mit Photovoltaik ausgestattet
   – insbesondere in der offshore Windenergie sind hohe Wachstumsraten zu erwarten
9. In Zeiten großer Stromnachfrage werden vorübergehend gasbetriebene Spitzenlastkraftwerke, Kraft-Wärme-Kopplungsanlagen sowie Stromimporte die Lücken schließen müssen.
10. Sektorkopplung: Im Energiesystem der Zukunft werden Stromerzeugung, Mobilität und Gebäude ganzheitlich und intelligent vernetzt, um Stromerzeugung und Stromnachfrage in Einklang zu bringen und zur Dekarbonisierung möglichst viel erneuerbare Energien einzukoppeln.
11. Wasserstoff wird wichtig werden. Grüner Wasserstoff wird mittels Elektrolyse aus überschüssigem erneuerbaren Strom hergestellt. Dieser kann in Wasserstoff- und bestehenden Gasnetzen gespeichert werden. Allerdings steckt diese Technologie noch in den Kinderschuhen und ist teuer.
12. Über effiziente Brennstoffzellen kann der Wasserstoff in Zeiten hoher Nachfrage rückverstromt werden. Allerdings sind die Wirkungsgradverluste hoch.
13. In Deutschland sind die Kapazitäten für grünen Wasserstoff zu gering. Zukünftig wird Europa auf Wasserstoffimporte aus dem Ausland (z. B. Afrika, Australien) angewiesen sein.
14. Regenerativ erzeugter, überschüssiger Strom kann als Wasserstoff gespeichert werden. Anwendungen des knappen Wasserstoffs werden hauptsächlich der Industrie, dem Schwerlast- und Flugverkehr vorbehalten sein, die sich nicht ohne weiteres elektrifizieren lassen.
15. Deutschland wird durch den Umbau des Energiesystems – Ausbau erneuerbarer Energien, intelligente Sektorenkopplung, Elektrifizierung der Verbraucher und der Einkopplung von grünem Wasserstoff – unabhängiger von Energieimporten.

Energiepreise und Energiepreisentwicklung

Nebenstehende Abbildung zeigt die Zusammensetzung des Strom- und Gaspreises für Haushaltskunden. Staatliche Faktoren wie die EEG-Umlage *[Die EEG-Umlage dient der Finanzierung des Ausbaus der Erneuerbaren Energien und ist im Erneuerbare-Energien-Gesetz (EEG) definiert]* sowie Steuern und weitere Abgaben, machen über die Hälfte des Strompreises und etwa ein Viertel des Gaspreises aus. Würde man den staatlichen Anteil einheitlich ansetzen, so wäre Strom deutlich günstiger und Gas teurer.

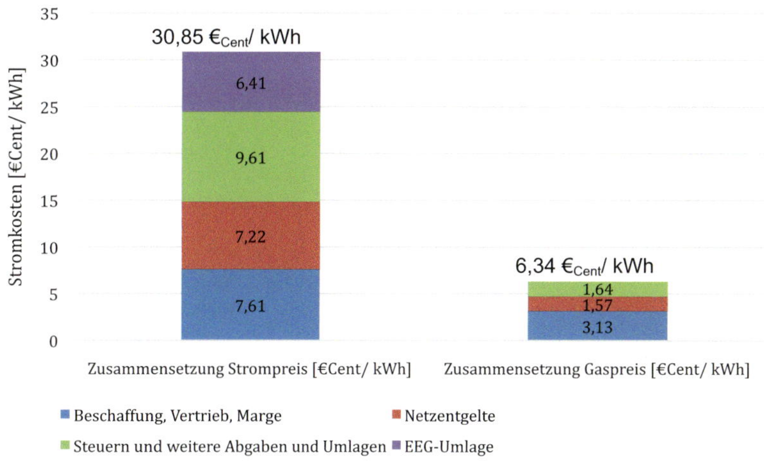

Abbildung 22: Zusammensetzung des durchschnittlichen Haushaltsstrompreises und Gaspreises (Literaturverzeichnis 36 und 37)

Historische Energiepreisentwicklung

Die bisherige Energiepreisentwicklung für Strom, Heizöl und Erdgas ist in der Abbildung 23 dargestellt. Die Werte sind als nominale Preise, also ohne Bereinigung der Inflation dargestellt.

Der günstigere Wärmepumpenstrom ist mit Zahlen ab 2006 hinterlegt (39). Im Vergleich zum Haushaltsstrom ist der Wärmepumpenstrom etwa 25 % günstiger. Dieser Stromtarif ist explizit für Wärmepumpen vorgesehen. Der Netzbetreiber darf bei Spitzenlasten kurzzeitig dem Endkunden den Wärmepumpenstrom abstellen, was jedoch für den Kunden aufgrund der gespeicherten Wärme im Gebäude in der Regel kein Problem darstellt. Der günstigere Wärmepumpenstrom darf außerdem zum Laden von Elektroautos verwendet werden. Zwar ist der Tarif deutlich günstiger, allerdings muss zur Abrechnung auch ein separater Stromzähler mit einer zusätzlichen, jährlichen Zählergebühr, installiert werden. Sofern lokal verfügbar, können mit dem Wärmepumpenstrom Stromkosten deutlich gesenkt werden.

Seit einigen Jahren steigt der Strompreis insbesondere aufgrund der EEG-Umlage stark an, mit einer flacheren Tendenz seit dem Jahr 2013. Grund dafür war der exorbitant starke Zubau von üppig geförderten Photovoltaikanlagen um das Jahr 2010.

Der Gaspreis ist lange Zeit nur gering gestiegen, was unter anderem mit der größeren Fördermenge sowie die Nutzung von Schiefergas in den USA zusammen hing. Zuletzt stieg er allerdings durch den wirtschaftlichen Aufschwung und die Russland-Krise stark an – diese Entwicklung gilt es, im Blick zu behalten.

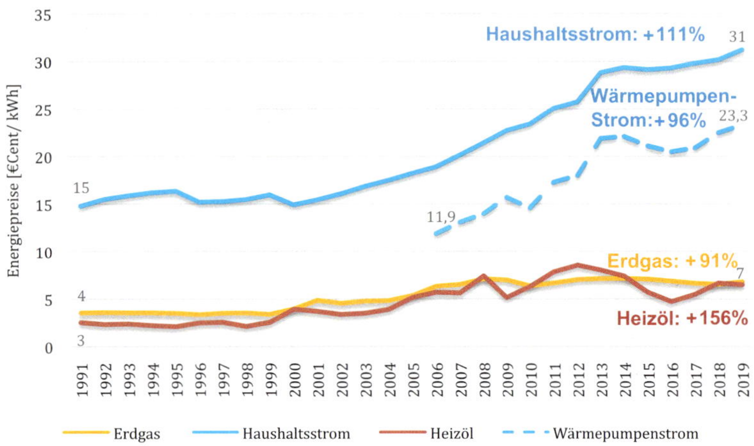

Abbildung 23: Entwicklung der nominalen privaten Verbrauchspreise in Deutschland (Literaturverzeichnis 38)

Zukünftige Entwicklung der Energiepreise

Für Investitionsentscheidungen ist es wichtig, die langfristige Entwicklung der Energiepreise beurteilen zu können. Da Öl aufgrund der hohen CO_2-Emissionen und des Verbots reiner Ölheizungen in Zukunft eine deutlich geringere Rolle bei neuen Heizungsanlagen spielen wird, konzentrieren wir uns im Folgenden auf den Gas- und Strompreis.

Sicher ist, dass die Elektrifizierung, sowohl im Bereich Heizung als auch in der Mobilität, deutlich gesteigert werden muss, um mit einem von Jahr zu Jahr saubereren Strom die Klimaziele zu erreichen. Der politisch beschlossene Kohleausstieg „idealerweise“ bis 2030 wird dafür sorgen, dass eine Kilowattstunde Strom deutlich weniger CO_2-Emissionen als eine Kilowattstunde Gas verursacht. Es kann damit gerechnet werden, dass die neu eingeführte CO_2-Steuer – je nach politischer Farbgebung – erhöht wird, um eine stärkere Lenkungswirkung im Markt zu entfalten. Dies wird sich auf den Gaspreis auswirken.

Der von Kritikern bemängelte, relativ hohe staatliche Anteil am Strompreis und geringe Anteil am Gaspreis wird in den Jahren 2022 und 2023 abgemildert. Die EEG-Umlage wird im Jahr 2022 zunächst verringert und 2023 dann komplett abgeschafft. Sofern die Anbieter den Preisvorteil weitergeben, müssten die Strompreise fallen.

Es ist zu erwarten, dass die staatlichen Zuschüsse zum Strompreis spätestens ab 2030 deutlich zurückgefahren werden, da üppig finanzierte Einspeiseverträge für alte Photovoltaik- und Windkraftanlagen dann auslaufen. Außerdem wird durch die stärkere Elektrifizierung der Stromverbrauch ansteigen. Die Kosten für erneuerbare Energien und Netzausbau verteilen sich dann auf insgesamt größere Mengen.

Hohe Investitionen werden auch in Zukunft notwendig sein. Der Umbau zu einer weitgehend erneuerbaren Stromerzeugung ist bereits weit fortgeschritten, jedoch noch nicht am Ziel. Es sind weitere Milliardeninvestitionen in neue Stromnetze, Spitzenlastkraftwerke, Speicher, Elektrolyseure und weitere Infrastruktur für die Nutzung und Verteilung von Wasserstoff notwendig. Auf der Verbraucherseite werden zukünftig weitere Fördermaßnahmen zum Ausbau von Elektromobilität, Wärmepumpen und Brennstoffzellen (stationär und mobil) notwendig sein. Die Frage aller Fragen ist, wie diese Kosten getragen werden können und ob in Zukunft die Umlagen für diese Investitionen auch auf Gas ausgeweitet werden.

Hinzu kommen geopolitische „Muskelspielchen“, die sich empfindlich auf den Gaspreis und somit auch in Zukunft deutlich stärker auf den Strompreis auswirken können. Insbesondere, da nach dem Kohleausstieg im Vergleich zu heute mehr Gas zur Bereitstellung von Strom eingesetzt werden muss.

Glaskugellesen ist nicht ganz einfach. Trotzdem sollten wir die Mechanismen einschätzen können und einen Blick auf die Energiepreise in den nächsten Jahren wagen (Abbildung 24, Seite 42).

Der Gaspreis:

Real, also mit der Kaufkraft von heute, wird sich der Gaspreis vor allem aufgrund des Instruments der CO_2-Steuer und der Investitionen in Wasserstofftechnologie von 7 in Richtung 12 Cent/ kWh bewegen. Dabei wird angenommen, dass sich die CO_2-Steuer von 25 EUR/ Tonne in 2021 auf 200 Euro/ Tonne in 2035 erhöhen wird. Wissenschaftler fordern diese Größenordnung bereits heute, um eine Lenkungswirkung über die Steuer zu erzielen *[Z. B. Scientists for future: https://www.scientists4future.org/2019/08/wie-hoch-sollte-der-co2-preis-sein/#4-Kurz]*. In Schweden stieg die CO_2-Steuer seit der Einführung von 24 auf heute 115 Euro pro Tonne CO_2 an. In der Schweiz liegt sie heute bei knapp 90 Euro pro Tonne.

Auch wird der Gasverbrauch in Deutschland mit dem Kohleausstieg zwangsweise steigen, was sich wiederum auf den Preis auswirkt. Vermutlich werden die Kosten für den Wasserstoffausbau zukünftig zumindest teilweise auf den Gaspreis umgelegt. Dem doch sehr moderaten Preisanstieg im letzten Jahrzehnt dürfte in den 20er-Jahren deshalb eine kräftige Verteuerung folgen. Der reale Gaspreis könnte um rund 90 % in den nächsten fünfzehn Jahren steigen.

Der Haushaltstrompreis:

Der Haushaltsstrompreis wird mittelfristig auch über die nächsten Jahre ansteigen müssen, um den Umbau in der Stromerzeugung und Verteilung zu finanzieren. Jedoch ist Licht am Ende des Tunnels in Sicht. Der Strompreis wird sich bis 2030 in Richtung 39 Cent/kWh bewegen – und damit im Vergleich zu heute um rund 25 % steigen. Fällt die reale Preiserhöhung zu gering aus, besteht die Gefahr des sogenannten „Rebound-Effekts“. Das heißt: Wenn Strom zu billig ist, wird auch wieder mehr verbraucht.

Der Wärmepumpenstrompreis:

Der Wärmepumpenstrompreis wird der zentrale Hebel zur Elektrifizierung im Gebäudebereich und der Mobilität (als „Autostrom“) werden. Schon heute wird dieser Tarif im Privathaushalt für regelbare „Großverbraucher“ wie Wärmepumpen und Elektroautos verwendet. Durch die zukünftige Verbreitung von Smart Metern in Wohngebäuden wird es möglich sein, zeitabhängige Stromtarife anzubieten und abzurechnen. Ist der Strom günstig, weil gerade viel Wind weht, dann werden Elektroautos geladen oder Wärmepumpen nehmen mehr Strom auf, indem sie die Temperatur im Wärmespeicher oder der Wärmeverteilung erhöhen. Speisen gerade wenig Erneuerbare ein, so ist der Strom teurer. In diesem Fall wird das Laden von Elektroautos unterbrochen, sofern eine Mindestreichweite gewährleistet ist. Alternativ heizt die Wärmepumpe für eine gewisse Zeit weniger oder wird ganz abgeschaltet.

Es wird also vermutlich nicht mehr „den einen Tarif“ geben, der über 24 Stunden und 365 Tage im Jahr gleich ist, sondern zeitliche, variierende Tarife, die je nach Angebot und Nachfrage im Strommarkt stark schwanken. Wenn elektrische Verbraucher intelligent darauf reagieren können, so lassen sich die Stromkosten deutlich senken *[Man nennt dies Demand side Management. Die Verbraucher passen ihren Strombedarf der verfügbaren Erzeugung an. Als Anreiz dafür müssen die Stromtarife nach Angebot und Nachfrage im Preis variieren]*. Dazu ist eine Kommunikation zwischen Stromerzeugern und Stromverbrauchern notwendig.

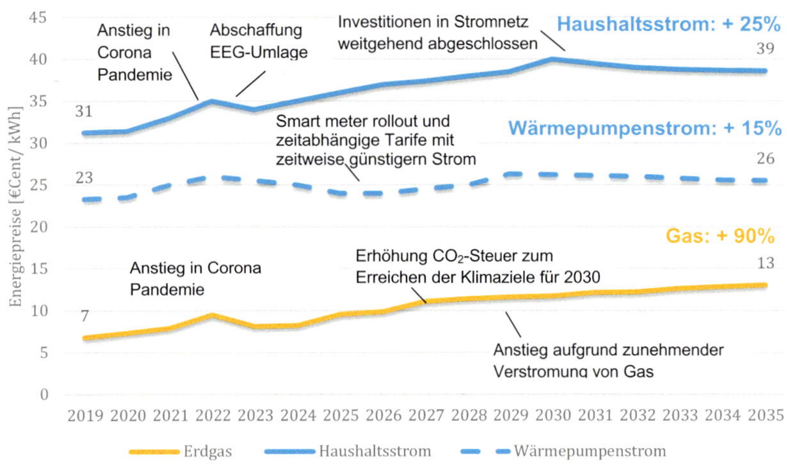

Abbildung 24: Mögliche zukünftige Energiepreise für Haushaltskunden (eigene Schätzung, real, inflationsbereinigt)

Im Mittel der zeitabhängigen Tarife wird der Wärmepumpenstrom real also nur moderat ansteigen können, um die Elektrifizierung nicht abzuwürgen. Von 23 Cent/ kWh in Richtung 26 Cent/ kWh, was einer Steigerung von circa 15 % entspricht.

Das Verhältnis zwischen Wärmepumpenstrompreis zu Gaspreis wird sich folglich in Zukunft verkleinern.

Steigende Energiepreise – die soziale Komponente

Klar, Fakt und die ehrliche Wahrheit ist: Die Energiepreise werden steigen. Zunehmend wird dies auch von Politikern so kommuniziert. Die Wahl der richtigen Heizungsanlage dürfte zukünftig vermehrt die Energiekosten über die Lebenszeit berücksichtigen, anstelle nur auf geringe Anfangsinvestitionen zu schielen.

Für bestimmte Einkommensgruppen wie zum Beispiel Studenten, Familien oder Rentner können deutlich höhere Energiepreise zu schmerzhaften, zusätzlichen Belastungen führen. Zumal ja nicht nur die Energiepreise steigen, sondern auch damit verbundene Dienstleistungen und Waren.

Um dies zu vermeiden, werden steuerliche Entlastungen oder gar ein Energiegeld notwendig sein. Beim Konzept des Energiegeldes, CO_2-Preis mit Klimaprämie, werden pro Kopf die staatlichen Einnahmen über die CO_2-Steuer wieder ausgeschüttet. Wer weniger Energie als der Durchschnittsbürger verbraucht, kann somit Geld sparen.

Konzepte in diese Richtung müssen dringend umgesetzt werden, um die soziale Spaltung nicht weiter zu vertiefen und um die Akzeptanz für klimafreundliche Maßnahmen hierzulande aufrechtzuhalten. Intelligent in die Praxis umgesetzte Konzepte könnten außerdem dem Ausland als Blaupause dienen.

Ökostrom ist nicht gleich Ökostrom

Mit dem Bezug von Ökostrom kann ohne wesentliche Mehrkosten schon heute dem Klima geholfen werden. Sämtliche Stromvergleichsportale bieten Ökostromtarife an. Allerdings ist Ökostrom nicht gleich Ökostrom.

Einige Anbieter vermarkten fossil und nuklear hergestellten Strom als Ökostrom. Die dabei durch Kohlestrom verursachten CO_2-Emissionen werden zum Beispiel durch Aufforstung oder andere Ausgleichsmaßnahmen kompensiert, auch „greenwashing“ genannt. Bei der Auswahl des Stromtarifs sollte deshalb auf zertifizierte Anbieter geachtet werden. Beispiele für Zertifikate sind das OK-Power-Label und das Grüner-Strom-Label. Ein Kriterium kann auch der Anteil des grün erzeugten Stroms über Neuanlagen sein. Zertifizierte Anbieter erzeugen Strom aus ausschließlich erneuerbaren Anlagen und somit keinen Atom- und Kohlestrom. Oft beinhaltet der Strommix Importe aus Skandinavien oder Österreich.

Ökogas, Klimagas und Biogas

Bereits heute kann grünes Gas bezogen werden. Wichtig ist jedoch, dass man zwischen den ökologischen Alternativen zu unterscheiden weiß.

Bei Ökogas bzw. Klimagas versprechen die Anbieter, die durch das Gas freigesetzten CO_2-Emissionen anderweitig zu kompensieren. Ähnlich wie bei der Kompensation im Flugverkehr *[Z. B. über Atmosfair: https://www.atmosfair.de/de/]* können Bäume gepflanzt oder in erneuerbare Energien investiert werden. Will man auf Nummer sicher gehen, sollte geprüft werden, ob internationale Standards eingehalten werden *[Z. B.: Clean Development Mechanism (CDM) & Joint Implementation (JI), Verified Carbon Standard (VCS)]*.

Bei Biogas handelt es sich um ein physikalisch anderes Gas, mit einem erneuerbaren Anteil. Biogas wird beispielsweise aus Energiepflanzen (z. B. Mais), Gülle, Klärschlamm oder aus Biomüll gewonnen. Ähnlich wie Holz werden bei der Verbrennung von Biogas die CO_2-Emissionen freigegeben, die vorher durch die Pflanzen bereits gebunden wurden. Das gewonnene Biogas wird entweder vor Ort, etwa für Blockheizkraftwerke, verwendet oder über Gasaufbereitungsanlagen zu Bioerdgas (Biomethan) veredelt und in das Erdgasnetz eingespeist.

Bei Bioerdgas-Tarifen liegt der Anteil von Bioerdgas zwischen 10 und 100 %. Dies macht sich allerdings auch beim Preis bemerkbar. Während im Vergleich zu Erdgas ein 10 % Bioerdgas Anteil rund 10 % teurer ist, sind es bei 100 % Bioerdgas ungefähr 80 % (aktuell über 10 Cent/kWh). Da in Zukunft aufgrund der CO_2-Steuer jedoch der Erdgaspreis ansteigt, wird sich die Schere zwischen Erdgas und Bioerdgas vermutlich etwas schließen. Müssen bei einem Heizungstausch die Investitionskosten gering gehalten werden, eignet sich Bioerdgas auch zum Erfüllen des regenerativen Anteils.

Das Wichtigste in Kürze	
1.	Der Anteil von Steuern und Abgaben ist heute beim Strompreis deutlich höher als beim Gaspreis.
2.	Wärmepumpenstrom ist rund 25 % günstiger als „normaler" Haushaltsstrom und eine günstigere Alternative für Wärmepumpen oder das Laden von Elektroautos.
3.	In den letzten drei Jahrzehnten ist u. a. aufgrund des Ausbaus erneuerbarer Energien der Strompreis stärker gestiegen als der Gaspreis.
4.	Da neu installierte Heizungsanlagen in der Regel rund 20 Jahre halten, sollte bei der Anschaffung die zukünftige Energiepreisentwicklung unbedingt in Betracht gezogen werden.
5.	Gas, Öl, Benzin und Diesel werden aufgrund der im Jahr 2021 eingeführten CO_2-Steuer im nächsten Jahrzehnt deutlich teurer werden. Gegebenenfalls günstigere Anschaffungskosten für Heizungsanlagen oder Fahrzeuge können über die Lebensdauer schnell aufgezehrt werden.
6.	Es ist zu erwarten, dass die staatliche Abgabenlast zukünftig bei Strom eher sinkt und bei Gas eher steigt.
7.	Über die Nutzung von zeitabhängigen Stromtarifen, deren Preis sich nach Stromerzeugung und gleichzeitiger Stromnachfrage richtet, können zukünftig Stromkosten deutlich gesenkt werden.
8.	Insbesondere mittels regelbarer „Großverbraucher" im Haushalt – der Wärmepumpe und dem Elektroauto – ergeben sich dadurch große Einsparmöglichkeiten.
9.	Im Vergleich zu konventionellem Strom ist Ökostrom nicht viel teurer und hilft schon heute dem Klima. Bei der Auswahl eines Stromtarifs sollte auf zertifizierte Anbieter, die kein „greenwashing" betreiben, geachtet werden.
10.	Bei Öko- bzw. Klimagas wird der ausgestoßene CO_2-Anteil „nur" kompensiert. Biogas hingegen wird aus erneuerbaren Energien, wie z. B. Energiepflanzen, gewonnen, ist jedoch wesentlich teurer als Erdgas.

Ein Blick in die Zukunft und zurück

. . .Deutschland, Sommer 2060. Nach meinem Eisverzehr schlendere ich vom Berliner Zentrum durch das Brandenburger Tor über das Regierungsviertel, wo gerade heftig gegen die Befüllung des kürzlich fertiggestellten Atomendlagers Celle demonstriert wird, über die Spree zum Hauptbahnhof. Von dort fahre ich mit dem Zug in meinen 50 km entfernt gelegenen Wohnort Dünenstein.

Sämtliche öffentliche Verkehrsmittel sind in Deutschland seit Ende der 20er-Jahre kostenlos. In ganz Europa seit 2042, dem 50. Geburtstag der Europäischen Union. Auf der Fahrt habe ich virtuell am Strand an der Algarve entspannt und dem Meeresrauschen zugehört. Die letzten Kilometer vom Bahnhof zu meinem Haus lege ich mit dem E-Bike zurück und erreiche nach einer guten halben Stunde mein Zuhause, ein HouseX *[Das HouseX wird später im Buch beschrieben]*. Die Haustüre öffnet automatisch, ich trete ein.

Mein Zuhause ist bereits auf angenehme 25°C temperiert. In der Küche wartet schon meine Familie mit dem Abendessen auf mich. Unser digitaler Butler hat uns heute eine kleine Überraschung bereitet und die Zutaten für ein außergewöhnliches Abendessen nach einem ganz besonderen Rezept organisiert. Frische, regionale Frühkartoffeln aus Brandenburg mit einem In-vitro Steak aus Berlin Kreuzberg und einer Flasche Rotwein aus einem der neuesten Weinanbaugebiete Deutschlands in der Nähe von Bielefeld. Wir essen auf der Terrasse zu Abend, genießen den lauen Sommerabend, hören dabei von weitem das Wolfsgeheul aus dem Wald und ab und zu seichte, afrikanische Musikklänge von nebenan.

Unsere Nachbarn haben für drei Monate ihr Haus mit einer Familie aus Kenia getauscht. Es ist mittlerweile völlig normal geworden, dass über eine weltweite Plattform Menschen für eine gewisse Zeit ihre Häuser oder Wohnungen anderen zur Verfügung stellen oder tauschen. Im zweiten Fall spart man sich die Miete. So ist es möglich, für ein paar Monate in den Bergen in Tirol, am Strand von Sizilien oder in Manhattan im Hochhaus zu leben. Es ist nicht nur interessant und spannend, an einem anderen Ort zu verweilen und dort einzutauchen, es bringt die Menschen auch mit Andersdenkenden zusammen. Insbesondere, wenn man sein Zuhause mit Menschen aus etwas exotischeren Ländern tauscht.

Während meine Nachbarn die wunderschöne Natur und Wildnis Afrikas erkunden, verbringen unsere Gäste aus Kenia viel Zeit im Berliner Großstadtdschungel. Die Frau arbeitet zeitweise als Dozentin an der evangelischen St. Marienkirche, die Kinder sind auf der Günther-Jauch-Schule in Potsdam, der Mann arbeitet von Zuhause aus. Da wir ihre Sprache – Swahili – nicht wirklich verstehen, nutzen wir für die Kommunikation den InstTranslate von Google, der über Mikrokopfhörer Sprachen in Echtzeit übersetzt. So reden wir mit unseren kenianischen Nachbarn als ob es Deutsche wären.

Letzte Woche waren wir mit ihnen zusammen im neuen Transportmuseum auf dem Berliner Tempelhofgelände. Dort sahen wir alte Fahrräder, die nur fahren konnten, wenn man sie selbst lenkte, oder die teils heute noch eingesetzten Flugzeuge mit zwei Flügeln, die im Gegensatz zum heutigen, geräuschärmeren „Nurflügler" deutlich mehr Energie verbrauchten und noch nicht mit Wasserstoff, sondern Kerosin betrieben wurden. Ältere, noch manuell zu steuernde und mit Benzin betriebene, laute Polizei-Helikopter konnten wir ebenfalls bestaunen. Anschließend schauten wir uns mit dem strombetriebenen Flugtaxi Berlin von oben an und nutzten dieses gleich für die Heimreise.

Nach dem Abendessen lasse ich mich auf meiner flying couch zurückfallen und genieße in etwa fünf Metern Höhe die Aussicht und Ruhe. Unter mir spielen meine Enkel gerade Karten. Ich rufe mein virtuelles Tagebuch auf und schaue auf die letzten Jahrzehnte zurück...

Die letzten Jahrzehnte bis 2060 in drei Phasen

Aus meiner Sicht kann man die letzten Jahrzehnte in drei, etwa gleich langen, Phasen Revue passieren lassen. In eine „statische Hierarchiephase" bis zum Ende des 20. Jahrhunderts, der „hyperaktiven Phase" im ersten Drittel des 21. Jahrhunderts bis hin zur heutigen „Phase der Balance". Insbesondere in dieser ersten Jahrhunderthälfte hat sich Vieles so rasant verändert wie noch nie zuvor in der Menschheitsgeschichte.

Die statische Hierarchiephase – bis zum Ende des 20. Jahrhunderts

Die statische Hierarchiephase war bestimmt durch feste Strukturen. Es gab klare Vorstellungen, gut planbare Lebensentwürfe, organisierte Hierarchien und noch wenig digitalen Einfluss auf die Lebenswirklichkeit der Menschen.

Wohngebäude wurden in jungen Jahren gebaut und meist bis zum Lebensende bewohnt. Geheizt wurde entweder mit Öl oder Gas und der Strom wurde aus zentralen Großkraftwerken, hauptsächlich mit Kohle- oder Atomenergie betrieben, bereitgestellt. Der Strom kam einfach aus der Steckdose und wurde nicht wie heute dezentral erzeugt und intelligent verbraucht.

Zwar musste das Haus von außen und innen schick aussehen, ob es jedoch gut gedämmt war oder energieeffizient beheizt wurde spielte in dieser Zeit gesellschaftlich keine Rolle. Hausbesitzer waren sich zu dieser Zeit meist nicht bewusst, ob eine energieeffiziente Heizungsanlage oder eine „CO_2-Schleuder" im Keller für Wärme sorgte. Für Energiekosten mussten die Haushalte damals weniger als 10 % des verfügbaren Haushaltseinkommens aufwenden (40). Mit den heute doch sehr präsenten Kennzahlen zum individuellen CO_2-Ausstoß oder dem Heizwärmebedarf eines Hauses waren damals nicht mal die Eliten vertraut.

An eine demokratisierte Bildung, wie wir sie heute kennen, war damals nicht zu denken. Wer in den meisten Regionen Europas oder der USA geboren wurde, hatte gute Chancen, sich entsprechend zu bilden und somit später ein auskömmliches Leben führen zu können.

Wer jedoch als Kind eines Schafzüchters in Somalia, einer Familie von Müllsammlern in Indien oder eines Straßenverkäufers in Honduras geboren wurde, hatte zu dieser Zeit eine weitaus schlechtere, berufliche Perspektive. Etwa 40 Prozent der Erdbevölkerung lebten damals von weniger als 2 Dollar pro Tag. Dementsprechend ungleich wurde auch Energie verbraucht, beziehungsweise Treibhausgasemissionen verursacht. Eine flache Mittelschicht, wie wir sie heute kennen, war damals so weit weg wie der Mars; der immerhin ja zwischenzeitlich auch erreicht wurde.

Erst Jahrzehnte später, in den 30er-Jahren, sollte durch die weltweite Demokratisierung der Bildung der fehlende Zugang zu qualifizierter Lehre überwunden werden. Im Zuge der Digitalisierung wurden hochwertige Online-Vorlesungen und Universitätsabschlüsse, an denen sich auch die amerikanischen und europäischen Eliteuniversitäten beteiligten, weltweit gratis angeboten. Von den Philippinen bis Ecuador, den Townships in Südafrika bis zum Ural, hatten junge Menschen plötzlich Zugang zu hochwertiger Bildung, konnten sich untereinander virtuell austauschen und von einem weltweiten

Netzwerk an Mentoren profitieren. Der Sohn eines Kofferträgers in Ägypten konnte plötzlich Informatik, die Tochter einer Näherin in Bangladesch Design studieren. Mit der Zeit wurden die Programme nicht nur von jungen Menschen im Studium, sondern auch zur beruflichen Weiterbildung in Anspruch genommen. Der letzte Schritt war die Einführung eines weltweiten Online-Schoolings, mit hochwertigen Übungs- und Videoinhalten.

In Folge des raketenhaften Anstiegs des Bildungsniveaus waren wirtschaftlich abgehängte Staaten plötzlich in der Lage digitale Dienstleistungen weltweit anzubieten. Aus einfachen Freelancern, die zunächst von westlichen Firmen aufgrund der günstigen Lohnkosten beauftragt wurden, sollten sich Start-ups und später Globale Player entwickeln. Die Mittelschicht wuchs und somit auch stark die Nachfrage nach Energie in weiteren Weltregionen.

Es dauerte nicht lange, bis auch die Forschungsnetzwerke weltweit aufgestellt wurden und durch die millionenfache Zunahme der interkulturellen Schwarmintelligenz sich völlig neue Ansätze entwickelten, die auch der Reduktion der CO_2-Emissionen zugutekamen.

In der statischen Hierarchiephase des 20. Jahrhunderts fand für die Meisten die Arbeit fünf Tage unter der Woche an einem räumlich entfernten Ort statt und war vom Privatleben stark abgegrenzt. Meist startete man in jungen Jahren in einer Firma und blieb dieser bis zur Rente treu. Diese wurde dann, ganz im Sinne des statischen Zeitalters, von einem auf den anderen Tag begonnen. Auch das Arbeitsleben war in der Regel statisch und hierarchisch geprägt.

Man(n) fuhr noch zur Arbeit, meist alleine und in einem möglichst großen Auto sitzend, um auch ja gesehen zu werden.

Damals gab es heute ausgestorbene Berufe wie Straßenbahn- oder Taxifahrer, Heizöllieferant, Tankwart, Pförtner, Kaminfeger oder Bankkaufmann.

Seinerzeit war die Mobilität durch Besitzen geprägt. Man hatte ein eigenes Auto, das zu über 95 % der Zeit eigentlich nur rumstand, zahlte den Sprit dafür selbst oder kaufte sich damals ein Bus- oder Zugticket, um von A nach B zu kommen. Paradoxerweise korrelierte der SUV-Anstieg *[SUV: Sport Utility Vehicles (Geländelimousine)]* und Benzinverbrauch der Neuwagen in Deutschland ungefähr mit den Wahlergebnissen der Grünen.

Hauptsächlich aufgrund des damals sogenannten „Dienstwagen-Problems". Fast ⅔ der in Deutschland neu zugelassenen Fahrzeuge waren Firmenwagen, die nach 3 bis 4 Jahren gebraucht weiterverkauft wurden. Leider waren diese seinerzeit in Deutschland besonders wuchtig und stießen mehr CO_2 aus als Firmenwagen in anderen europäischen Ländern. Deutschland war aufgrund geringer CO_2 Besteuerung von Dienstwagen zu einer „Steueroase für Spritschlucker" verkommen (41).

Der Kampf gegen den Klimawandel wurde in dieser Zeit an die Politik delegiert.

Intelligente Häuser, die zusätzlich unsere Lebensweise und Gesundheit unterstützen, waren zu dieser Zeit noch ein Fremdwort. Teilweise wurden die Gebäude unwissentlich gar so ausgeführt, dass sie das Wohlbefinden und die Gesundheit beeinträchtigten. Man sprach von einem „Sick Building Syndrome", wenn zum Beispiel aufgrund von falscher Dämmung Schimmel oder schlechte, nachts eingeatmete Luft die Menschen beeinträchtigten. In manchen Häusern war es damals so laut wie auf einem Autobahnrastplatz.

Der Klimawandel war zwar schon bekannt und wurde auch ab und zu thematisiert. Insbesondere in den Anfangsjahren wurde er allerdings eher als ein Umweltthema und unwesentliches Problem grüner, linker Spinner abgekanzelt. Zugegeben, der ein oder andere war auch wirklich dabei. Bis Ende der 20er-Jahre wurde in der Öffentlichkeit Umwelt- und Klimapolitik im politisch linken Spektrum verordnet, obwohl es doch eher ein konservatives Themenfeld ist.

Heute kaum mehr vorstellbar, wurden Klimamaßnahmen allgemein als wirtschaftsfeindlich eingestuft. Der Treibhauseffekt wurde „nur" als allgemeines Problem und nicht als individuelle Bedrohung oder gar Gefahr für die Menschheit wahrgenommen – „Es machen ja alle so".

Auch deshalb bezeichnen die Jugendlichen heute ihre Großelterngeneration als **die „EI-Generation" – die Generation der „Egoistischen Ignoranten"**.

Die hyperaktive Phase – bis Anfang der 30er-Jahre

Mit dem Beginn der weltweiten Nutzung des Internets und in Folge des digitalen Zusammenrückens auf unserem Planeten Erde, begann ein hektisches Zeitalter – die hyperaktive Phase.

Schlagartig war über Nacht plötzlich die ganze Welt in Kontakt, wurden Nachrichten in Sekundenschnelle überall hin verteilt und war plötzlich doch wichtig, wenn in China ein Sack Reis umfiel. Die Internationalisierung führte, von ein paar wirtschaftlichen Dämpfern zu Beginn des 21. Jahrhunderts abgesehen, zu Wirtschaftswachstum und einer wachsenden Mittelschicht, insbesondere in Asien. Der weltweite Energieverbrauch und die CO_2-Emissionen stiegen in dieser Phase merklich an. Der Anstieg konnte in den 20er-Jahren allerdings abgedämpft werden.

Es gab erste, positive Leuchttürme, die herausragten. Kopenhagen wurde 2025 die erste klimaneutrale Hauptstadt der Welt. Sie entwickelte sich zur „Fahrradhauptstadt", in der sehr viele Menschen mit dem Rad zur Arbeit pendelten. Die Stromerzeugung wurde durch Wind- und Müllverbrennungskraftwerke umgerüstet, ineffiziente Gebäude peu à peu saniert.

Energieintensive und „schmutzige" Produktionsprozesse wurden oftmals weit Richtung Osten verlegt. Insbesondere China entwickelte sich, unterstützt durch eine Wirtschaftsdiktatur, die zwar die persönliche Freiheit deutlich einschränkte, dafür jedoch diktatorisch für Wirtschafswachstum sorgte, zur „Fabrik der Welt". Infolgedessen sanken zwar die CO_2-Emissionen in Deutschland, stiegen dafür in China aber umso mehr. Vor Einführung der Europäischen Klimazölle nannte man das „carbon leakage" *[Wenn Unternehmen ihre Produktionsstandorte und somit die Emissionen ins Ausland verlagern]*. Aufgrund der damit verbundenen Skaleneffekte, staatlicher Subventionen und geringer Arbeitsschutz- und Umweltauflagen wurde vieles, was in Asien gefertigt und in die Welt verschifft wurde, deutlich günstiger.

Insbesondere vor der Einführung nachhaltiger Rahmenbedingungen in der Entsorgung, war Wegwerfen meist „billiger" als Reparieren. Manche Hersteller konzipierten sogar bewusst Produkte mit einer geringen Lebensdauer, was den Energiehunger des Chinesischen Drachen weiter ansteigen ließ. Jährlich verstarben in Deutschland zehntausende Menschen vorzeitig aufgrund von Luftverschmutzung – weltweit mit 8,8 Millionen mehr als durch Rauchen. Die menschliche Luftverschmutzung war seinerzeit aufgrund von Verbrennungsprozessen in Industrie und Haushalten, zusätzlichem Reifenabrieb im Verkehr und der „modernen" Landwirtschaft hoch, sank aufgrund gesetzlicher Regelungen und der zunehmenden Elektrifizierung dann aber von Jahr zu Jahr ab. Die Landwirtschaft erzeugte seinerzeit in Deutschland mehr Feinstaub als der gesamte Straßenverkehr. Ursache war die Massentierhaltung und das aus Kot und Urin freiwerdende Gas Ammoniak, welches nach dem Ausbringen als Düngemittel auf die Felder in die Atmosphäre entweicht und mit anderen Gasen Feinstaub bildet.

Auf die Einwohnerzahl umgerechnet verstarben dadurch in Deutschland 154 von 100.000 Einwohnern und damit mehr als im EU-Durchschnitt (129 von 100.000 Einwohnern) oder als in Ländern wie Polen, Italien oder Frankreich. Herzkreislauf- sowie Atemwegserkrankungen waren meist die Ursache.

Die zunehmende Nutzung der Kommunikations- und Informationstechnik, von Smartphones, PCs, Serverfarmen oder Rechenzentren, schaffte neben den Gebäuden, der Industrie und dem Verkehr einen weiteren Sektor mit hohem Energiebedarf.

Bis Mitte der 20er-Jahre war nicht klar, ob die Digitalisierung mehr Energie verbrauchen würde als sie einspart. Server verursachten ähnlich viel CO_2 wie das Fliegen, das Internet lag – als Staat gedacht – auf Platz sechs der Länder mit dem höchsten Energieverbrauch. Eine halbe Stunde Netflix schauen setzte damals ähnlich viel CO_2 frei wie eine sechs Kilometer lange Autofahrt, 20-mal googeln verbrauchte so viel Strom wie eine Energiesparlampe in einer Stunde *[Die Betrachtung zieht den Stromverbrauch der Endgeräte (Beispiel Smartphone, Laptop) sowie das Streaming von Rechenzentren mit ein]* (42).

„Green-Computing" wurde zum Schlüssel für viele Unternehmen, die zunehmend die dafür notwendige Energie aus Erneuerbaren bereitstellten und somit weniger CO_2-Emissionen verursachten. Ferner wurden ab den 20er-Jahren Softwareprogramme so geschrieben, dass bei späterer, oft millionenfacher Nutzung, die Geräte-Hardware weniger Strom verbrauchte.

Große Veränderungen brachte die Digitalisierung manueller Prozesse, verbunden mit der künstlichen Intelligenz im „virtuellen Maschinenraum", mit sich. Dies führte zu großen Umbrüchen in nahezu allen Branchen, meist motiviert durch Effizienzsteigerungen.

Aufflackernde Wirtschaftskrisen wurden mit gewaltigen, staatlichen Verschuldungsprogrammen gelöscht, die immer gigantischere Ausmaße annahmen. Erst beginnend mit dem European Green Deal wurden diese Programme hauptsächlich für ressourcenschonende Investitionen genutzt. Der Anfang der 20er-Jahre eingeführte CO_2-Preis versechsfachte sich innerhalb kürzester Zeit. Auf der anderen Seite wurden die Bürger mit einem kostenlosen Nahverkehr und einer Absenkung der Mehrwert- und Stromsteuer entlastet.

Die rasante Geschwindigkeit der Veränderungen, die Informationsflut und das scheinbare Überangebot an plötzlichen Möglichkeiten führte, in Kombination mit dem zunehmenden Wegbrechen fester Strukturen und einer zunehmenden Individualisierung, zu einer großen Unsicherheit, die sich auch politisch artikulierte. Digitale Medien überschwemmten zusätzlich die Leser mit oberflächlichen, reißerischen Nachrichten, ja teilweise sogar mit sogenannten „fake news", was den ein oder anderen in einen Sprudel der Unsicherheit hineinzog.

Plötzlich war die ganze Welt in Bewegung und man wusste gar nicht mehr, wo anzufangen war. Die gefühlten Möglichkeiten eines Einzelnen nahmen exponentiell zu. Die Wichtigkeit und Tiefe von Informationen konnte nicht mehr bewertet werden, man sah einfach vor lauter Bäumen den Wald nicht mehr. Psychische Krankheiten nahmen deutlich zu. Erst viel später sollte die für Publizisten verpflichtend eingeführte ACP-Prüfung (Automatic Correctness Proved) das mediale Gegacker entschärfen.

Medial konnte sich die Herausforderung des Klimawandels in dieser Zeit deshalb keine laute Stimme verschaffen. Während sich die Gesellschaft um „kleinere Scharmützel" kümmerte, gar zeitweise in ein Thema medial „einigelte", wurden die bereits erkennbaren Auswirkungen und der „Kampf" gegen den Klimawandel bis in die 20er-Jahre hinein nicht intensiv genug in der Öffentlichkeit kommuniziert.

Ende der 20er-Jahre trafen sich drei Politiker verschiedener Parteien im Berliner Café Einstein für ein zwangloses, gemeinsames Abendessen. Zu später Stunde hatten sie die Idee eines unkonventionellen Vorschlags für den zu wählenden Bundespräsidenten – Jürgen Klopp.

Als Bundespräsident konnte der international herumgekommene Fußballtrainer in zahlreichen Auftritten seine positive Energie auf die Gesellschaft übertragen. Der Menschenfänger schaffte es, Massen zu motivieren und mit seinem Hintergrund aus dem Sport insbesondere Jugendliche und Migranten für die Politik und Gesellschaft zu begeistern. Legendär ist bis heute seine „Aus dem Abseits" Rede, die er im Dortmunder Westfalenstadion vor 80.000 gesellschaftlich

Abbildung 25: Vertical Farming: Die Nahrung wird umweltfreundlich vor Ort produziert

„Abgehängten" hielt und sie dadurch stärker in den Mittelpunkt holte.

Durch das während seiner Präsidentschaft zunehmende, gesellschaftliche Engagement – raus aus der Individualisierung – rückte schließlich auch das Thema Klimawandel und Energieeffizienz zunehmend in den Mittelpunkt. Hilfreich war zudem die stärkere Thematisierung durch weitere Künstler, Sportler und Influencer in den Medien. Das Bewusstsein für Energieeffizienz wurde dadurch in die Breite der Gesellschaft transportiert.

Rund ein Fünftel der jährlichen Treibhausgasemissionen Deutschlands ging in dieser Zeit auf die Ernährung und den Fleischkonsum zurück. Dem Normalbürger war in dieser Zeit meist nicht bekannt, dass ein Kilogramm Rindfleisch etwa vier Mal mehr Treibhausgasemissionen verursacht hatte als ein Kilogramm Schweinefleisch oder Geflügel. Insbesondere wegen des freigesetzten Methans, das die Erdatmosphäre 25-mal stärker schädigt als eine vergleichbare Menge CO_2. Aufgrund des anhaltend hohen Fleischkonsums landete fast die Hälfte des angebauten Getreides nicht auf dem Teller, sondern im Futtertrog zur Veredelung zu Fleisch. Der brasilianische Regenwald musste dem Sojafutter zur Fütterung des europäischen Mastviehs weichen. Dies wurde seinerzeit hierzulande, dem Menschen ähnlich, in Häusern gehalten und oftmals vor dem Verzehr lebend quer durch Europa gefahren. Mit der wachsenden Bevölkerung in China und der Zunahme der Mittelschicht stiegen auch dort der Fleischkonsum und die Sojaimporte stark an.

Im Gegensatz zu heute gaben die Deutschen damals im Schnitt nur rund 14 % ihres zur Verfügung stehenden Haushaltseinkommens für Nahrungsmittel aus. Ein Wert, der sich in wenigen Jahrzehnten einer globalisierten und industrialisierten Landwirtschaft bei einem effizienteren Vertrieb halbiert hatte (43). Durch den günstigen Preis und der Erwartungshaltung, in einem Restaurant oder Lebensmittelhandel jederzeit aus einem umfangreichen Angebot wählen zu können, wurde ein hoher Anteil an Lebensmitteln vernichtet und somit unnötige Treibhausgase freigesetzt. Pro Jahr rund 80 Kilogramm Lebensmittel pro Kopf, in der Regel viel Obst und Gemüse. Es landete seinerzeit aber auch fast jedes fünfte Brot auf dem Müll. Beispielsweise warf Wien jeden Tag so viel Brot weg, wie man gebraucht hätte um die zweitgrößte Stadt Österreichs Graz zu ernähren. Und das in der damaligen Zeit, in der alle zehn Sekunden ein Kind unter fünf Jahren an den Folgen von Hunger starb, rund 700 Millionen Menschen hungerten und zwei Milliarden an Mangelernährung litten (44). „Hunger ist Mord, denn wir könnten dieses Schicksal abwenden", so der damalige deutsche Entwicklungsminister Gerd Müller (33).

Später sollte der Anstieg der rein biologisch bewirtschafteten Ackerfläche von 10 % auf über 60 % heute zunehmen und die Haltungsform der Nutztiere deutlich verbessert werden. Beides führte zu einem Preisanstieg, vor allem von Fleisch, und somit zu weniger Verschwendung bei in Summe geringeren Treibhausgasemissionen.

Das Fleischangebot wurde ergänzt durch klimafreundliches Retortenfleisch, welches zunächst noch in Laboren und später in mehrstöckigen, sogenannten „Farmscrapers" (Landwirtschafts-Hochhäusern) hergestellt wurde. Es war der Beginn der Vertikalen Landwirtschaft (Vertical Farming) in Ballungsräumen.

Durch den ganzjährigen Anbau von Obst und Gemüse, unter Gewächshausbedingungen mit regenerativen Energiequellen, wurde eine städtische Kreislaufwirtschaft etabliert. Nahrung wurde plötzlich vor Ort produziert und verzehrt, aufbereitetes Abwasser der Haushalte wieder direkt den Farmscrapers zugeführt. Der Einsatz von Energie, Landverbrauch, Düngemitteln, Pestiziden sowie Wasser konnte auf einen Bruchteil reduziert werden. Lebensmittel mussten weniger transportiert werden und waren somit frischer. Durch den rund 20-fach größeren Flächenertrag in Farmscrapers konnte hierzulande die intensiv genutzte,

Abbildung 26: Dürre – durch Klimawandel verursacht

landwirtschaftliche Fläche verringert und dadurch das Artensterben gebremst werden. Auch wurde die Nahrungsmittelerzeugung von den – durch den Klimawandel zunehmenden – Wetterextremen entkoppelt.

Wirtschaftlich konnte Deutschland von der Vertikalen Landwirtschaft merklich profitieren. So entwickelte sich in Berlin aus einem Start-up ein globaler Player, der bis heute seine Technologie weltweit in die wachsenden Metropolregionen exportiert.

Die Phase der Balance – bis heute

Erst die Zeit, welche Historiker heute als „Jahrzehnt der reinigenden Krisen" bezeichnen, führte Anfang der 30er-Jahre zu merklichen Veränderungen im individuellen Verhalten, der Gesellschaft sowie Politik und somit zu einer spürbaren Reduktion der CO_2-Emissionen in Europa. Das Zeitalter der Balance begann.

Der durch die chinesische Finanzkrise ausgelöste Wirtschaftseinbruch und die sich daraus entwickelnden politischen Unruhen in China lösten ein weltweites, nie dagewesenes, ökonomisches Erdbeben aus. Der Wirtschaftseinbruch wurde unter anderem durch die alternde Gesellschaft in China und der ab den 30er-Jahren stetig abnehmenden Bevölkerungsentwicklung verursacht. Maßgeblich dazu beigetragen hatte die Jahrzehnte zuvor eingeführte 1-Kind-Politik. Anstelle von damals 1,4 Milliarden Menschen leben heute in China 900 Millionen.

In einigen besonders von materieller Armut betroffenen Staaten Afrikas und Südamerikas, verursachte die Krise einen regelrechten Flüchtlingssturm in Richtung USA und Europa, dem die Grenzen nicht mehr standhielten. Infolgedessen kam es zu einer schlagartigen Sogwirkung von Klimaflüchtlingen Richtung Norden, die bis heute anhält.

Erst dieser gewaltige Druck machte es auf unserem Kontinent möglich, dass wichtige europäische Einigungsprojekte auch politisch umgesetzt werden konnten. Nach der Inflation zur Bewältigung der Schuldenkrise wurde, rund 100 Jahre nach der letzten Weltwirtschaftskrise, der Euro abgewertet und in den CO_2-€ überführt. Dieser orientierte sich an dem jährlichen europäischen CO_2-Ausstoß. Seitdem wird quasi mit CO_2 bezahlt. Neben den 34 EU-Staaten wurde die Währung auch in der Schweiz eingeführt. Durch die ausschließlich digitale Bezahlung war es möglich, die zuvor ausufernde Schwarzarbeit, Steuerhinterziehung und Wirtschaftskriminalität in Europa zurückzudrängen. Der Staat generierte mehr Einnahmen, Steuern für energieeffiziente Investitionen wurden gesenkt, die Wirtschaft in Europa erholte sich zunehmend und transformierte sich langsam aber stetig zu einer ressourcenschonenden Kreislaufwirtschaft.

Um weltweite Dumpingpreise, denen die europäische Wirtschaft aufgrund des hiesigen CO_2-Preises nun ausgeliefert war, zu verhindern, führte das europäische Finanzministerium Klimazölle für importierte Produkte aus Asien, den USA und dem wirtschaftlich aufstrebenden Afrika ein. Einen großen Anteil an der Umsetzung hatte das europäische Außenministerium. Die Klimazölle wurden bereits nach kurzer Zeit international akzeptiert. In Folge dessen beschleunigten sich grüne Investitionen auch außerhalb Europas.

Mit dem CO_2-€ stiegen die Energiekosten Ende der 30er-Jahre auf einen Höchststand von 25 % des zur Verfügung stehenden Haushaltseinkommens an. Dies führte zu einem exponentiellen Anstieg privater Investitionen vor allem in Gebäudedämmung, effiziente Heizungstechnologien, Energiespeicher und Photovoltaikanlagen.

Das in der Rezession eingeführte, staatliche Abwrackprogramm 1,2,3 – 1 Mio. neue Heizungsanlagen, 2 Mio. effiziente Radiatoren zur Wärmeverteilung, 3 Mio. neue Fenster – half den Rückstand im Gebäudebereich zum Erreichen der Klimaziele aufzuholen.

Die europäischen Energieeinsparmaßnahmen wirkten sich mit der Zeit zunehmend auf die internationale Politik und Zusammenarbeit aus.

Im Bereich Klimaschutz waren damals vor allem kleinere Staaten, wie die skandinavischen Länder, die Niederlande oder Österreich, Deutschland weit voraus. Als die Maßnahmen auch in Deutschland und anderen, bevölkerungsreicheren Ländern umgesetzt wurden, sanken zunächst die Rohöl- und später auch die Gasimporte nach Europa im großen Stil.

Infolgedessen hatten auf Energieexport ausgerichtete Länder wie Russland erst mit wirtschaftlichen dann mit zusätzlichen innerpolitischen Problemen zu kämpfen. Der Ton nach Außen, insbesondere gegenüber dem Westen und vor allem der NATO *[North Atlantic Treaty Organization]*, wurde so rau wie der Winter in Sibirien. Das politische Fieberthermometer und die Gefahr von unkalkulierbaren Eskalationen stiegen an.

Erst durch Initiative des amerikanischen Präsidenten Mark Zuckerberg, des Europäischen Kommissionspräsidenten Sebastian Kurz und der russischen Präsidentin Ljubow Sobol konnte die Situation entspannt werden.

Als Folge der Gespräche wurde die NATO zur CLIMATO (Climate Treaty Organization) umbenannt und das Bündnis um Russland sowie weitere osteuropäische Staaten erweitert. Zuvor setzte sich die Erkenntnis durch, dass die zunehmenden Auswirkungen von Naturkatastrophen, bedingt durch den Klimawandel, gravierende Folgen hatten und auch an Grenzen nicht haltmachten. Die gemeinsame Bedrohung durch den Klimawandel schweißte die internationale Gemeinschaft regelrecht zusammen.

Die bereits mehrfach verfilmte Atomkatastrophe in Nordkorea, ausgelöst in einem militärischen Raketenentwicklungszentrum, liefert bis heute den Stoff für Verschwörungstheorien. Eine der letzten Diktaturen fegte sich quasi selbst weg. Die sichere Verwendung der Kernenergie zu militärischen Zwecken oder für eine nahezu CO_2-freie Stromgewinnung wurde in Folge dessen weltweit in Frage gestellt. Frankreich beschloss daraufhin, bis 2060, rund 40 Jahre nach seinem deutschen Nachbarn, komplett aus der Kernkraft auszusteigen.

Ein weiteres, wichtiges Projekt war die Jahrzehnte vorher bereits steckengebliebene Initiative Frankreichs zur Bildung einer Mittelmeerunion zwischen Europa, den nordafrikanischen Staaten, Israel, dem Libanon und der Türkei. Das Kooperationsprojekt führte zu einer win- win Situation und mehr Wohlstand auf beiden Seiten.

In den südlichen Anrainerstaaten wurden, abgeleitet aus der Jahrzehnte alten DESERTEC-Idee *[2009 gegründete Initiative, um aus Nordafrika Ökostrom nach Europa zu exportieren und gleichzeitig vor Ort die Entwicklung zu stärken: www.desertec.org]*, Produktionsanlagen für Photovoltaik und Elektrolyseanlagen zur Herstellung von Wasserstoff aufgebaut. Ferner wurden Milliardeninvestitionen in Speicher und Transportkapazitäten getätigt. Neben der Kooperation in der Energiewirtschaft wurde auch im Bereich Bildung, Völkerverständigung, Wirtschaft, Transport und Tourismus die Zusammenarbeit vertieft. Erfahrungen aus innereuropäischen Integrationsprojekten wurden auf die Mittelmeerunion übertragen. Mit Hilfe der neu gebauten Schnellfahrstrecke zwischen Europa und Afrika, durch den Tunnel von Gibraltar, wuchsen beide Kontinente weiter zusammen und war ein klimafreundlicher Austausch von Waren über die Schiene möglich. Der Tunnel sollte sich später auch auf den Tourismus auswirken, und so zählt bis heute der Nordafrikaexpress zu einer der schönsten Zugreisen durch malerische Landschaften.

Der ganze, afrikanische Kontinent hat sich zweifelsohne politisch und wirtschaftlich seit den 30er-Jahren am dynamischsten entwickelt. Die Einwohnerzahl Afrikas hat sich von 2020, als das Durchschnittsalter in Afrika 17 Jahre betrug, bis 2060 mehr als verdoppelt. Allein Nigeria hat heute mehr Einwohner als die USA und bis zum Ende des 21 Jahrhunderts mehr als ganz Europa.

Nachdem sich vor rund 40 Jahren zunächst 54 Länder innerhalb Afrikas zu einer Freihandelszone

Abbildung 27: Photovoltaikkraftwerke in der Wüste

(African Continental Free Trade Area, AfCFTA) zusammengeschlossen hatten, wurde diese Anfang der 30er-Jahre mit der europäischen Freihandelszone zusammengeschlossen. Die EU konnte fortan keine Handelsverträge mehr mit einzelnen afrikanischen Staaten schließen, die vorher meist einseitig und zugunsten Europas vereinbart worden waren, sondern immer nur mit ganz Afrika. Protektionistische europäische Zölle auf afrikanische Importe wurden in diesem Zusammenhang abgeschafft.

In Folge entstand ein gigantischer Wirtschaftsraum zwischen den Kontinenten, der auf beiden Seiten zu nachhaltigem Wachstum führte, welches insbesondere in Afrika bis heute anhält. Ressourcenschonende Technologien und Infrastrukturprojekte in Afrika wurden mehr und mehr zusammen mit europäischen Firmen umgesetzt.

Ohne den wachsenden Druck afrikanischer Klimaflüchtlinge auf die europäische Außengrenze, hätte die EU, wie später offengelegte Dokumente belegen sollten, das Freihandelsabkommen mit Afrika nicht abgeschlossen. Durch die verbesserte Perspektive in Afrika verringerte sich die Zahl der Klimaflüchtlinge beträchtlich. Europäische Asylgesuche wurden vor Ort organisiert. Das heute unvorstellbare Massensterben im Mittelmeer, dem der Europäer beinahe täglich in den Abendnachrichten zuschaute, war abgestellt.

Durch den neuen Wohlstand konnte sich Afrika ab den 40er-Jahren ein klein wenig aus dem sich breitmachenden, chinesischen Wirtschaftskolonialismus lösen und eigenständiger sowie deutlich selbstbewusster agieren.

Durch die „virtuelle Globalisierung" wurde die Welt nicht nur in Afrika flacher. Mehr Menschen konnten sich international vernetzen, hatten Zugang zu Bildung und konnten digitale Dienstleistungen weltweit anbieten sowie daran partizipieren. Neue Absatzmärkte entstanden durch eine breitere Mittelschicht, insbesondere in Afrika, wo auch der Tourismus sich stark entwickelte und völlig neue, auch virtuelle Formen entwickelte.

Ein Beispiel war die in den 30er-Jahren von zwei Vietnamesen entwickelte und eingeführte Onlineplattform ONE. In ONE registrieren sich einzelne Nutzer oder ganze Familien und können sich bei einem „Match" der Interessen weltweit mit anderen Familien austauschen. So kommt Familie Schmidt aus Bergisch Gladbach plötzlich in Kontakt mit Familie García aus Nicaragua.

Über Video, Chats und mit Hilfe von Online-Übersetzungstools werden seitdem weltweit neue Arten von Freundschaften und Communities geschlossen. Auffallend oft zwischen unterschiedlichen Lebenswirklichkeiten, etwa zwischen Europa und Dritte-Welt-Ländern. Beide Seiten, insbesondere Kinder und Jugendliche, profitieren von der anderen Kultur, anderen Lebensgewohnheiten, den lokalen Herausforderungen und den real geschilderten, individuellen, einzigartigen Erlebnissen vor Ort. Nicht selten kommt es zu einem Besuch oder unterstützen sich die Familien mit Waren oder Geld, beispielsweise für einen Laptop, Spielsachen oder die Aufnahmegebühr für den Kindergarten, was wiederum präventiv gegen Klimaflucht hilft.

Über ONE konnten die Auswirkungen des von den Industriestaaten verursachten Klimawandels in vulnerablen Regionen schnell kommuniziert werden und die direkt betroffenen Menschen bekamen bei uns ein Gesicht. Die Personifizierung der Klimaauswirkungen in Dritte-Welt-Ländern führte in Europa zu einem regelrechten Aufschrei in der Gesellschaft – die Motivation, den vom Menschen gemachten Klimawandel endgültig einzudämmen wuchs.

Im Gegensatz zu früheren, wirtschaftlichen Aufschwüngen, wie sie noch im 20. und zu Beginn des 21. Jahrhunderts in Europa, den USA oder China stattgefunden hatten, war die konjunkturelle Entwicklung ab den 30er-Jahren entkoppelt vom Energieverbrauch. Anstelle wie früher in Kohle, Gas und Öl zu investieren wurde eine grüne und günstigere Infrastruktur aufgebaut. Die Lehren waren gezogen. Während das Wirtschaftswachstum sich insbesondere in Afrika rasant entwickelte, stagnierte dort der Energiebedarf und folglich die CO_2-Emissionen ab den 40er-Jahren.

Wirtschaftlich standen seinerzeit vor allem die in Süddeutschland ansässige Automobilindustrie und ihre Zulieferer vor einem großen Wandel. Der Ausbau von Radschnellwegen und Fahrradtrassen in den Innenstädten, denen meist Fahrspuren des PKW weichen mussten, führte zu einem geringeren Bedarf an individuellen PKWs. Ferner verringerte sich durch die Verbreitung des Elektroautos die Wertschöpfungstiefe in den Fertigungshallen und Kfz-Werkstätten.

Als Brückentechnologie wurden noch bis Ende der 20er-Jahre sogenannte Hybridfahrzeuge – ausgestattet mit einem verbrennungsbasierten Motor und einem Elektroantrieb – hergestellt, jedoch aufgrund des unwirtschaftlichen Betriebs bald wieder eingestellt. Heutzutage kennt man Hybride nur noch als eine Kombination von wasserstoff- und batterieelektrisch angetriebenen Schwerlastfahrzeugen.

Über Konsolidierung, Diversifizierung sowie der branchenübergreifenden Zusammenarbeit zur Herstellung von Wasserstoff, Strom und synthetischer Kraftstoffe für die Mobilität, konnte die Kfz-Branche transformiert werden. Ein wichtiger Faktor war auch der Wandel hin zum Anbieter ganzheitlicher Mobilitätsdienstleistungen, in Folge dessen sich frühere Berufe wie Taxifahrer und Lastwagenfahrer hin zum Mobilitätsservice-Angestellten wandelten. Zahlreiche, heutige Global Player entwickelten sich in dieser Zeit aus Spin-Offs größerer Automobilhersteller und Zulieferer.

Die Arbeitswelt änderte sich in rasantem Tempo. Gegenüber früher wurde die Arbeit räumlich entkoppelt und flexibilisiert. Aus „live where you work" wurde „work where you live". Seit dem Jahr 2035 arbeiten mehr Deutsche im Home-Office als in einer Firma oder Amt. Davon profitierten in Deutschland und Europa ländliche Gegenden und zunehmend mediterrane Regionen, die den Telearbeitenden verstärkt Möglichkeiten zum Tapetenwechsel boten, um für eine gewisse Zeit in einer anderen Umgebung arbeiten zu können. Europa wurde dadurch insgesamt offener – urbane Zentren entlastet und ländliche sowie preisgünstige Regionen gestärkt. Die Lebensverhältnisse zwischen Stadt und Land, Nord und Süd, West und Ost glichen sich in Europa an.

Nutznießer war das Klima, da in Summe die jährlich gefahrenen Kilometer pro Haushalt im Schnitt um 20 Prozent sanken. Nach der generellen Verkürzung der

Arbeitszeit, im Mittel auf 30 Stunden, verringerten sich die Fahrten nochmal spürbar.

Aufgrund dieser Trends wurden auch frühere Bürogebäude grundlegend verändert. Entweder wurden sie zu Wohngebäuden umfunktioniert, um Wohnraum für die wachsende Bevölkerung zu schaffen, oder weiterhin für die Arbeit in Working Houses transformiert. Im Gegensatz zu den früheren Büros sind dies Orte des persönlichen Zusammentreffens, für Workshops oder Events und dienen der Kommunikation sowie dem zwischenmenschlichen Austausch.

Mitte der 30er-Jahre führte ein französisches Start-up eine weitere Alternative zu den Working Houses ein. In sogenannten TeamWorkWeeks konnten Firmen Häuser von Privatpersonen anmieten, um dort ihre Mitarbeiter für eine Woche konzentriert im Team an einem Thema arbeiten zu lassen und gleichzeitig den Zusammenhalt zu stärken.

Gewinner war auch hier das Klima. Anstelle für die wachsende Bevölkerung mehr Wohngebäude zu bauen und diese beheizen zu müssen, konnte ein Teil über die Nutzungsänderung ehemaliger Bürogebäude gedeckt werden.

Waren die Innenstädte früher stark von Shopping Malls geprägt, welche aufgrund der zunehmenden Durchdringung des Online-Handels teilweise verdrängt wurden, findet man heute vermehrt Wohngebäude, Kulturstätten zur Begegnung oder Flagship-Stores, kombiniert mit gläsernen Fabriken vor. Die Umgestaltung früherer, meist doch recht funktional gestalteter Verkaufsgebäude in hochwertige Architektur hat die Lebensqualität in den Städten deutlich verbessert. Auch wichen nach und nach die sogenannten „Parkhäuser" aus den Städten. Dies waren Gebäude, in denen bis in die 30er-Jahre hinein Fahrzeuge abgestellt wurden.

Aber auch in ländlichen Regionen kam es zu spürbaren Veränderungen. Leben auf dem Land wurde in. Während sich die Wohnverhältnisse und das Leben im urbanen Raum, ähnlich wie während der Industrialisierung Ende des 19. Jahrhunderts, in den letzten 50 Jahren zuvor spürbar verteuert hatte, bluteten einzelne Landstriche, insbesondere in Ostdeutschland, spürbar aus.

Durch die Entkopplung der Arbeit vom Büro in kreativere Zonen konnten viele ihren Lebensmittelpunkt aus der Stadt in Gegenden mit einer höheren Lebensqualität verlagern. Insbesondere für Familien war es nun möglich, auch mit einem kleineren Einkommen einen akzeptablen Lebensstandard zu ermöglichen. Durch die mentale Entschleunigung im Einklang mit der Natur, die der Selbstfindung und Reflektion den notwendigen Raum verschaffte, war ein Leben in Balance einfacher möglich. Im ländlichen Raum stieg im Zuge dieser Entwicklung die regionale Wertschöpfung, beispielsweise für Lebensmittel, Kunst oder Kultur, spürbar an. Auch blühte das Engagement vor Ort auf. Im Gegensatz zu früher werden deutlich weniger Neubaugebiete erschlossen. Die Bebauung erfolgt meist mit Quartieren, energieeffizienten Reihen- oder HouseXL-Häusern.

Insgesamt hat sich also die Art, wie wir heute leben, in den letzten 40 Jahren stark verändert. Das statische Leben in ein und demselben Gebäude ist heute zwar einfacher möglich als früher, steht jedoch gegenwärtig weniger im Vordergrund. Das Gebäude wird nach Lebensabschnitt gewechselt, verbleibt aber oft beim Besitzer. Man redet von Sharing.

Wohngebäude sind heute eine der tragenden Säulen der Altersvorsorge. Während vor 40 Jahren in Deutschland weniger als die Hälfte im Eigentum wohnte, hat sich dieser Trend, auch dank staatlicher Anreize, heute auf über 70 Prozent erhöht (völlig konträr lief es bekanntlich bei der Eigentumsquote von PKW). Gut gedämmte Häuser mit einer effizienten und intelligenten Gebäudetechnologie haben in den letzten Jahrzehnten eine überproportional hohe Wertsteigerung erfahren. Die sicherste Rente heißt heute Energieeffizienz.

In den 40er-Jahren zahlten sich die Anstrengungen der CO_2-Reduzierung auch auf die Gesellschaft aus. Der Anteil der Energiekosten am verfügbaren Haushaltseinkommen reduzierte sich auf unter 10 %, die Inflation sank merklich und es musste weniger Wirtschaftswachstum zum Erhalt des Wohlstandes generiert werden.

Die stetig wachsende Zahl an Naturkatastrophen veränderte unser Verhältnis zu unserem Planeten. Die Natur- und Tierwelt wurde in der Phase der Balance zunehmend als Partner angesehen. Wir Menschen können digital unterstützt entschleunigen und finden so wieder zu uns selbst.

Es ist bereits spät. Ich klappe mein virtuelles Tagebuch zu und verbleibe noch einige Zeit in Ruhe in den Erinnerungen. Die Abendsonne hat sich gesenkt, die Temperaturen sind angenehm abgekühlt, es riecht nach Sommer. Ich senke meine flying couch ab ins Grüne, steige aus und begebe mich über die Terrassentür hinein in mein HouseX.

Beim Betreten des Wohnzimmers schlendere ich an unserer kleinen Hausbibliothek vorbei, die über die Zeit ziemlich angewachsen ist. Dort finden sich Fotoalben vergangener Jahre, Sachbücher, Romane, Kochbücher, Reiseführer und diverse Lexika. Im obersten Regal fällt mein Blick zufällig auf ein Buch, welches vor rund 40 Jahren geschrieben wurde:

- Das Haus der Zukunft -

Ich nehme es aus dem Regal, puste den Staub ab und schlage es auf …

Unsere Gebäude: Dämmen für die Wärmewende

In unseren Gebäuden verursachen wir einen Großteil der deutschen CO_2-Emissionen für Raumwärme, Warmwasser, Beleuchtung und Kühlung.

Etwa zwei Drittel der 19 Millionen Wohngebäude wurden vor dem Inkrafttreten der ersten Wärmeschutzverordnung im Jahr 1979 errichtet und sind in der Regel nicht energieeffizient. Diese Gebäude verbrauchen bis zu fünf Mal mehr Energie als ein Neubau aus dem Jahr 2001 (45).

Ein heutiger Neubau benötigt ungefähr 45 bis 60 Kilowattstunden pro Quadratmeter Nutzfläche. Der mittlere Endenergieverbrauch im deutschen Gebäudebestand liegt aktuell bei 167 Kilowattstunden pro Quadratmeter Nutzfläche und damit rund drei Mal höher (46). Politisches Ziel ist es, diesen bis 2050 um etwa die Hälfte zu senken (47).

Die folgende Abbildung zeigt die Verteilung der Wohngebäude nach Anzahl und flächenbezogenem Endenergieverbrauch, der sich aus dem Bedarf für die Heizung (Heizenergiebedarf) und Warmwasser zusammensetzt. Insbesondere Gebäude, die vor 1979 errichtet wurden, müssen in den nächsten Jahren saniert oder ganz abgerissen werden. Der Großteil aller Häuser zählt zu den Einfamilienhäusern.

Fast die Hälfte aller Eigentümer ist älter als 65 Jahre und nur etwa jeder zweite Deutsche lebt im Eigentum (49). Beides ist für die Modernisierung der Gebäude nicht von Vorteil. Man spricht vom Mieter-Vermieter-Dilemma (oder Nutzer-Investor-Dilemma) – gemeint ist damit der Umstand, dass nach einer energetischen Sanierung nicht der Vermieter von den sinkenden Energiekosten profitiert, sondern der Mieter. Dies führt in der Praxis dazu, dass sinnvolle Investitionen in Energieeffizienz ausbleiben.

Abhilfe schaffen Energieausweise, die insbesondere bei Verkäufen oder neuer Vermietung den Wert der Immobilie beeinflussen. Mit einer guten Bewertung im Energieausweis können, je nach Angebot und Nachfrage, höhere Preise durchgesetzt werden.

Wohngebäude: Baujahre 1949–79 haben höchsten Energieverbrauch

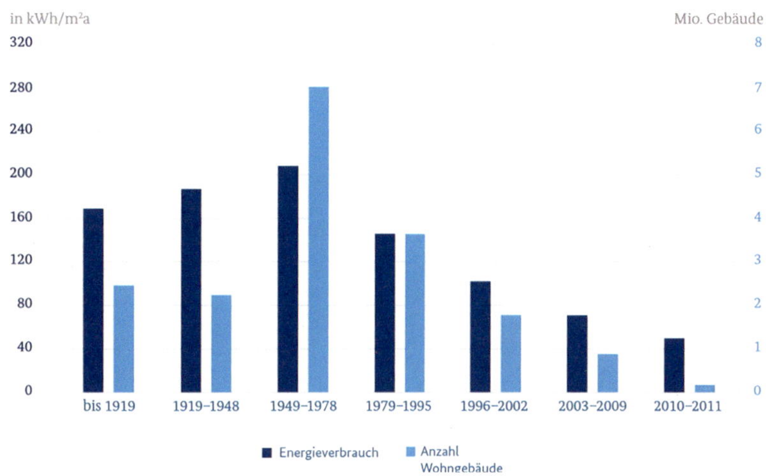

Abbildung 28: Wohngebäude von 1949 bis 1979 sind zahlenmäßig am Größten und haben den höchsten flächenbezogenen Endenergieverbauch

Der Energieausweis zur Klassifizierung des Gebäudes

Zum transparenten Vergleich der Energieeffizienz eines Gebäudes muss bei Verkauf oder Vermietung von Wohngebäuden ein Energieausweis vorgelegt werden. Dieser ist für 10 Jahre gültig und kann von Architekten, Schornsteinfegern oder Energieberatern ausgestellt werden. Es wird zwischen dem Verbrauchsausweis und dem Bedarfsausweis unterschieden.

Der Verbrauchsausweis berücksichtigt die tatsächlichen Energieverbräuche der letzten Jahre. Allerdings hängen die Verbräuche von äußeren Wetterbedingungen und dem Nutzerverhalten der Bewohner ab. Für eine mehrköpfige Familie ist in der gleichen Wohnung in der Regel der Verbrauch höher als für einen Single.

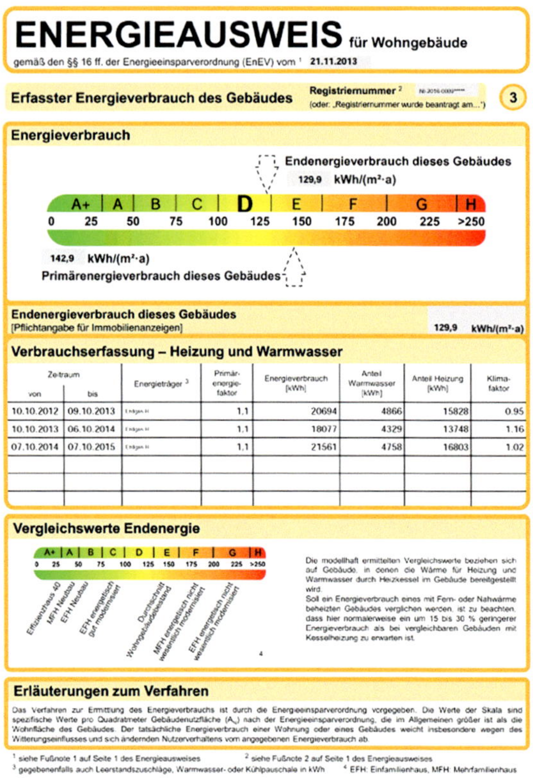

ENERGIEAUSWEIS für Wohngebäude

gemäß den §§ 16 ff. der Energieeinsparverordnung (EnEV) vom [1] 21.11.2013

Erfasster Energieverbrauch des Gebäudes Registriernummer [2] (oder: „Registriernummer wurde beantragt am…") 3

Energieverbrauch

Endenergieverbrauch dieses Gebäudes [Pflichtangabe für Immobilienanzeigen] 129,9 kWh/(m²·a)

Verbrauchserfassung – Heizung und Warmwasser

Zeitraum von	Zeitraum bis	Energieträger [3]	Primärenergiefaktor	Energieverbrauch [kWh]	Anteil Warmwasser [kWh]	Anteil Heizung [kWh]	Klimafaktor
10.10.2012	09.10.2013	[illegible]	1,1	20694	4866	15828	0.95
10.10.2013	06.10.2014	[illegible]	1,1	18077	4329	13748	1.16
07.10.2014	07.10.2015	[illegible]	1,1	21561	4758	16803	1.02

Vergleichswerte Endenergie

Die modellhaft ermittelten Vergleichswerte beziehen sich auf Gebäude, in denen die Wärme für Heizung und Warmwasser durch Heizkessel im Gebäude bereitgestellt wird.
Soll ein Energieverbrauch eines mit Fern- oder Nahwärme beheizten Gebäudes verglichen werden, ist zu beachten, dass hier normalerweise ein um 15 bis 30 % geringerer Energieverbrauch als bei vergleichbaren Gebäuden mit Kesselheizung zu erwarten ist.

Erläuterungen zum Verfahren

Das Verfahren zur Ermittlung des Energieverbrauchs ist durch die Energieeinsparverordnung vorgegeben. Die Werte der Skala sind spezifische Werte pro Quadratmeter Gebäudenutzfläche (A_N) nach der Energieeinsparverordnung, die im Allgemeinen größer ist als die Wohnfläche des Gebäudes. Der tatsächliche Energieverbrauch einer Wohnung oder eines Gebäudes weicht insbesondere wegen des Witterungseinflusses und sich ändernden Nutzerverhaltens vom angegebenen Energieverbrauch ab.

[1] siehe Fußnote 1 auf Seite 1 des Energieausweises [2] siehe Fußnote 2 auf Seite 1 des Energieausweises
[3] gegebenenfalls auch Leerstandszuschläge, Warmwasser- oder Kühlpauschale in kWh [4] EFH: Einfamilienhaus, MFH: Mehrfamilienhaus

Abbildung 29: Auszug verbrauchsbasierter Energieausweis

Beim Bedarfsausweis hingegen wird der Energiebedarf des Hauses unabhängig vom Nutzerverhalten berechnet. Ein Experte bewertet dazu vor Ort die Heizungsanlage und die Bausubstanz (50). Der Bedarfsausweis ist Pflicht für ältere Häuser (Bauantrag vor 1977) mit bis zu vier Wohneinheiten, die ohne Auflagen zur Energieeinsparung erstellt und seitdem nicht renoviert wurden. Ansonsten kann zwischen dem günstigeren Verbrauchsausweis oder dem Bedarfsausweis frei gewählt werden.

Die Energieeffizienz im Zuhause bestimmen und vergleichen

Auch ohne Experte zu sein, kann der Leser den Energieverbrauch für sein Gebäude ganz grob einordnen. Für eine genaue Beurteilung sollte allerdings ein professioneller Energieausweis erstellt werden. Die Berechnung kann sowohl über entsprechende Webseiten *[Beispiel: www.express-pass.de]* erfolgen, was am schnellsten geht, oder von Hand durchgeführt werden, siehe Anhang.

Der berechnete Mittelwert des Endenergieverbrauchs berücksichtigt den Heizenergie- und Warmwasserbedarf und kann auf der Skala eingeordnet werden. Liegt er beispielsweise bei 105 kWh/ m² so ist das Gebäude in der Klasse D, leicht über dem aktuellen Durchschnitt in Deutschland.

Beim Erwerb einer Immobilie, mit beispielsweise 150 m² Wohnfläche, können über den Vergleichswert der Endenergie im Energieausweis zukünftige Energiebedarfe und Energiekosten abgeschätzt werden. In diesem Beispiel würde der Endenergiebedarf bei rund 150 m² × 105 kWh/ m² = 15.750 kWh liegen. Die jährlichen Energiekosten ohne Berücksichtigung

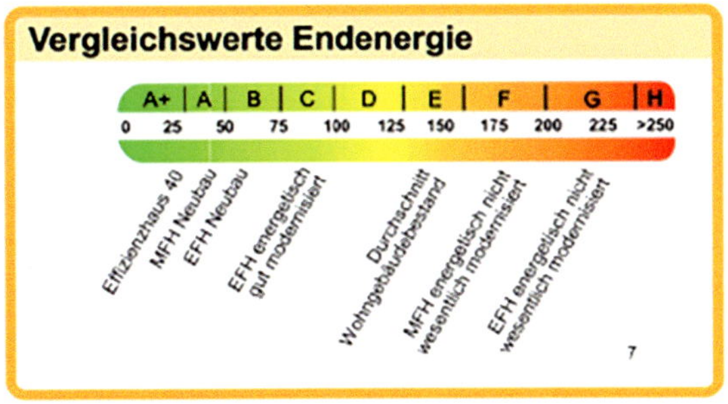

Abbildung 30: Vergleichswerte im Energieausweis, Endenergie in kWh/(m^2 a)

Abbildung 31: Energieausweis

von Energiepreissteigerungen liegen bei einem Gaspreis von 7 Cent/ kWh bei 1.103 €.

Im Energieausweis wird neben dem Endenergieverbrauch auch der Primärenergieverbrauch angegeben. Dieser ist in der Regel für den Bewohner sekundär, da die verbrauchte Endenergie die Energiekosten bestimmt.

Der Primärenergieverbrauch hängt maßgeblich vom eingesetzten Rohstoff ab. Jedem dieser Rohstoffe wird ein Primärenergiefaktor zugewiesen *[Aktuell für Heizöl, Erdgas, Flüssiggas: 1,1 / Holz: 0,2 / Strom: 1,8 (Sank von ursprünglich 3,0. Grund ist die Zunahme der erneuerbaren Energien im Strommix)]*. Zur Berechnung des Primärenergieverbrauchs wird der Primärenergiefaktor mit der Endenergie multipliziert. In unserem Beispiel kommt als Rohstoff Gas mit einem Primärenergiefaktor von 1,1 zum Einsatz. Der Primärenergieverbrauch liegt somit bei 115,5 kWh/ m^2, was ebenso der Klasse D entspricht.

Unser Beispielgebäude muss aktuell also noch nicht zwingend saniert werden. Es sei denn, es stehen Instandhaltungsarbeiten an, die günstig mit einer Sanierung verknüpft werden können.

Würden die Verbrauchswerte allerdings weiter rechts auf der Skala liegen, so wäre eine Sanierung stark zu empfehlen.

Unzureichend gedämmte Bestandsgebäude von vor 1979

Die thermische Gebäudehülle setzt sich aus der Dachfläche, der Fassade und dem Keller zusammen. In folgender Abbildung werden exemplarisch die Wärmeverluste eines unzureichend gedämmten Gebäudes, vor 1979 errichtet, dargestellt. Die Werte sind grobe Anhaltspunkte und hängen sowohl vom Gesamtsystem als auch vom Nutzerverhalten ab. Es hilft jedoch, die Hebel zum Energiesparen zu kennen und richtig einschätzen zu können. Da warme Luft nach oben steigt, gilt die Faustregel, dass über das Dach am meisten Energie verloren geht.

Die CO_2-Emissionen für Heizung und Warmwasser können für ein mittelgroßes Einfamilienhaus bei rund 10 Tonnen pro Jahr liegen und damit 4 bis 5-mal so hoch wie nach umgesetzten Dämmmaßnahmen.

Die erste gute Nachricht ist, man muss nicht alles auf einmal anpacken, sondern kann schrittweise vorgehen. Die zweite, noch bessere, Nachricht ist, es zahlt sich aus, sowohl gefühlt als auch finanziell. Insbesondere, da in den kommenden Jahren durch die CO_2-Steuer ein deutlicher Preisanstieg fossiler Energieträger zu erwarten ist und es für das Dämmen lukrative Förderungen gibt.

Folgende Reihenfolge zeigt grob mit welchem Aufwand die Arbeiten umgesetzt werden können. Die Kosten sind deutlich geringer, wenn sie mit bereits anfallenden Instandhaltungsmaßnahmen kombiniert werden. Auch die Lebensdauer muss man beachten: So ist beispielsweise das Dämmen der Fassade deutlich teurer als ein Heizungstausch. Jedoch beträgt die Lebensdauer der Fassade auch das Doppelte. Die Investitionskosten verteilen sich über einen längeren Zeitraum.

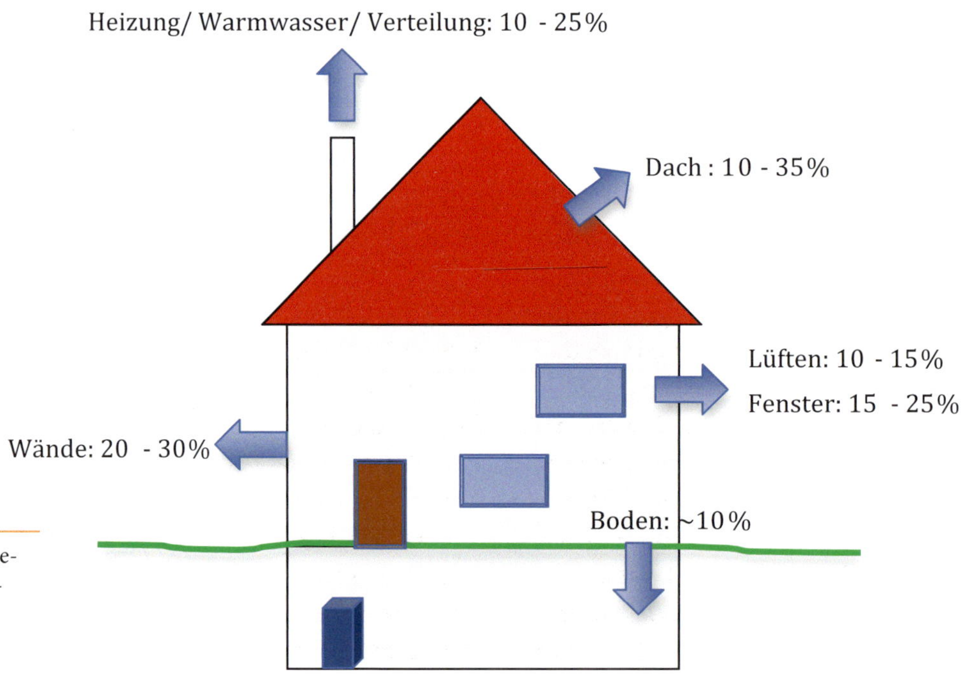

Abbildung 32: Typische Wärmeverluste eines unzureichend gedämmten Einfamilienhauses

Maßnahme	Aufwand	Grobe Kosten (ohne Förderung, sind ca. 20 % davon)[1]	In Eigenleistung möglich	Grobe Einsparpotentiale[2]	Mittlere Lebensdauer
Fensterdichtung erneuern	gering	< 1.000 €	ja	< 5 %	15 Jahre
Rollladenkästen/ Briefkasten dämmen	gering	< 1.000 €	ja	< 5 %	40 Jahre
Kellerdecke dämmen	gering	< 3.000 €	ja	5 %	40 Jahre
Heizkessel tauschen	mittel	5.000 – 15.000 €	nein	25 %	20 Jahre
Fenster und Haustüre austauschen	mittel	15.000 – 20.000 €	nein	10 %	40 Jahre
Dämmung Fassade	hoch	15.000 – 25.000 €	nein	25 %	40 Jahre
Dämmung Dach	hoch	15.000 – 35.000 €[3]	nein	30 %	40 Jahre

Tabelle 1: Maßnahmen zur Verbesserung der Energieeffizienz im Gebäude

1 Zusätzlich muss zur Bewertung der Instandhaltungsaufwand, der bereits ohne Dämmung anfällt, abgezogen werden. Beim Heizungstausch können staatliche Zuschüsse bis zu 45 % betragen

2 Einsparpotential geschätzt. Stark abhängig vom individuellen Baustandard und eingebauten Heizungsystemen

3 Stark abhängig ob Dach mit neu eingedeckt wird und ob von innen oder außen gedämmt wird

Die Details der Maßnahmen sind individuell für jedes Gebäude zu prüfen. Es lohnt sich einen Energieberater hinzuzuziehen. Die BAFA (Bundesamt für Wirtschaft und Ausfuhrkontrolle) bezuschusst die Kosten des Energieberaters mit attraktiven Konditionen *[Siehe BAFA: https://www.bafa.de]*.

Das Gebäude muss immer als Ganzes betrachtet werden. Wird beispielsweise der Heizkessel getauscht, sollten zukünftige, bauliche Energiesparmaßnahmen gleich mitberücksichtigt werden. Ansonsten könnte die Heizungsanlage für die zukünftig geringere Heizlast des Gebäudes überdimensioniert sein. Die Heizungsanlage würde mit einer schlechteren Effizienz arbeiten und wäre unter Umständen unnötig teuer. Aufgrund der steigenden Energiepreise fossiler Brennstoffe könnte alternativ im besser gedämmten Gebäude die Wärmepumpe zukünftig kostengünstiger sowie umweltfreundlicher arbeiten.

Schimmel nach Dämmmaßnahmen

Oftmals werden Fenster ausgetauscht ohne die Fassade zu dämmen. Wird im Anschluss das Lüftungsverhalten nicht angepasst besteht ein Schimmelrisiko. Über das nun luftdichte Fenster kann Feuchte nur unzureichend entweichen und setzt sich an der kalten Innenwand ab. Meist in Zimmern mit Außenwänden an der oberen Ecke.

Neben dem veränderten Lüftungsverhalten sollte auch die Wandtemperatur bei über 15°C gehalten werden, da sich unterhalb der Temperatur Kondensat bilden kann (53). Deshalb müssen auch unbenutzte Räume, in die Wasserdampf ziehen kann, in der kalten Jahreszeit beheizt werden. Sicherer ist der Einsatz einer Zwangsentlüftung über Ventilatoren in Nasszellen (Badezimmer, WC) ohne Fenster. Bei größeren Dämmmaßnahmen sollte der Einbau einer Lüftungsanlage geprüft werden. In nachträglich gedämmten Bestandsgebäuden werden in diesem Fall meist dezentrale Lüftungsanlagen eingesetzt. Diese werden später im Buch beschrieben.

Umweltverträglichkeit der Dämmstoffe

Es gibt die unterschiedlichsten Möglichkeiten, ein Haus zu dämmen. Von innen, von außen, mit ökologischem oder synthetischem Dämmmaterial. Drei Aspekte sollten bei der Wahl der Dämmstoffe allerdings beachtet werden:

1. **Brandschutz**. Besonders unverputzte Wärmedämmverbundsysteme sind gut brennbar und können sich im Brandfall als große Gefahr für das gesamte Gebäude entwickeln.
2. **Umweltverträglichkeit**. Expandiertes Polystyrol (EPS) ist günstig in der Anschaffung, hat gute Dämmeigenschaften und ist leicht zu verarbeiten. Deshalb wird es sehr häufig als Dämmmaterial für Fassaden oder Kellerdecken eingesetzt. Die Herstellung erfolgt energieintensiv aus Erdölraffinerieprodukten. Über die Lebensdauer kompensiert die Energieeinsparung jedoch den Energieaufwand der Herstellung bei weitem. Kurzzeitig wurde Styropor aufgrund der Zugabe eines giftigen Flammschutzmittels sogar als Sondermüll eingestuft, was jedoch wieder aufgehoben wurde. Trotzdem ist die Entsorgung nicht ganz günstig, da EPS nicht mit anderem Bauschutt zusammen verwertet werden kann, sondern getrennt gesammelt werden muss. Aufgrund der in Zukunft zunehmenden Mengen werden für die Entsorgung von EPS spezielle Verfahren entwickelt werden müssen.
3. **Gesundheitliche Verträglichkeit**. Speziell für die Innendämmung sollten gesundheitsverträgliche Dämmstoffe verwendet werden. Dämmstoffe enthalten Flammschutzmittel, welche sich auf die Bewohner auswirken können. Bei manch einem Bauherren schleicht sich beim Gedanken, in einem in Plastik gewickelten Haus leben zu müssen, ein ungutes Gefühl ein.

Staatliche KfW-Förderungen

Die energetische Sanierung von Altbauten wird staatlich gefördert. Neben bundesweiten Förderprogrammen gibt es in einzelnen Ländern und Kommunen noch weitere Programme, die in Anspruch genommen werden können.

Das wohl bekannteste staatliche Förderprogramm zur Gebäudesanierung ist das KfW-Programm *[Kreditanstalt für Wiederaufbau: https://www.kfw.de]*. Im Unterschied zu BAFA-Förderungen mit Fokus auf Heizen mit Erneuerbaren Energien, fördert die KfW verstärkt das energieeffiziente Bauen und Sanieren.

Ab 2021 werden im Rahmen der BEG (Bundesförderung für effiziente Gebäude) die KfW- und BAFA – Programme unter einem gemeinsamen Dach zusammengelegt. Die verschiedenen Förderangebote können mit nur einem Antrag direkt bei der BAFA oder KfW beantragt werden. Sämtliche Förderungen sollen als Zuschuss- oder Kreditförderung möglich sein.

KfW-Förderungen können sowohl für Komplettsanierungen als auch für einzelne Maßnahmen in Anspruch genommen werden. Die KfW gibt dazu entweder günstige Kredite oder finanzielle Zuschüsse, die in der Regel bei circa 20 Prozent der Investitionskosten liegen. Beispielsweise werden Einzelmaßnahmen wie der Austausch von Haustüren, das Dämmen der Fassade oder der Dachfläche mit bis zu 10.000 Euro bezuschusst. Anteilig gefördert werden sowohl die Materialkosten als auch die Lohnarbeiten.

Für Neubauten werden unterschiedliche, sogenannte „Effizienzhäuser“ (früher „KfW-Häuser“), die im Vergleich zum gesetzlichen Mindeststandard einen geringeren Anteil an Energie benötigen, gefördert. Entweder über zinsgünstige Darlehen oder direkte Zuschüsse. Effizienzhäuser sind in der Regel attraktiv. Steigern sie doch den Wert der Immobilie und senken durch die noch stärkere Dämmung die zukünftigen Energiekosten. Indirekt somit auch eine gute Altersvorsorge.

Neben KfW- und BAFA-Förderungen sollten zusätzliche Steuerersparnisse für die Gebäudedämmung oder für Investitionen in die Heizungstechnik nicht außer Acht gelassen werden. Für selbst genutzten Wohnraum können Handwerkerkosten (Lohnarbeiten) abgesetzt werden. Für vermietete Wohnungen ist es möglich, die kompletten Erhaltungsaufwendungen (Lohn- und Materialkosten) über mehrere Jahre in der Steuererklärung geltend zu machen.

Der individuelle Sanierungsfahrplan

Der Energieberater entwickelt mit den Eigentümern zusammen einen Weg, wie über einen längeren Zeitraum von mehreren Jahren das Gebäude schrittweise energetisch verbessert werden kann – den individuellen Sanierungsfahrplan. Darin werden zeitlich versetzte Maßnahmen definiert, um den Energieverbrauch zu senken und den Wert des Gebäudes zu steigern. Es macht Sinn, die zusätzlichen Dämmmaßnahmen mit anfallenden Erhaltungsaufwendungen zu verbinden. Wird etwa die runtergekommene Fassade renoviert, so kann diese zeitgleich gedämmt werden.

Für heute noch Unentschlossene empfiehlt es sich zunächst, die Kellerdecke zu dämmen.

Abbildung 33: Beispiel eines individuellen Sanierungsfahrplan für ein Bestandsgebäude vor 1979

Dies ist mit geringem Aufwand möglich und verbaut keine weiteren Maßnahmen in Zukunft.

Dämmung rechnet sich fürs Klima und den Geldbeutel

Wir führen in unserem mit Gas beheizten Bestandsgebäude, welches wir für den Energieausweis bereits herangezogen haben, ein grobes Rechenbeispiel für eine Erstabschätzung durch *[Bestandsgebäude mit 150 m² und einem Heizenergieverbrauch von 105 kWh/m²: 15.750 kWh benötigte Endenergie für Heizen. Energiepreise im Jahr 2019: Gas: 7 Cent/ kWh, CO_2-Emissionen Erdgas: 0,2 kg CO_2/ kWh]*. Für dieses und auch die später folgenden Beispiele sei angemerkt, dass natürlich auch dynamisch, mit Zins und Zinseszins unter Berücksichtigung der Inflation gerechnet werden und über den Barwert verglichen werden kann *[Dazu werden jährliche Zahlungsreihen für Ein- und Ausgaben, unter Einbeziehung von Zinsen, Zwischenanschaffungen und Energiepreissteigerungen ermittelt und das Ergebnis über den Barwert (Net Present Value) verglichen. Zur Berechnung des Barwert werden sämtliche, zukünftige Zahlungen auf die Gegenwart abgezinst]*. Davon wird hier jedoch der Einfachheit und Nachvollziehbarkeit halber abgesehen.

Wir gehen dabei von einem Energieverbrauch von 15.750 kWh sowie einer Einsparung durch die Dämmung von 25 Prozent aus:

- Energieeinsparung durch Dämmung
  15.750 kWh/ Jahr × 25 % = 3.938 kWh/ Jahr

- Kosteneinsparung:
  3.938 kWh/ Jahr × 0,07 €/ kWh = 276 €/ Jahr

- Verringerung CO_2-Emissionen:
  3.938 kWh × 0,2 kg CO_2/ kWh × Tonne/ 1000 kg = 1 Tonne CO_2/ Jahr

Für die Renovierungskosten der Fassade nehmen wir 20.000 Euro an, wovon circa 10.000 Euro bereits für Instandhaltungskosten (Gerüst, Streichen usw.) anfallen. Die Zusatzkosten für das Dämmen betragen somit 10.000 Euro. Mit einer jährlichen Einsparung von 276 Euro berechnet sich somit die statische Amortisationszeit (ohne Berücksichtigung von Zinsen und Energiepreiserhöhungen) zu 36 Jahren. Die Investition wäre in dieser ersten Grobabschätzung bereits ohne Inanspruchnahme staatlicher Zuschüsse wirtschaftlich. Die Amortisationszeit ist geringer als die Lebensdauer der Fassadendämmung (40 Jahre). Werden 20 % staatliche Zuschüsse in Anspruch genommen, so reduziert sich die Amortisationszeit auf ungefähr 29 Jahre.

Ein analoges Beispiel ließe sich auch für das Dach, Fenster oder die Kellerdeckendämmung rechnen. Einsparungen, die über einen Heizungstausch gehoben werden können, werden später beschrieben.

Das Gebäudeenergiegesetz (GEG)

Im Neubau greifen bereits die seit 1979 eingeführten Grenzwerte zum Energieverbrauch, definiert durch den berechneten Heizwärmebedarf. Sie wurden über die Jahre deutlich verschärft. So gilt heute das Gesetz zur Einsparung von Energie und zur Nutzung erneuerbarer Energien zur Wärme- und Kälteerzeugung in Gebäuden – das Gebäudeenergiegesetz (GEG). Mit dem GEG werden das Energieeinsparungsgesetz (EnEG), die Energieeinsparverordnung (EnEV) und das Erneuerbare-Energien-Wärmegesetz (EEWärmeG) zusammengeführt. Parallel zum Bundesgesetz, welches europäische Vorgaben umsetzt, gibt es in einzelnen Bundesländern weitere Ländergesetze, wie zum Beispiel das Erneuerbare-Wärme-Gesetz (EWärmeG) in Baden-Württemberg.

Das GEG fordert zunächst keine weiteren energetischen Anforderungen, die über vorherige Gesetze hinausgehen. Es wird jedoch im Jahr 2023 auf seine Wirksamkeit überprüft und zur Erreichung der Klimaziele bis 2030 vermutlich verschärft werden müssen. Neuerungen sind das Verbot des Einbaus reiner Ölheizungen ab 2026 sowie die stärkere Berücksichtigung der Gebäudeautomation. Die Austauschpflicht im nicht selbst genutzten Haus für Öl- und Gasheizungen *[Die nicht auf Niedertemperatur- oder Brennwerttechnik basiert sind]*, die älter als 30 Jahre sind, bleibt bestehen. Im Neubau müssen erneuerbare Energien mit installiert werden. Für Häuser, die vom Eigentümer bereits vor dem Jahr 2002 bewohnt wurden und den Besitzer wechseln, ist es Pflicht, innerhalb von 2 Jahren das Dach zu dämmen (GEG-Sanierungspflicht). Ferner ist die Fassade zu dämmen, wenn diese zu mehr als zehn Prozent erneuert wird.

Bereits im Jahr 2010 wurde vom Europäischen Parlament und vom Europäischen

Rat (den Staats- und Regierungschefs der Europäischen Union) die EU-Gebäuderichtlinie EPBD *[Energy Performance of Buildings Directive]* verabschiedet. Ab spätestens 2021 sind alle neuen Gebäude innerhalb der Europäischen Union, als „Niedrigstenergiegebäude" auszuführen. Die EPBD gilt auch für Bestandsgebäude, sofern größere Renovierungen anfallen. In europäischen Bestandsgebäuden steckt ein großer Hebel zur Reduktion des CO_2-Ausstoßes, da etwa drei Viertel aller europäischen Gebäude nicht energieeffizient sind und momentan pro Jahr nur etwa ein Prozent davon renoviert wird. Im Schnitt wird für den deutschen Gebäudebestand ein Energieverbrauchskennwert von etwa 80 kWh/ (m^2 a) angestrebt. Das heißt in den nächsten 30 Jahren muss die jährliche Sanierungsrate deutlich erhöht werden, um das 1,5 Grad Ziel zu erreichen.

Das Wichtigste in Kürze

1. Etwa ⅓ aller deutschen CO_2-Emissionen wird in unserem Zuhause für Raumwärme, Warmwasser, Beleuchtung und Kühlung verursacht.
2. Rund ⅔ unserer Gebäude sind nicht energieeffizient. Sie verbrauchen bis zu 5-mal mehr Energie als ein Neubau.
3. Die energetische Effizienz eines Gebäudes wird anhand des Vergleichswerts Endenergie [kWh/ m^2] berechnet. Über den Energieausweis kann die Energieeffizienz unterschiedlicher Gebäude verglichen werden.
4. Im Schnitt wird für den deutschen Gebäudebestand ein Energieverbrauchskennwert von etwa 80 kWh/ (m^2 a) angestrebt.
5. Der Energieausweis ist 10 Jahre gültig und ist bei Neuvermietung bzw. Verkauf einer Immobilie vorzulegen.
6. Es wird zwischen dem Verbrauchsausweis (Ermittlung anhand gemessener Werte) und dem Bedarfsausweis (Berechnung) unterschieden. Beim Verbrauchsausweis spiegelt sich das Nutzerverhalten der Bewohner wider.
7. Heizkosten werden aufgrund der eingeführten CO_2-Steuer in Zukunft stärker steigen (Energiepreissteigerung für Öl und Gas im dreistelligen Bereich pro Jahr).
8. Ab 2026 dürfen reine Ölheizungen nicht mehr neu verbaut werden.
9. In nicht selbst genutzten Wohngebäuden besteht Austauschpflicht für Öl- und Gasheizungen, die älter als 30 Jahre sind.
10. Für vor 2002 bewohnte Häuser gibt es bei einem Eigentümerwechsel die Pflicht, innerhalb von 2 Jahren in unbeheizten Räumen Rohrleitungen sowie den Dachboden oder das Dach zu dämmen (GEG Sanierungspflicht). Ferner ist die Fassade zu dämmen, wenn diese zu mehr als zehn Prozent erneuert wird.

Tipps

☺	Kostenlos den eigenen Vergleichswert der Endenergie bestimmen. Z. B. auf www.express-pass.de
☺	Bei einem schlechten Vergleichswert im Energieausweis einen Energieberater hinzuziehen und diesen über die BAFA mit 80 % der Beratungskosten bezuschussen lassen.
☺	Mit dem Energieberater einen „Individuellen Sanierungsfahrplan" erstellen. Damit schrittweise über die nächsten rund 10 Jahre Verbesserung der Energieeffizienz planen.
☺	Bei Austausch der Heizungsanlage ggf. zukünftig anstehende Verbesserung der Gebäudedämmung berücksichtigen. Bei mittelfristig verbesserter Dämmung ggf. bereits heute eine Wärmepumpe einbauen.
☺	Mit kleinen Einzelmaßnahmen, geringen Investitionskosten und Eigenleistung Energie, Kosten und CO_2-Emissionen verringern. z. B. selbst die Fensterdichtung erneuern, Rollladenkästen, Briefkästen oder Kellerdecke dämmen. Bei youtube gibt es eine Vielzahl gut gemachter Anleitungen.
☺	Größere Investitionen für das Dämmen der Fassade, des Dachs oder das Austauschen der Fenster mit sowieso anstehenden Erhaltungsaufwendungen zusammenfassen. Dafür staatliche KfW Zuschüsse, rund 20 % der Kosten, nutzen.
☺	Für selbst genutzten Wohnraum Handwerkerkosten (Lohnarbeiten) steuerlich absetzen.
☺	Für vermietete Wohnungen Erhaltungsaufwendungen (Lohn- und Materialkosten) über mehrere Jahre in der Steuererklärung geltend machen.
☺	Insbesondere nach Fassadendämmung oder Austausch der Fenster Lüftungsverhalten anpassen, um Schimmel zu vermeiden.
☺	Bei Neukauf einer Immobilie auf die Sanierungspflicht innerhalb von 2 Jahren (Dämmen von Rohrleitungen, Dachboden oder Dach) achten, um etwaige Kosten mit einzuplanen.

Übersicht der Energietechnik im Gebäude

Gebäude, die zwischen 1979 und 2000 erbaut wurden, haben in der Regel einen mittelgroßen Energieverbrauch zwischen 100 bis 150 kWh/(m^2 a). Sie sind aus energetischer Sicht zwar noch nicht im Zielkorridor, trotzdem muss eine Dämmung nicht immer zwingend in Angriff genommen werden. Größere Renovierungsarbeiten, wie zum Beispiel ein neues Dach, stehen meist noch nicht an. Bis spätestens 2050 müssen jedoch auch diese Gebäude klimaneutral werden.

Im urbanen Umfeld dominieren Gas-Zentralheizungen, im ländlichen Raum findet man noch öfters Ölheizungen vor. Die Wärmeverteilung im Haus erfolgt meist über Radiatoren mit hohen Vorlauftemperaturen. Bei rund der Hälfte dieser Gebäude ist die Heizungstechnik veraltet.

Die Wärmeverteilung im Gebäude

Die Heizungstechnik im Haus muss auf die Wärmeverteilung abgestimmt sein. Während im Neubau heute Fußbodenheizungen mit einer geringen Vorlauftemperatur von ungefähr 35°C eingesetzt werden, bestimmen im Bestand Radiatoren die Wärmeverteilung. Vereinzelt gibt es in älteren Gebäuden heute noch Radiatoren, die mit 90°C Vorlauf betrieben werden müssen, um mit einer geringen Heizkörperfläche die Raumtemperatur im Winter an kalten Tagen halten zu können.

In Deutschland verbaute Wärmeerzeuger regeln die Vorlauftemperatur meist in Abhängigkeit der Außentemperatur. So wird bei niedrigen Außentemperaturen die Vorlauftemperatur erhöht.

Abbildung 34: Radiatorheizung und Fußbodenheizung

Moderne Gas-Brennwertkessel, die heutzutage in rund einem Drittel der Gebäude verbaut sind, nutzen zusätzlich die im Abgas enthaltene Energie (Enthalpie *[Energie, die bei einem Phasenübergang (hier gasförmig zu flüssig) frei wird]*), welche durch das Auskondensieren im Abgasstrang freigesetzt wird. Um diesen sogenannten Brennwerteffekt zu erzielen, darf die Rücklauftemperatur der Wärmeverteilung nicht zu hoch sein (kleiner 45°C) *[Typische Temperaturen der Wärmeverteilung sind 55°C Vorlauf und 45°C Rücklauf. Vorlauftemperatur: Temperatur, auf die die Heizungsanlage das Heizungswasser erwärmt. Rücklauftemperatur: Temperatur mit der das Heizungswasser nach der Wärmeabgabe in den Räumen zur Heizungsanlage zurückkehrt.]*. Deshalb sollte die Vorlauftemperatur bei unter 60°C liegen. Wird das Gebäude nicht parallel gedämmt, so müssen unter Umständen alte Heizkörper mit einer zu geringen Fläche durch größere ersetzt werden, um niedrigere Vorlauftemperaturen fahren zu können.

Um Wärmepumpen mit hoher Effizienz nutzen zu können, sollte mit noch kleineren Vorlauftemperaturen gefahren werden, etwa 35°C. Die Wärmeverteilung erfolgt über großflächige Verteilsysteme, beispielsweiße Fußbodenheizungen oder große Plattenheizkörper. Die Fußbodenheizung kann in Bestandsgebäuden auch nachträglich im Zuge einer Bodenerneuerung in den Estrich gefräst werden. Kann wegen zu hohem, baulichen Aufwand die Wärmeverteilung nicht auf eine großflächige Fußbodenheizung oder große Plattenheizkörper umgerüstet werden, so können Heizkörper mit Gebläse (auch Gebläsekonvektoren genannt) eine Alternative sein. Hinter dem Heizkörper sitzt ein kleiner Lüfter, der durch Luftkonvektion dafür sorgt, dass die Wärme schneller in den Raum abgegeben werden kann. Dadurch können auch mit kleiner Heizfläche niedrige Temperaturen gefahren werden. Mittels des Lüfters kann der Raum schneller aufgeheizt werden. Auch ist mit Gebläsekonvektoren und einer reversiblen Wärmepumpe *[Reversible Wärmepumpen können sowohl heizen als auch kühlen. Beim Kühlen ist die Rücklauftemperatur höher als die Vorlauftemperatur]* im Sommer eine Kühlung möglich. Allerdings gibt es auch Nachteile. Zu jedem Heizkörper muss ein Stromkabel gelegt werden. Die Gebläsekonvektoren erhöhen nicht nur den Stromverbrauch, sie verursachen auch Betriebsgeräusche. Zudem werden bewegte Luftmassen im Raum als weniger komfortabel empfunden und können Staub aufwirbeln, was insbesondere für Allergiker ein Problem darstellt.

In modernen, äußerst luftdicht und gut gedämmten Häusern erfolgt die Wärmeverteilung zunehmend über Luft anstelle über Heizungswasser. Häufig zusammen mit einer kontrollierten Wohnraumlüftung, die automatisch den hygienischen Luftaustausch regelt. Ein weiterer Vorteil dieser Wärmeverteilung ist die Möglichkeit zur Kühlung.

Die Wärmeerzeugung: Hoher Modernisierungsbedarf

Die Abbildung auf der rechten Seite zeigt die Aufteilung der zentralen Wärmeerzeuger in den rund 21 Mio. Bestandsgebäuden in Deutschland. Nicht dargestellt ist der Anteil der Fernwärme.

Mit knapp 12 Millionen Öl- und Gas-Heizwertgeräten ist aktuell rund die Hälfte der Heizungsanlagen nicht effizient. Rund 40 % aller Wohnungen werden mit Heizungen versorgt, die 20 Jahre oder älter sind (56).

Mit anderen Worten: **Der Modernisierungsbedarf in deutschen Heizungskellern ist hoch.**

Ineffiziente Öl- und Gas-Heizwertkessel werden heute nur noch in seltenen Fällen verbaut. Da Öl aufgrund der hohen CO_2-Emissionen und der Lagerhaltung generell zum Heizen von Gebäuden kaum noch eingesetzt wird, kommt modernen Gas-Brennwert-Kesseln, oft in Kombination mit Solarthermie, als Brückentechnologie eine bedeutende Rolle zu. Rund die Hälfte, der heute mit Öl geheizten Gebäude, lässt sich mit wenig Aufwand an ein Gas- oder Fernwärmenetz anschließen (56). Für die andere Hälfte eignen sich, speziell im ländlichen Raum, Biomasseanlagen – insbesondere falls mittelfristig keine Verbesserung des Dämmstandards zum Einsatz von Wärmepumpen vorgenommen wird.

Um die Klimaziele zu erreichen, gehen Prognosen davon aus, dass im Zuge der Wärmewende im Jahr 2050 hauptsächlich Wärmepumpen eingesetzt werden (58). Mit Öl wird zukünftig so gut wie nicht mehr geheizt, der Anteil der mit Gas beheizten Gebäude sinkt. Während Heizwertgeräte bis 2050 keine Rolle mehr spielen werden, werden sich neben der Brennwerttechnik vermutlich noch effizientere, gasbasierte Technologien durchsetzen. Zum Beispiel die Brennstoffzelle oder Hybridsysteme, eine Kombination aus Gas-Brennwertkessel und Wärmepumpe. Aufgrund des limitierten Potentials von nachwachsenden Rohstoffen wird der Anteil der Biomasse eher konstant bleiben.

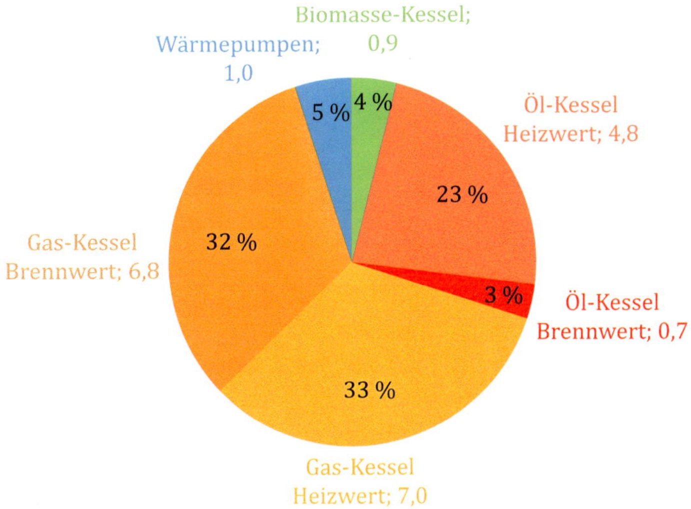

Abbildung 35: Gesamtbestand zentrale Wärmeerzeuger im Jahr 2019. Werte in Millionen

Abbildung 36: Modernes Gas-Brennwertgerät

Die Wärmepumpe: Der Wärmeerzeuger der Zukunft

Der Gebäudesektor muss neben dem Verkehrssektor stärker elektrifiziert werden, um fossile Energien durch – von Jahr zu Jahr saubererem – Strom zu ersetzen. In Zukunft werden deshalb Wärmepumpen stark an Bedeutung gewinnen. Wärmepumpen sind bei richtigem Einsatz effizient, können Stromüberschüsse aufnehmen beziehungsweise bei hoher Stromnachfrage ihre Leistung verringern und lassen sich somit gut in das intelligente Energiesystem der Zukunft integrieren. Eine Wärmepumpe ist wartungsarm und erfordert keinen Kamin,

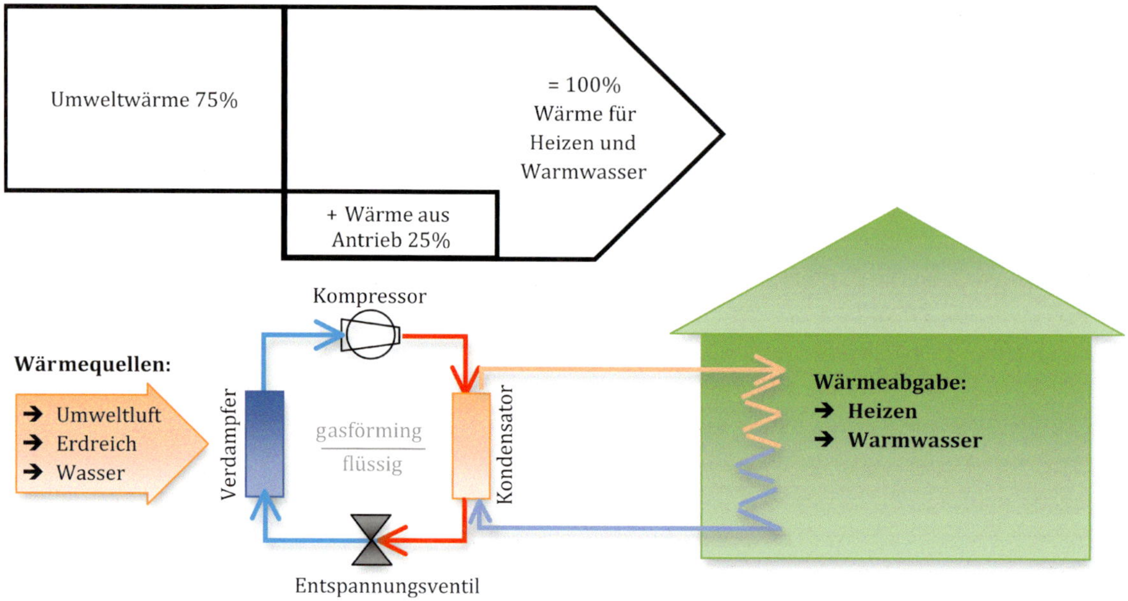

Abbildung 37: Funktionsprinzip einer Wärmepumpe

welcher regelmäßig gekehrt werden muss. Übrigens ist in jedem Haushalt bereits eine Wärmepumpe vorhanden – der Kühlschrank, der jedoch umgekehrt zur Heizungswärmepumpe betrieben wird (innen kalt, außen warm). Der Nachteil der Wärmepumpe ist die geringe Effizienz bei hohen Vorlauftemperaturen, was den Einsatz im Gebäudebestand erschwert.

Die Abbildung oben stellt das Funktionsprinzip einer Wärmepumpe dar. Die Wärmepumpe besteht aus einem Verdampfer, Kompressor, Kondensator sowie einem Entspannungsventil und wird mit Kältemittel befüllt. Dem Verdampfer (ein Wärmetauscher) wird auf niedriger Temperatur Umweltwärme zugeführt, beispielsweise aus der Umgebungsluft oder dem Erdreich. Das Kältemittel verdampft auf niedrigem Temperaturniveau, wird über den strombetriebenen Kompressor verdichtet und auf ein höheres Temperaturniveau „gepumpt". Auf diesem Temperaturniveau kondensiert das Kältemittel im Kondensator. Es erfolgt der Phasenwechsel von gasförmig auf flüssig. Der Kondensator überträgt dabei die Energie in den Pufferspeicher, welcher Energie für Heizen und Warmwasser zur Verfügung stellt. Über das Entspannungsventil findet im Kältekreis ein Druckabfall statt, das Kältemittel kühlt sich ab und nimmt im Verdampfer erneut Umweltwärme auf. Der Kreislauf beginnt von vorne.

Je dichter das Temperaturniveau der Umweltwärme am Verdampfer und das Temperaturniveau im Kondensator zusammen liegen, desto weniger Arbeit muss der elektrisch angetriebene Kompressor leisten, um das Kältemittel auf ein höheres Temperaturniveau zu „pumpen". Heißt, je höher das Temperaturniveau der Umweltwärme und je niedriger die Temperatur der Wärmeverteilung im Gebäude, desto besser der Wirkungsgrad der Wärmepumpe. Deshalb ist die Wärmepumpe speziell in der Übergangszeit im Herbst und Frühling, wenn mit geringen Vorlauftemperaturen das Haus erwärmt werden kann und die Außentemperaturen noch moderat sind, äußerst effizient.

Für Spitzenlasten an eisigen Tagen oder auch zur Bereitstellung von Warmwasser mit über 50°C, werden Wärmepumpen (hauptsächlich Luft-Wasser-Wärmepumpen) oftmals mit einem weiteren Elektroheizstab ausgestattet. Dieser ist in der Regel in der Wärmepumpe bereits integriert. Der Elektroheizstab arbeitet jedoch mit einer deutlich geringeren Effizienz im Vergleich zur Wärmepumpe (98 % im Vergleich zu etwa 400 % der Wärmepumpe).

Wärmepumpen sollten mit Fußbodenheizungen, die mit geringen Vorlauftemperaturen arbeiten, kombiniert werden. Da jedoch in Bestandsgebäuden überwiegend Radiatoren zur Wärmeverteilung vorgefunden werden, kann eine Wärmepumpe nicht einfach eine Öl- oder Gasheizung ersetzen. Meist ist der Umbau zu einer Wärmeverteilung über die Fußbodenheizung nur mit großem baulichen Aufwand verbunden und wird eher bei größeren Sanierungen durchgeführt.

Abhilfe schaffen entweder:

- eine bessere Gebäudedämmung, damit mit demselben Wärmeverteilsystem die Vorlauftemperatur abgesenkt werden kann. Die Dämmung könnte auch in naher Zukunft erfolgen
- größere Heizkörper mit mehr Fläche oder Gebläsekonvektoren. Nachträglich können in Bestandsgebäuden Fußbodenheizkreise in den Estrich gefräst werden. Dies bietet sich insbesondere dann an, wenn der Bodenbelag erneuert wird
- die Kombination mit einem weiteren Spitzenlastkessel (Bivalente Wärmepumpe). Dieser stellt in extrem kalten Jahreszeiten die Wärme mit einer hohen Vorlauftemperatur bereit

Der monovalente, bivalente oder monoenergetische Betrieb von Wärmepumpen

Im Vergleich mit auf Verbrennung basierten Heizsystemen, steigen die Investitionskosten einer Wärmepumpe mit der Heizleistung stark an. Es müssen größere und somit teurere Wärmetauscher verbaut werden, welche nur an wenigen, eisigen Tagen im Jahr zum Einsatz kommen.

Monovalente Wärmepumpen decken alleine die gesamte Heizleistung ab und kommen meist in gut gedämmten Gebäuden zum Einsatz. Bivalente Wärmepumpen hingegen nutzen zusätzlich eine weitere Heizquelle und eignen sich somit auch für schlechter gedämmte Bestandsgebäude. Von monoenergetischen Wärmepumpen redet man, wenn diese für die Spitzenlasten von einem integrierten Elektroheizstab unterstützt wird.

Die Wärmequellen

Als Wärmequellen werden in Deutschland überwiegend die Umgebungsluft für Luft-Wasser-Wärmepumpen beziehungsweise die Erde für Sole-Wasser-Wärmepumpe eingesetzt.

Die Sole-Wasser-Wärmepumpe gibt es in zwei Formen

1. Sole-Wasser-Wärmepumpe mit Erdsonden: Erdsonden, welche circa 100 m tief in die Erde gebohrt werden, benötigen im Vergleich zu Erdkollektoren weniger Platz, siehe Abbildung 39. Aufgrund der nahezu konstanten Temperatur ab einer gewissen Tiefe, arbeiten Sole-Wasser-Wärmepumpen mit Erdsonden sehr effizient und können somit auch in Bestandsgebäuden eingesetzt werden. Allerdings sollte die Vorlauftemperatur unter 50°C liegen.

Im Sommer eignen sich die Erdsonden zur passiven Kühlung über die Fußbodenheizung. Dabei entzieht die Fußbodenheizung dem Haus die Wärme und gibt diese über die Erdsonden

Abbildung 38: Eine Fußbodenheizung kann auch nachträglich in den Estrich gefräst werden

Wärmepumpe mit Erdwärmesonde

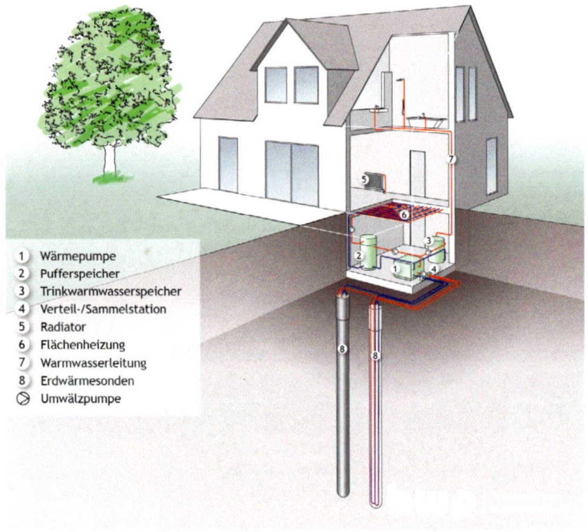

Wärmepumpe mit Erdwärmekollektoren

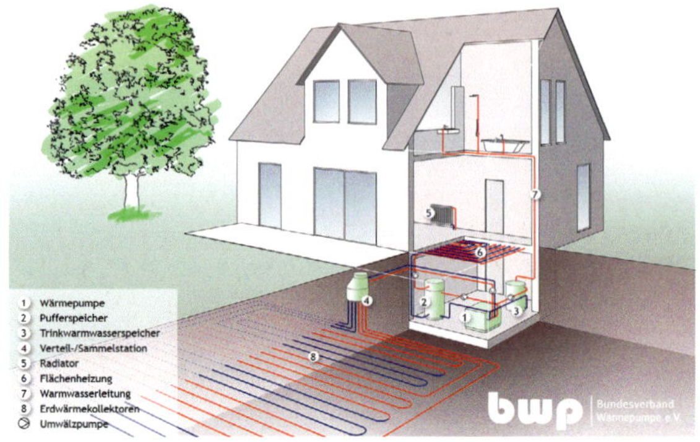

Abbildung 39: Darstellung Sole-Wasser-Wärmepumpen mit Erdsonden (links) und Erdkollektoren (rechts)

ab. Der Verdichter ist dabei abgeschaltet und es zirkuliert nur die Sole. Kühlen über Erdsonden ist zwar energiesparend, kann jedoch mit der Kühlleistung von Klimaanlagen nicht mithalten. Um Kondensat auf dem Fußboden zu vermeiden, darf die Vorlauftemperatur nicht zu niedrig gewählt werden. Auch wird ein zu kühler Fußboden als unangenehm empfunden.

2. Sole-Wasser-Wärmepumpe mit Erdkollektoren:
Erdkollektoren werden großflächig in Schleifen verlegt und entziehen in einer Tiefe von circa 1,5 m dem Erdboden die gespeicherte Energie. Die dafür benötigte Fläche entspricht ungefähr der 1,5 bis 2-fachen beheizten Wohnfläche. Die Fläche oberhalb der Erdkollektoren darf nie asphaltiert werden, da ansonsten der Erdboden keine Energie aus Sonnenstrahlung oder vom einsickernden Regenwasser aufnehmen kann. Eine Alternative, die weniger Fläche in Anspruch nimmt, sind Graben-Erdkollektoren. Dabei werden die Erdkollektoren in einem etwa 3 m tiefen Graben parallel verlegt.

Der Vollständigkeit halber soll noch erwähnt werden, dass es auch Wasser-Wasser-Wärmepumpen gibt, die ohne Sole arbeiten und nur an Orten mit oberflächennahem Grundwasser zum Einsatz kommen. Das über das Jahr relativ temperaturkonstante Grundwasser dient als Wärmespeicher und wird direkt durch den Verdampfer geführt, weshalb die Effizienz von Wasser-Wasser-Wärmepumpen hoch ist.

Luft-Wasser-Wärmepumpen

Luft-Wasser-Wärmepumpen nutzen als Wärmereservoir die Umgebungsluft und entziehen dieser die Umweltenergie. In der sogenannten Außeneinheit wird die Luft über ein Gebläse dem mit Kältemittel gefüllten Verdampfer zugeführt. Mit einer reversiblen *[Reversible Wärmepumpe: Kann zwischen Heizen und Kühlen umschalten]* Luft-Wasser-Wärmepumpe ist es zwar auch möglich zu kühlen, jedoch im Vergleich zum Kühlen über Erdsonden deutlich energieintensiver, da wie bei einem Kühlschrank der Kompressor arbeiten muss.

Grundwasser-Wärmepumpe

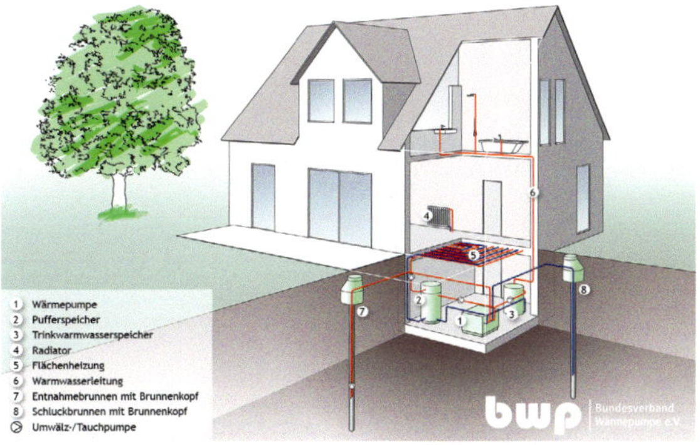

Abbildung 40: Wasser-Wasser Wärmepumpe, welche oberflächennahes Grundwasser als Wärmequelle nutzt

Luft-Wärmepumpe Split-Aufstellung

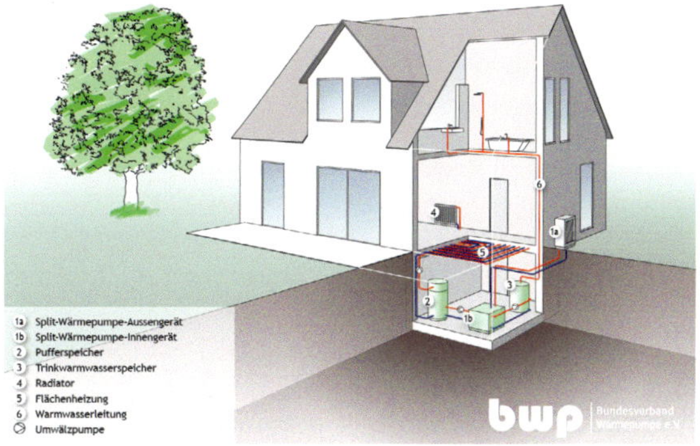

Abbildung 41: Darstellung Luft-Wasser-Wärmepumpe

Luft-Wasser-Wärmepumpen als Monoblock oder Splitgeräte

Monoblock-Wärmepumpen, auch Kompakt-Wärmepumpen genannt, beinhalten bereits alle wesentlichen Komponenten in einem Gerät und können im Innen- oder Außenbereich aufgestellt werden.

Bei einer Aufstellung im Innenbereich muss die Wärme nicht über große Distanzen transportiert werden, allerdings nimmt die Wärmepumpe dafür mehr Platz im Gebäude ein. Bei einer Außenaufstellung wird die Wärme mittels Wasser über gut isolierte Leitungen zum Wärmespeicher im Hausinneren transportiert. Ein Vorteil von Monoblock-Geräten ist, dass die Installation relativ einfach ist und die Wärmepumpe bereits ab Werk mit Kältemittel befüllt ist.

Bei Splitgeräten befindet sich der Verdampfer und meist der Verdichter in der Außeneinheit, während die Inneneinheit den Kondensator beinhaltet. Beide Einheiten sind über die Kältemittelleitung verbunden. Die Wärmepumpe ist somit „gesplittet". Splitgeräte haben zudem den Vorteil, dass bei steigendem Wärmebedarf in Zukunft eine weitere Außeneinheit ergänzt werden kann. Allerdings muss das Kältemittel von Experten vor Ort befüllt werden.

Daneben gibt es Luft-Wasser-Wärmepumpen mit Innenaufstellung. In diesem Falle ist die komplette Anlage im Haus, in der Regel im Erdgeschoss oder Keller, verbaut. Die Luft wird von außen „durchgezogen". Vorteil sind die kürzeren Wege, jedoch wird viel Platz benötigt.

Abbildung 42: Außeneinheit einer Luft-Wasser-Wärmepumpe

Sole-Wasser-Wärmepumpen im Vergleich zu Luft-Wasser-Wärmepumpen

	Sole-Wasser-Wärmepumpe	Luft-Wasser-Wärmepumpe
Pro	+ hohe Effizienz + geringere Stromkosten + Effiziente Warmwasser-Bereitstellung mit Temperaturen größer 50°C	+ geringer Platzbedarf + einfacher zu installieren
Con	- hohe Investitionskosten, insbesondere für das Bohren von Erdsonden oder das Verlegen von Erdkollektoren - Bohrung von Erdsonden geografisch nicht überall möglich. Bei unsachgemäßer Planung können unterliegende Gesteinsschichten aufquellen und Risse in Gebäuden entstehen - hoher Platzbedarf für Erdkollektoren - großer baulicher Aufwand	- geringere Effizienz - Geräusche der Außeneinheit, diese tritt allerdings vermehrt in der Winterzeit bei geschlossenen Fenstern auf

Luft-Wasser-Wärmepumpen sind in Deutschland verbreiteter. In skandinavischen Ländern hingegen genießt die effizientere Sole-Wasser-Wärmepumpe ein deutlich höheres Ansehen.

Luft-Luft-Wärmepumpen

Der Vollständigkeit halber sollten noch Luft-Luft-Wärmepumpen erwähnt werden, die als Splitgeräte sowohl zum Heizen als auch zum Kühlen eingesetzt werden können. Die Wärmeverteilung im Haus erfolgt dabei nicht über Heizwasser, sondern über Luft, oft in Kombination mit Luftfiltern gegen Staub.

Unterschieden wird in Monosplit- und Multisplit-Klimaanlagen. Monosplit-Klimaanlagen bestehen aus einer Außeneinheit und einer Inneneinheit. Bei Multisplit-Klimaanlagen kann eine Außeneinheit über mehrere Inneneinheiten verschiedene Räume heizen oder kühlen. Typischerweise wird diese Art von Geräten in Gegenden mit einer notwendigen Klimatisierung im Sommer verbaut.

Abbildung 43: Splitgerät-Außeneinheit einer Luft-Luft-Wärmepumpe

Grobabschätzung der Heizleistung von Wärmepumpen:
Die Heizlastberechnung wird in der Regel von einem Fachmann ausgeführt. Sie hängt neben der Wohnfläche und Isolierung des Gebäudes beispielsweise auch von der Lage (freistehend, in Reihe) oder den Windverhältnissen ab. Grob abgeschätzt liegt die Heizleistung bei Altbauten ab 1980 bei 50 – 100 W/m² und bei Neubauten bei 40 – 50 W/m².

Kraft-Wärme-Kopplung (KWK): Die Brennstoffzelle kommt

Kraft-Wärme-Kopplung bedeutet die gleichzeitige Erzeugung von Strom und Wärme. Dabei wird die bei der Stromerzeugung freiwerdende Abwärme zum Heizen und für Warmwasser verwendet. Von Nachteil ist jedoch, dass die Abwärme im Sommer kaum genutzt werden kann, weshalb in der Regel KWK-Anlagen mit einer geringen elektrischen Leistung ausgelegt werden, um im Sommer mit der Warmwasserbereitstellung auf ausreichende Betriebsstunden kommen zu können. Ein weiterer Nachteil sind die höheren Wartungskosten für den zusätzlichen Motor im Vergleich zu einer reinen Wärmeerzeugung.

KWK-Anlagen führen deshalb heute im Einfamilienhaus (als μ-KWK) noch ein Nischendasein. Breitere Verwendung finden KWK-Anlagen eher in Mehrfamilienhäusern oder kommerziell genutzten Gebäuden mit höheren Betriebsstunden und einer somit besseren Wirtschaftlichkeit. Ferner kann in größeren Gebäuden mehr vom selbst erzeugten Strom genutzt werden. Für ins Netz eingespeisten Strom sind die Vergütungssätze heutzutage äußerst gering. KWK-Anlagen rechnen sich deshalb nur bei hohem Eigenverbrauch.

Von Vorteil im Energiesystem der Zukunft ist die Einspeisung von KWK-Strom zu Spitzenlastzeiten, wenn gerade wenig Wind weht oder im Winter die Sonne nicht scheint. Große Hoffnungen liegen deshalb auf der effizienten Brennstoffzelle, welche aus Wasserstoff Strom und Wärme erzeugt. Im Vergleich zu konventionellen, verbrennungsbasierten Technologien, wie zum Beispiel dem Verbrennungsmotor, erzeugt die Brennstoffzelle mehr Strom bei weniger Abwärme und kommt dadurch auf höhere Betriebsstunden. Erste Anlagen sind bei den großen Heizungsbauern verfügbar und die Investitionskosten werden aktuell stark bezuschusst.

Im Rahmen von KWK-Anlagen fällt oft der Begriff BHKW (Blockheizkraftwerk), welcher beschreibt, dass es sich um eine kleinere, kompakte Anlage im Vergleich zu einem Großkraftwerk handelt.

Abbildung 44: Blockheizkraftwerk mit mehr als 50 kW zur Erzeugung von Strom und Wärme

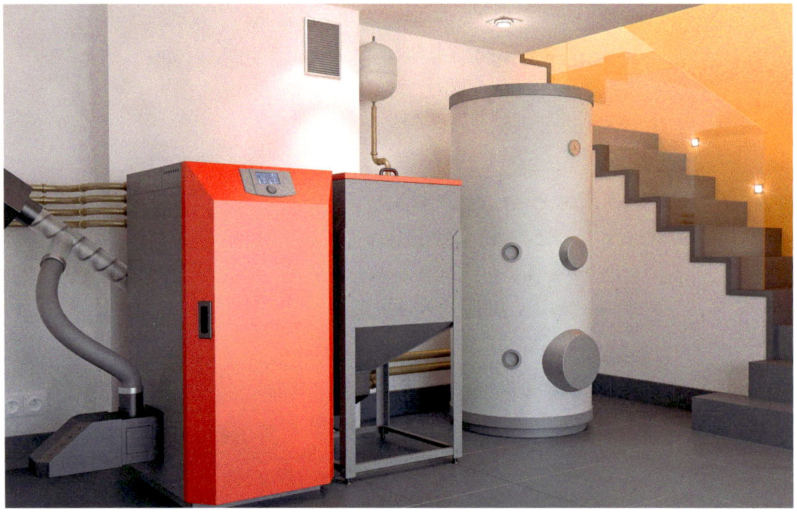

Abbildung 45: Pelletkessel und Pellets

Feste Biomasse: Mit begrenztem Potential

Unter Heizen mit fester Biomasse versteht man nachwachsendes Holz, welches entweder als Scheitholz, Hackschnitzel oder als Pellet beziehungsweise Holzbrikett weiterverarbeitet und verbrannt wird. Überschlägig wird dabei nur die Menge an CO_2 freigesetzt, die vorher gebunden wurde. Die Herstellung von Pellets erfolgt aus Holz und Sägespänen. Während Holz manuell bestückt werden muss, werden Hackschnitzel- und Pelletanlagen automatisch befeuert. Feste Biomasse wird außerdem in Kraftwerken zur Stromerzeugung eingesetzt *[Sogenanntes Cofiring. Dabei wird neben einem fossilen Energieträger im Kraftwerk feste Biomasse zugegeben. Z. B. Pellet in einem Kohlekraftwerk]*.

Pellet und Scheitholz werden entweder in einem sich im Heizungsraum befindlichen Kessel oder in einem, meist im Wohnzimmer stehenden, Ofen verfeuert. Vorteil des Ofens ist, dass die Strahlungswärme als sehr gemütlich und komfortabel empfunden wird. Ferner gibt es wasserführende Öfen, die sowohl Wärme direkt im Raum abgeben als auch einen Anteil dem Warmwasserspeicher zuführen. Damit ist es möglich auch weitere Räume zu heizen und über den Ofen Warmwasser bereitzustellen. Daneben gibt es noch Kombiöfen, die über Luftkanäle die Wärme in weitere Zimmer transportieren können.

Manuell bestückte Biomassekessel werden meist in Ergänzung zu einem fossilen Heizsystem eingesetzt, während automatisierte Pellet-Kessel die komplette Heizung übernehmen können. Die Energiepreise für Pellets liegen in der Regel unterhalb der Gas- oder Ölpreise. Unabdingbar ist ein weiterer Speicher, der überschüssige Wärme puffern kann.

Meist kommt ein Pufferspeicher *[Mit mehreren hundert Litern Wasser gefüllter Wärmespeicher für Heizungsunterstützung]* oder ein Kombispeicher *[Mit mehreren hundert Litern Wasser gefüllter Wärmespeicher kombiniert für Heizungs- und Warmwasserunterstützung]* mit einem integrierten Warmwasserspeicher (Tank-in-Tank) oder mit einem Frischwassermodul zum Einsatz. Kommt ein Frischwassermodul zum Einsatz, so wird das Warmwasser im Durchlaufprinzip erwärmt und nicht gespeichert.

Generell eignet sich die feste Biomasse in Bestandsgebäuden, meist in ländlichen Gebieten ohne Gasanschluss als Ersatz für Ölheizungen. Der Platzbedarf für die Lagerung von Holz oder Pellets ist im ländlichen Raum besser umsetzbar. Manch einer hat auch Spaß an der Verarbeitung von Holz an der frischen Luft: Holz sägen, spalten und stapeln. Zudem erhöht der Ofen im Wohnbereich den Komfort und eignet sich als Spitzenlastkessel bestens in Kombination mit Wärmepumpen.

Obwohl feste Biomasse in Deutschland vorhanden ist, gibt es doch ein begrenztes Potential. Es besteht eine gewisse Konkurrenz zwischen der Verwendung der festen Biomasse zur Gebäudewärme und zur Stromerzeugung in Kraftwerken. Vermutlich wird daher die feste Biomasse in Zukunft im Gebäudesektor keine wesentlich größere Rolle spielen als heute.

Abbildung 46: Scheitholzkessel

Abbildung 47: Scheitholzofen, gemütliche Wärme im Wohnzimmer, ergänzt das Heizsystem

Abbildung 48: Pufferspeicher, Kombispeicher als Tank-in-Tank (Mitte) und Kombispeicher mit Frischwasserstation

Die Nah- und Fernwärme

Neben individuellen Heiz- und Warmwassersystemen gibt es ferner die Nah- und Fernwärme, mit einem zentralen Wärmeerzeuger für mehrere Gebäude. In diesem Fall ist die Entscheidung für das Heizsystem bereits vorgegeben. Es besteht in der Regel keine Wahlfreiheit, sondern die Pflicht zum Anschließen.

Die Nahwärme versorgt einzelne Häuser, zum Beispiel ein Neubauprojekt oder ein Quartier im ländlichen oder städtischen Raum. Die Fernwärme, oft ein „Abfallprodukt" aus Kraftwerken zur Stromerzeugung oder Abwärme aus der Industrie, versorgt dagegen ganze Gebiete, eher im städtischen Bereich.

Oft wird die Nah- und Fernwärme mit Kraft-Wärme-Kopplung kombiniert, was sich aufgrund des gebündelten und somit höheren Warmwasserbedarfs über das gesamte Jahr anbietet. In der Regel werden aufgrund des hohen Energieverbrauchs ausreichend Betriebsstunden zur Stromerzeugung erreicht. Somit lässt sich die Nah- und Fernwärme gut in das Energiesystem der Zukunft integrieren. Bei kurzzeitig erhöhtem Bedarf kann zusätzlich Strom bereitgestellt werden. Ein weiterer Vorteil ist, dass zur regenerativen Wärmeerzeugung nur ein zentraler Wärmeerzeuger modifiziert werden muss. In den einzelnen Gebäuden sind dagegen keine baulichen Veränderungen notwendig. Der regenerative Anteil im zentralen Wärmeerzeuger lässt sich über Hybride, Wärmepumpen, Solarenergie und Biomasse erhöhen.

Aufgrund dieser Vorteile wächst der Anteil der mit Fernwärme beheizten Gebäude. Das Wachstum wird zum großen Teil über den Neubausektor generiert, hauptsächlich über Mehrfamilienhäuser. Heute wird bereits jede vierte neue Wohnung mit Fernwärme versorgt. Eine Vervierfachung in den letzten 20 Jahren (49).

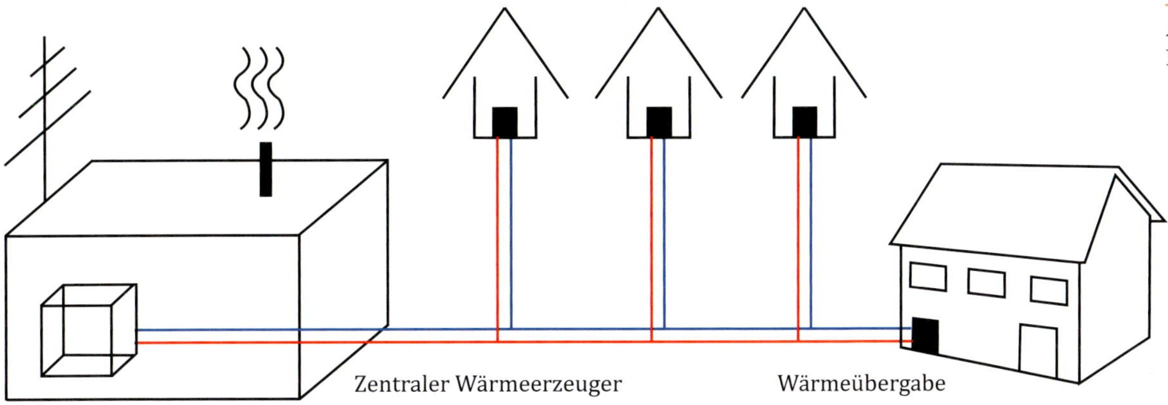

Abbildung 49:
Nahwärme

- mit Kraft-Wärme-Kopplung (KWK)
- mit erneuerbaren Energien wie z. B:
  Geothermie, Solarthermie. Biomasse, Photovoltaik, zukünftig Wasserstoff

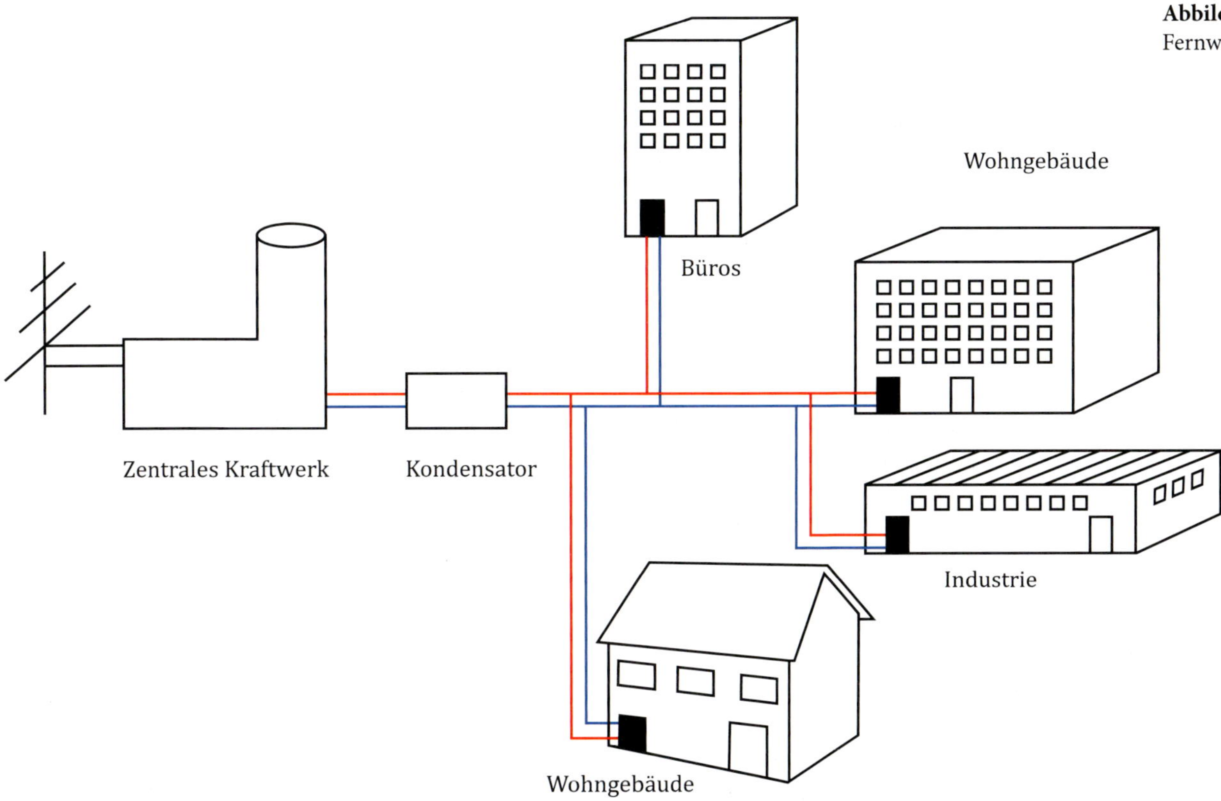

Abbildung 50:
Fernwärme

Die kontrollierte Wohnraumlüftung

Lüftungsanlagen sollten nicht per se eingebaut werden, sondern nur, sofern wirklich notwendig. Die Investitionskosten können deutlich ins Gewicht fallen und auch eine Lüftungsanlage benötigt Wartung sowie Reinigung, um eine gesunde Wohnumgebung sicherzustellen.

Bei sehr energieeffizienten und vor allem dicht gebauten Gebäuden, ist eine Lüftungsanlage allerdings notwendig. Über reine Fensterlüftung kann keine ausreichende Luftqualität mehr gewährleistet werden, das Schimmelrisiko steigt. In Neubauten wird man deshalb zukünftig um eine kontrollierte Wohnraumlüftung nicht herumkommen. Auch in nachträglich gedämmten Bestandsgebäuden kann der Einbau einer Lüftungsanlage erforderlich werden, um die nötige Innenraumhygiene sicherzustellen. Der Vorteil: effiziente Lüftungsanlagen können einen großen Teil der Energie – circa 90 Prozent – aus der Abluft rückgewinnen und damit wieder die Zuluft erwärmen.

Aufgrund der immer dichteren Gebäudehülle, nehmen die Lüftungsverluste relativ gesehen deutlich mehr Gewicht ein. Bei einem Standard-Neubau geht durch das Fensterlüften bis zu einem Drittel der Heizenergie verloren (61). Ein weiterer Vorteil ist die durchweg gute Luftqualität. CO_2- und VOC *[Volatile Organic Compound: Z. B. Formaldehyde, Gerüche, die beim Kochen, Putzen, Streichen usw. entstehen oder auch in der Atemluft vorhanden sind.]*-Sensoren messen kontinuierlich die Luftqualität der Abluft und erhöhen bei schlechter Innenraumluft automatisch die Frischluftzufuhr. Luftfilter verhindern das Eindringen von Pollen und Staub.

Zwar ist ein manuelles Lüften beim Einsatz von Lüftungsanlagen nicht mehr erforderlich, dafür müssen aber Filter gewechselt und regelmäßig gereinigt werden. Je nach Betriebsweise steigen mit Lüftungsanlagen auch die Stromkosten entsprechend an *[In der Regel wird händisch, bzw. über App die Lüfterstufe eingestellt. Bedarfsorientierte Lüftungsanlagen regeln die Lüfterstufe automatisch entsprechend der gemessenen Luftqualität und Feuchte im Gebäude]*.

Insgesamt werden drei mechanische Lüftungsarten über Ventilatoren unterschieden

Reine Abluftsysteme:
Abluftanlagen führen verbrauchte Luft ab, jedoch keine neue zu. Sie werden typischerweise in Feuchträumen wie Küche, Bad oder WC eingesetzt. Unter den Türen sorgt ein Luftschlitz dafür, dass auch Luft aus anderen Räumen angesaugt werden kann. Die Zuführung von Frischluft erfolgt kontrolliert über Öffnungen an Fenstern oder der Fassade. Es erfolgt keine Wärmerückgewinnung. Reine Abluftanlagen werden öfters auch in Kellern oder Müllräumen eingesetzt.

Reine Zuluftsysteme:
Reine Zuluftsysteme führen von außen die Luft zentral oder dezentral in einzelne Räume zu. Die verbrauchte Luft entweicht auf natürliche Weiße über in der Fassade integrierte Lüftungselemente. Wärmerückgewinnung findet nicht statt.

Zu- und Abluftsysteme:
Bei Zu- und Abluftsystemen wird sowohl die Zu- als auch die Abluft über Ventilatoren gesteuert und dabei Energie zurückgewonnen. Entweder als zentrales System, welches die Zu- und Abluft der Räume über Luftkanäle verteilt, oder als dezentrales System, das in einzelnen Räumen zum Einsatz kommt.

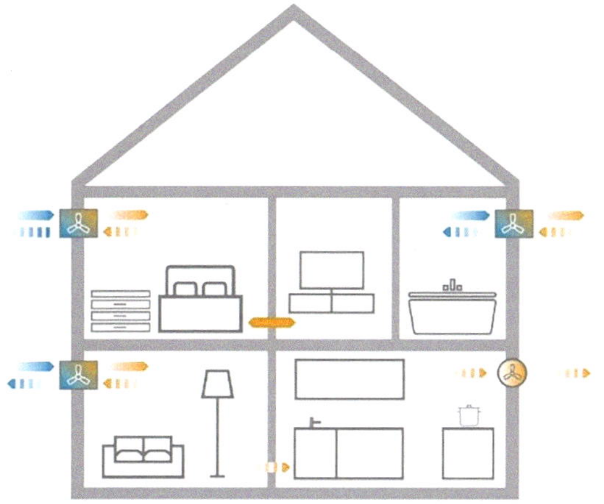

Abbildung 51: Dezentrale Lüftungsanlage

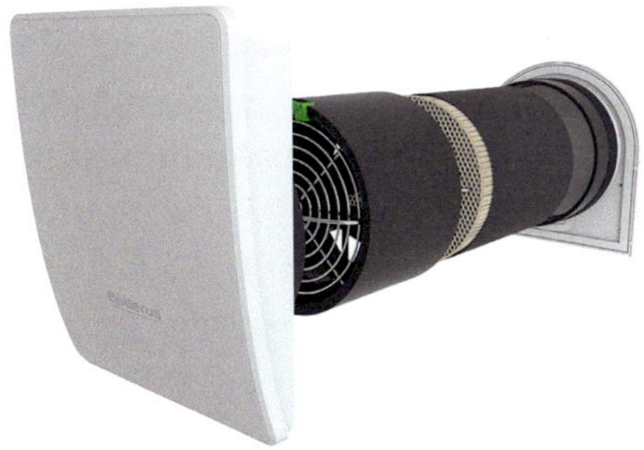

Abbildung 52: Dezentrale Lüftungsanlage mit Wärmerückgewinnung

Insbesondere bei renovierten Bestandsgebäuden werden eher paarweise arbeitende, dezentrale Systeme eingesetzt, da sich, anders als im Neubau, Lüftungskanäle nachträglich nur schwer realisieren lassen, siehe Abbildung 51. Zur Installation ist eine Kernlochbohrung nach außen notwendig. Bei der Auswahl eines dezentralen Lüftungsgerätes sollte auf Schalldämmung geachtet werden, da durch die Öffnung in der Gebäudehülle Lärmbelästigungen auftreten können. Auch können die Betriebsgeräusche des Ventilators stören.

Zentrale Lüftungssysteme werden hauptsächlich im Neubau eingesetzt und können entweder parallel zur Gebäudeheizung (z. B. Wärmepumpe mit Fußbodenheizung) oder kombiniert arbeiten. Typischerweise wird die Luft in Feuchträumen und der Küche abgeführt und in Wohn- und Schlafräumen Frischluft zugeführt.

Im Gegensatz zur dezentralen Lüftung befinden sich die Ventilatoren und Filter im Keller oder auf dem Dachboden und nicht im Wohnraum, was die Geräuschbelästigung verringert.

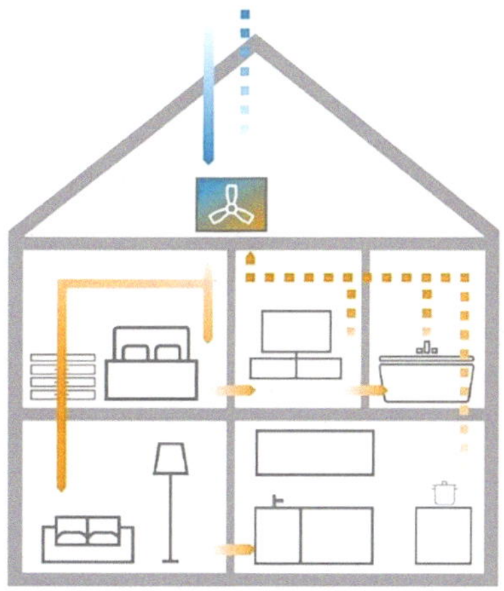

Abbildung 53: Zentrale Lüftungsanlage

Bei zentralen Lüftungsanlagen mit Erdwärmetauscher wird die Frischluft über einen ein bis zwei Meter tiefen Erdkanal bereits vorgewärmt. Mit dem Erdwärmetauscher kann zudem im Sommer günstig gekühlt werden.

In gut gedämmten Neubauten kommen oft Wärmepumpen-Kompaktgeräte zum Einsatz. Diese sind extrem platzsparend und kombinieren Heizen, Lüften, Warmwasser und Kühlen in einem Gerät. Eine integrierte Wärmepumpe entzieht der Abluft die restliche Wärme und kann diese für das Heizen oder die Warmwasserbereitstellung auf einem höheren Temperaturniveau zur Verfügung stellen. Neben energieeffizienten Neubauten finden solche Systeme bei Passivhäusern *[Ein Passivhaus ist ein höchst energieeffizientes Gebäude, welches einen hohen Anteil „passiver Energie (von Personen, Sonneneinstrahlung usw.) nutzt und keine klassische Wärmeerzeugung oder Verteilung benötigt. Der Heizwärmebedarf liegt bei circa 15 kWh/ (m^2 a) und die Heizlast bei gängigen Häusern bei unter 2 kW.]* Verwendung. Die Heizverteilung in die Räume erfolgt hierbei über die Lüftungskanäle.

Höherwertige, zentrale Lüftungsanlagen lassen sich auch mit Luftbefeuchtung beziehungsweise Luftentfeuchtung realisieren. Diese Anlagen werden bevorzugt in größeren Gebäuden, wie beispielsweise Büros, eingesetzt.

Zentrale oder dezentrale Warmwasserbereitstellung

Da in Zukunft der Heizwärmebedarf im Gebäude sinkt, wird relativ gesehen der Energieanteil zur Warmwasserbereitstellung steigen. Während über eine effizientere Gebäudedämmung der Heizwärmebedarf verringert werden kann, ist dies bei der Nutzenergie für Warmwasser nur eingeschränkt möglich. Der Wasserverbrauch sowie die Wassertemperatur hängen maßgeblich vom Nutzerverhalten ab. Einsparungen würden sich meist direkt auf den persönlichen Komfort auswirken. Zwar sind auch hier über ein bewussteres Verhalten Energieeinsparungen möglich, jedoch im Vergleich zum Heizen mit deutlich weniger Potential.

Ein weiteres Merkmal ist der über das Jahr gesehen relativ konstante Energieverbrauch für Warmwasser im Gegensatz zur Heizung. Abhängig vom Heizsystem kann es deshalb sinnvoll sein, die Warmwasserversorgung von der Heizungsversorgung zu trennen und diese im Sommer komplett abzuschalten.

Die Warmwasserversorgung erfolgt entweder aus Warmwasser-Speichern, die in der Regel mit dem Heizsystem verbunden sind, oder über Durchlauferhitzer, welche mit Strom oder Gas betrieben werden.

Legionellenschutz

Wird Warmwasser gespeichert, so müssen Hygieneregeln (regelmäßiger Austausch des Wassers) und der Legionellenschutz (regelmäßiges Erhitzen des Wassers auf über 60°C im Speicher und in den Leitungen) erfolgen. Meist sind die Boiler mit einer Legionellenschaltung ausgestattet, die in regelmäßigen Abständen das Wasser auf circa 70°C erhitzt. Es muss also ein Mittelmaß zwischen Energieeinsparung und dem Gesundheitsschutz gefunden werden.

Die Übertragung von Legionellen, eine Art von Bakterie, erfolgt über Wassertröpfchen (Aerosole) beispielsweise während des Duschens oder wenn beim Trinken Wasser in die Luftröhre gelangt. Jährlich erkranken in Deutschland mehrere Tausend Personen an Legionellen, welche schwere Lungenentzündungen auslösen können. Bei etwa fünf bis zehn Prozent verläuft die Erkrankung tödlich (63). Überdurchschnittlich häufig sind Männer und Personen mit Vorerkrankungen betroffen.

Elektrische Durchlauferhitzer

Elektrische Durchlauferhitzer sind günstig und benötigen keine Warmwasserleitung zur Zapfstelle. In Folge gibt es wenig Probleme beim Legionellenschutz. Allerdings bedienen sie meist nur eine Zapfstelle und können nur bedingt zur Bereitstellung größerer Warmwassermengen (z. B. zum Baden) verwendet werden.

Abbildung 54: Dezentraler, elektrischer Durchlauferhitzer

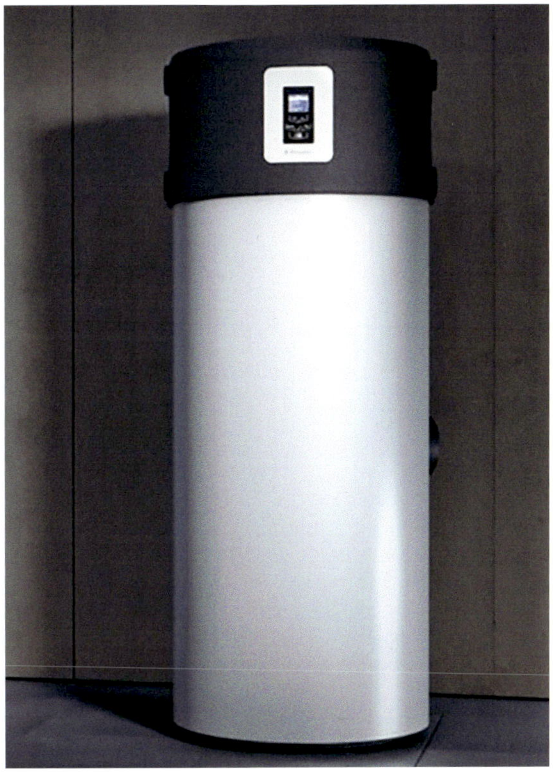

Abbildung 55: Warmwasser-Wärmepumpe

Durchlauferhitzer werden meist in Bestandsgebäuden nachgerüstet, um einzelne Räume dezentral mit Warmwasser zu versorgen.

Warmwasser-Wärmepumpe

Eine sinnvolle und kostengünstige Alternative für die Warmwasserbereitstellung ist die Warmwasser-Wärmepumpe, welche mit hoher Effizienz einem Speicher Warmwasser zur Verfügung stellt. Sie lässt sich gut in das Energiesystem der Zukunft integrieren und kann gut mit einer Photovoltaikanlage kombiniert werden. Das zentrale Heizsystem wird entlastet, weshalb sich insbesondere ein Einsatz in Bestandsgebäuden eignet.

Zum Abschluss der Übersicht der Energietechnik im Gebäude

Es sei noch gesagt, dass es neben den hier erwähnten technischen Anlagen noch eine Vielzahl anderer Systeme und Möglichkeiten gibt, die zwar nicht erwähnt wurden aber durchaus sinnvoll sein können.

Manche Technologien befinden sich für den Einsatz in typischen Einfamilienhäusern noch in den Kinderschuhen, wie etwa die Brennstoffzelle oder Gaswärmepumpe. Beide Technologien haben jedoch Zukunft.

Das Wichtigste in Kürze

1. Rund die Hälfte aller Heizungsanlagen in Deutschland arbeitet nicht effizient.
2. Die Heizungstechnik muss mit der Wärmeverteilung im Gebäude abgestimmt sein.
3. Bei niedrigen Temperaturen in der Wärmeverteilung, z. B. über die Fußbodenheizung, sind Energieverluste generell geringer.
4. In bestehenden Gebäuden können Temperaturen in der Wärmeverteilung gesenkt werden durch:
   - Nachträgliche Dämmung
   - Austausch alter Radiatoren gegen großflächigere Heizkörper
   - Nachträgliches Fräsen der Fußbodenheizung in den Estrich
   - Einbau von Gebläsekonvektoren (Raumkomfort muss beachtet werden)
5. Die Wärmepumpe ist das Heizungssystem der Zukunft
   - arbeitet bei niedrigen Temperaturen in der Wärmeverteilung energieeffizient
   - läuft mit Strom, der jedes Jahr sauberer wird
   - nutzt selbst erzeugten Photovoltaikstrom für Wärme und Warmwasser
   - kann im Sommer zusätzlich kühlen
   - spart Kosten mit rund 25 % günstigerem Wärmepumpenstrom
   - ist wartungsarm und benötigt keinen Kaminfeger
   - Kann im Energiesystem der Zukunft intelligent Stromüberschüsse aus dem Netz aufnehmen, bzw. bei hohem Strompreis die Leistung reduzieren
6. Man unterscheidet hauptsächlich zwischen zwei Arten von Wärmepumpen:
   - Die effizientere Sole-Wasser-Wärmepumpen (mit Erdsonden oder Erdkollektoren)
   - Die günstigere Luft-Wasser-Wärmepumpen (als Monoblock oder Splitgeräte)
7. Die Erzeugung von Strom und Wärme gleichzeitig (Kraft-Wärme-Kopplung) fristet in kleineren Wohngebäuden ein Nischendasein und eignet sich eher für größere Mehrfamilienhäuser und gewerblich genutzte Gebäude. Große Hoffnungen liegen auf der effizienten Brennstoffzelle.
8. Die feste Biomasse, insbesondere Pellets, eignet sich gut zum Ersatz von Ölheizungen.
9. Manuell bestückbare Öfen im Wohnraum erhöhen den Wohnkomfort und können das bestehende Heizsystem ideal mit nachwachsendem Rohstoff ergänzen.
10. Über wasserführende Öfen kann die Wärme in die Wärmeverteilungen eingebunden und für Warmwasser genutzt werden.
11. Neben der Wärmepumpe gehört der Nah- und Fernwärme die Zukunft. Sie lässt sich bestens in das Energiesystem der Zukunft einbinden, kann insbesondere in Zeiten hoher Stromnachfrage über Kraft-Wärme-Kopplung zusätzlichen Strom erzeugen.
12. Während Fernwärme eher im städtischen Umfeld zum Einsatz kommt, eignet sich die Nahwärme zur Versorgung einzelner Wohngebäude oder Quartiere.
13. Um bei der Nah- oder Fernwärme regenerative Energien einzukoppeln, muss „nur" ein zentraler Wärmeerzeuger umgerüstet werden. In den mit Wärme versorgten Gebäuden gibt es keine Wärmeerzeuger, nur Wärmeübertrager.
14. In sehr energieeffizienten und vor allem dicht gebauten Gebäuden ist eine kontrollierte Wohnraumlüftung unerlässlich. Bei energieeffizienten Gebäuden ist der Anteil der Lüftungsverluste deutlich höher als bei einem Standard-Gebäude.

15. Die Frischluftzufuhr wird automatisch gesteuert, Pollen und Staub gefiltert und bis zu 90 % der Energie aus der Abluft kann rückgewonnen werden. Allerdings müssen Filter und Kanäle von Zeit zu Zeit gereinigt werden.

16. Dezentrale Lüftungsanlagen eignen sich bei Renovierungen, während zentrale Lüftungsanlagen inklusive der Verlegung der Zu- und Abluftkanäle hauptsächlich beim Neubau zum Einsatz kommen.

17. In Neubauten kommen oft Wärmepumpen-Kompaktgeräte zum Einsatz. Diese kombinieren effizient Heizen, Lüften, Warmwasser und Kühlen in einem Gerät ab Werk.

18. Warmwasser kann entweder dezentral oder, wie häufig in Deutschland, zentral bereitgestellt werden. Wird Wasser gespeichert, muss von Zeit zu Zeit das Wasser auf circa 70°C erhitzt werden, um Legionellenbildung zu vermeiden.

19. Warmwasserwärmepumpen sind effizient und können im Bestand zur Entlastung eines Heizsystems sinnvoll eingesetzt werden.

Abbildung 56: Fernwärme ist ein wichtiger Baustein bei der Wärmeversorgung der Zukunft

Mit kleinen Änderungen im Heizungssystem Energieverluste reduzieren

Oft sind es nur kleinere Änderungen und Einstellungen, die gar nicht viel kosten müssen – häufig sogar gar nichts –, dafür aber die Energieverluste in bestehenden Heizungsanlagen bereits merklich reduzieren.

Abbildung 57: Typischer Heizungskeller

Einige Beispiele werden in der folgenden Tabelle aufgelistet:

	Maßnahme	Beschreibung	Selbst durchführbar
☺	Heizkörper entlüften	Über das Entlüftungsventil können Luftbläschen abgelassen werden. Luftbläschen im Heizungswasser behindern den Wärmetransport und erzeugen störende Geräusche	ja[1]
☺	Raumtemperatur einzeln über Heizkörperthermostat einstellen	Insbesondere in nur zeitweise oder wenig genutzten Räumen, wie z. B. Badezimmer, lohnt es sich die Temperatur entsprechend der Tageszeit einzustellen	ja[2]
☺	Energiesparpumpen einsetzten	Ältere Heizungspumpen arbeiten oft voreingestellt und sind einer der großen Stromverbraucher im Haushalt. Energieeffiziente Pumpen arbeiten bedarfsorientiert geregelt und vermindern somit den Stromverbrauch deutlich	nein[3]
☺	Heizungsrohre und Warmwasserleitungen dämmen	Dämmung sämtlicher Warmwasserleitungen und der Heizungsrohre in Räumen, die nicht beheizt werden	ja
☺	Einstellung Vorlauftemperatur prüfen	Die Vorlauftemperatur wird abhängig von der Außentemperatur über die Heizkurve eingestellt	nein
☺	Vorlauftemperatur manuell nachstellen	Bei extremen Witterungsverhältnissen (extrem warmer oder kalter Winter) kann die Vorlauftemperatur selbst eingestellt werden	ja
☺	Nachtabsenkungsmodus aktivieren	Die meisten Heizsysteme bieten diese Einstellung an. Über Nacht wird die Soll-Temperatur verringert	ja[4]
☺	Energiesparmodus	Manche Heizungsanlagen verfügen über einen Energiesparmodus. Dieser schränkt in der Regel den Komfort etwas ein, spart jedoch Energie und Kosten	ja
☺	Von Urlaubsprogrammen (Holiday Modus) Gebrauch machen	Wichtig, die Temperatur sollte selbst bei längerer Abwesenheit nicht unter 12°C fallen. Deshalb sollte die Heizung keinesfalls komplett abgeschaltet werden. Über das Urlaubsprogramm wird eingestellt ab wann die Heizung automatisch wieder hochheizen soll	ja
☺	Regelmäßige Wartung	Insbesondere bei Verbrennern. Z. B. führen Rußschichten auf Wärmeübertragern zu Effizienzverlusten	nein
☺	Hydraulischer Abgleich	Ohne hydraulischen Abgleich geben die Heizkörper die Energie nicht richtig ab bzw. werden nicht warm, einzelne Räume bleiben kalt. Die zurückkommende Rücklauftemperatur ist damit zu hoch, die Heizungsanlage arbeitet nicht effizient. Bei einem hydraulischen Abgleich wird für jeden Heizkörper der Durchfluss so eingestellt, dass der Raum mit der entsprechenden Wärme versorgt werden kann. Das System ist ausbalanciert	nein[5]

1 Im Internet gibt es zahlreiche Erklärvideos, die vor dem Entlüften angeschaut werden sollten
2 Zeitprogramme können manuell am Thermostatventil oder über Apps eingestellt werden
3 Die BAFA fördert den Austausch mit circa 30 %
4 Ggf. mit dem Heizungsinstallateur oder Energieberater absprechen. Je nach Gebäudestandard und Wärmeverteilung kann eine Aktivierung der Nachtabsenkung zu einem zu starken Auskühlen führen. Insbesondere bei Altbauten. Das Gebäude muss am nächsten Tag überdurchschnittlich stark aufgewärmt werden
5 Die BAFA fördert den hydraulischen Abgleich mit circa 30 %

Die passende Wahl des Heizungssystems

Nach der Übersicht der Energietechnik im Gebäude werden im weiteren Verlauf Tipps und Hilfestellungen zur Auswahl des passenden Heizungssystems gegeben.

Die Vor- und Nachteile von Wärmeerzeugern

Die Vorteile- und Nachteile der einzelnen Wärmeerzeuger sind im Folgenden dargestellt.

Gas-Brennwert-Heizung:

+ Günstig in der Anschaffung
+ Einfache Auslegung, relativ einfacher Einbau
+ Platzsparend, kann auch in Wohnungen, im Dachgeschoss, der Küche usw. installiert werden
+ Gut kombinierbar mit beispielsweise Solarthermie oder einer Wärmepumpen-Außeneinheit. Regenerativer Anteil lässt sich somit erhöhen
- Risiko, dass Gaspreis in den nächsten Jahren stark ansteigen wird („wild card" CO_2-Steuer)
- Gas ist kein heimischer Rohstoff. Abhängig von Gasimporten

Pellet:

+ Günstiger und CO_2-armer Brennstoff (sofern nachhaltig hergestellt)
+ Geringe Brennstoffkosten
+ Gute Option für Ersatz von Ölkesseln, insbesondere sofern kein Gasnetz verfügbar
- Hoher Platzbedarf für Anlage und Pellet-Lager
- Kapitalkosten für gelagerte Pellets

Wärmepumpen:

+ Gute Klimabilanz, Strom in Deutschland wird von Jahr zu Jahr CO_2-ärmer
+ Sinnvoll bei guter (oder geplanter) Gebäudedämmung, da dann geringere Vorlauftemperaturen benötigt werden
+ Selbst erzeugter Photovoltaikstrom kann insbesondere in der Übergangszeit und für Warmwasser im Sommer gut mit eingebunden werden. Energieunabhängigkeit kann erhöht werden
+ Sehr gut integrierbar in das zukünftige Energiesystem zum Erreichen der Klimaziele. Wärmepumpen können überschüssigen Strom im Netz intelligent aufnehmen oder bei wenig Strom im Netz zeitweise ihre Leistungsaufnahme verringern
+ Potential für Stromkostensenkung in Kombination mit Smart Meter und zeitabhängigen Tarifen
+ Zunehmend „heimischer" Energieträger, da Strom hauptsächlich aus Erneuerbaren Energien hergestellt wird

- \+ Möglichkeit zur Kühlung
- \+ Geringe Wartungskosten, kein Schornsteinfeger notwendig
- – Geringerer Wirkungsgrad an eisigen Tagen, wenn mit hoher Vorlauftemperatur gefahren werden muss
- – Anschaffungskosten, insbesondere für Sole-Wasser-Wärmepumpen deutlich teurer. Die Bohrung ist jedoch eine Anschaffung für „immer" und überdauert Heizgeräte mehrfach
- – Lautstärke der Außeneinheit bei Luft-Wasser-Wärmepumpe
- – Örtliche Begebenheiten. Sole-Bohrung nicht überall möglich. Muss mit Landratsamt vor Ort abgeklärt werden. Luft-Wasser-Wärmepumpe benötigt Platz für Außeneinheit außerhalb des Gebäudes
- – Separater Stromzähler mit Zählergebühren für Wärmepumpenstrom notwendig
- – Auslegung etwas schwieriger, weshalb auch der ein oder andere Heizungsinstallateur von der Installation einer Wärmepumpe abrät. Insbesondere bei Sole-Wasser-Wärmepumpen, da die Investitionskosten von der Heizleistung abhängen
- – Träges Heizsystem. Wärmepumpen arbeiten konstant und können ein abgekühltes Gebäude nicht auf die Schnelle aufheizen

Öl

- \+ günstig in der Anschaffung, sofern bestehender Öltank noch weitere Jahre genutzt werden kann
- – Generell dürfen ab 2026 Ölheizungen nur noch als Hybride eingebaut werden. Die Investitionskosten dafür steigen
- – CO_2-Steuer wird insbesondere Ölheizungen treffen und die Energiekosten stark erhöhen
- – Platzbedarf
- – Kapitalkosten für gelagertes Öl

Kurze Einführung des Jahresnutzungsgrades

Vor dem quantitativen Vergleich verschiedener Heizungssysteme wird im Folgenden der Jahresnutzungsgrad eingeführt. Er stellt den Zusammenhang zwischen Nutzenergie – die Bereitstellung von Warmwasser (z. B. am Wasserhahn oder Duschkopf) sowie den Heizwärmebedarf (die am Heizkörper abgegebene Energie) – und der dafür eingesetzten Endenergie (z. B. 2000 Liter Öl) dar.

Jahresnutzungsrad [%] = Nutzenergie [kWh] / Endenergie [kWh]

Im Gegensatz zum Wirkungsgrad bezieht sich der Jahresnutzungsgrad nicht auf die Leistung zu einem bestimmten Zeitpunkt, sondern auf die Energiemengen über das gesamte Jahr. Er berücksichtigt den Wirkungsgrad des Kessels, die verschiedenen Betriebsmodi sowie Energieverluste in der Verteilung oder im Speicher.

Wirkungsgrad [%] = Wärmeleistung [kW] / zugeführte Leistung [kW]

Quantitativer Vergleich im Bestandsgebäude

Bei den folgenden Beispielrechnungen handelt es sich um realitätsnahe, pauschale Annahmen, die für den Einzelfall gut angepasst werden können. Insbesondere, sofern der Endenergieverbrauch bekannt ist (z. B. aus Energieausweis). Genauere Berechnungen für das individuelle Gebäude können über den Fachberater erfolgen.

Die folgende Tabelle zeigt exemplarisch einen Vergleich unterschiedlicher Heizungsalternativen für ein Einfamilienhaus im Bestand. Vernachlässigt werden hier zusätzliche Stromverbräuche für Heizungspumpen, Gas-, Öl-Brenner oder ähnliches.

Da jedes Haus individuell ist und unter Umständen zusätzliche Infrastrukturkosten hinzukommen, müssen speziell die Investitionskosten im Einzelfall geprüft werden. Regional können diese sich stark unterscheiden und durchaus deutlich höher ausfallen. Auch kann sich nach Inanspruchnahme von staatlichen Förderungen ein völlig anders Bild darstellen

Abbildung 58: Typisches Bestandsgebäude vor 1979

Heizungsanlage	Typischer Jahresnutzungsgrad	Wartung[1]	Investitionskosten[2] (inkl. Förderungen)	Energiekosten[3]	Summe Betriebskosten	CO_2-Emissionen[4]
Gas-Brennwertgerät	~99 %	250 €/ Jahr	7.000 €	~1.600 €/ Jahr	~1.850 €/ Jahr	4,5 Tonnen/ Jahr
Pellet-Kessel	~80 %	400 €/ Jahr	20.000 € (15.000 €)	~1.400 €/ Jahr	~1.800 €/ Jahr	0,6 Tonnen/ Jahr
Sole-Wasser-Wärmepumpe	~250 %[5] (64)	< 50 €/ Jahr	20.000 € (13.000 €)	~2.100 €/ Jahr	~2.150 €/ Jahr	3,5 Tonnen/ Jahr
Luft-Wasser-Wärmepumpe	~220 %[6] (64)	< 50 €/ Jahr	15.000 € (10.000 €)	~2.400 €/ Jahr	~2.450 €/ Jahr	4,0 Tonnen/ Jahr
Öl-Brennwertkessel	95 %	350 €/ Jahr	8.000 €	~1.700 €/ Jahr	~2.050 €/ Jahr	6,7 Tonnen/ Jahr

Tabelle 2: Kostenvergleich verschiedener Technologien in einem exemplarischen Bestandsgebäude

1 Geschätzt. Für Gas-, Öl- und Pelletheizung teurer, da zusätzliche Kosten für Schornsteinfeger notwendig sind

2 Angenommene Kosten für neues Gerät und Installation. Ohne Rückbaukosten alter Infrastruktur bei Technologiewechsel, ohne zusätzliche Investitionen in die Wärmeverteilung. Kosten können sich regional deutlich unterscheiden.

3 Für ein neueres Bestandsgebäude mit 140 m^2 und einen Heizwärmebedarf von 150 kWh/m^2 und Warmwasserbedarf pauschal 12,5 kWh/m^2: 22.750 kWh benötigte Nutzenergie.
Energiepreise im Jahr 2019: Gas: 7 Cent/ kWh, Wärmepumpenstrom: 23 Cent/ kWh, Öl: 7 Cent/ kWh, Pellet: 5 Cent/kWh

4 Erdgas: 0,2 kg/ kWh; Strom: 0,4 kg/ kWh; Heizöl: 0,29 kg/ kWh; Pellet: 0,02 kg/ kWh

5 Im Altbau mit hohen Vorlauftemperaturen ist die Effizienz einer Sole-Wasser-Wärmepumpe geringer als im Neubau (Jahresnutzungsgrad: ~450 %)

6 Im Altbau mit hohen Vorlauftemperaturen ist die Effizienz einer Luft-Wasser-Wärmepumpe deutlich geringer als im Neubau (Jahresnutzungsgrad: ~400 %)

Quantitative Parameter zur Entscheidungsfindung sind die Investitionskosten, die jährlichen Betriebskosten sowie die CO_2-Emissionen, welche auch monetär bewertet werden. Bei Pellet-Kesseln und Wärmepumpen fallen nach Inanspruchnahme staatlicher Förderungen die Kosten deutlich geringer aus, siehe Werte in Klammern.

Aus Sicht der Investition ist der Gas-Brennwert-Kessel die günstigste Variante. Insbesondere, wenn bereits eine Gasinfrastruktur vorhanden ist. Auch sind die Betriebskosten heute noch vergleichbar günstig.

Pelltetkessel sind eine gute Alternative in Bestandsgebäuden mit geringer Dämmung. Insbesondere, wenn staatliche Zuschüsse in Anspruch genommen werden können. Sie eignen sich insbesondere für den Ersatz von Ölkesseln, da der Lagerplatz anstelle von Öl nun für Pellets genutzt werden kann. Sowohl die Energiekosten als auch der jährliche CO_2-Ausstoß befinden sich im unteren Bereich.

Bei den Wärmepumpen ist klar ersichtlich, dass die Luft-Wasser-Wärmepumpe aufgrund des geringeren Nutzungsgrades nicht die optimale Option beim Heizungstausch in Bestandsgebäuden, mit relativ hohen Vorlauftemperaturen, ist. Eher die Sole-Wasser-Wärmepumpe mit einem höheren Nutzungsgrad. Für beide Wärmepumpen gilt, dass sich aufgrund des Ausbaus der Erneuerbaren Energien, der hier dargestellte CO_2-Ausstoß bis 2030 halbieren dürfte. Auch sollte gemäß dem Sanierungsfahrplan berücksichtigt werden, dass ein Einbau von Wärmepumpen durchaus Sinn machen kann, sofern das Gebäude in den nächsten Jahren energetisch saniert wird und mit geringeren Vorlauftemperaturen gefahren werden kann.

„Game changer" CO_2-Steuer und Stromkosten

Durch die CO_2-Steuer auf die Energiekosten werden die Karten allerdings neu gemischt. Für Gas und Öl steigen die Kosten. Für das Jahr 2026 soll der gesetzlich festgelegte Preiskorridor für eine Tonne CO_2 zwischen mindestens 55 bis maximal 65 Euro liegen. Im Beispiel steigen die jährlichen, zusätzlichen Belastungen für die Gas-Brennwerttherme um rund 270 Euro und die Ölheizung um ganze 400 Euro. Es ist anzunehmen, dass die CO_2-Steuer weiterhin anziehen wird, um die Klimaziele für die Zwischenetappe 2030 zu erreichen. Für mit Gas betriebene Heizungen macht es deshalb Sinn, diese mit einem Erneuerbaren Energieträger zu kombinieren.

Auch werden in Deutschland die international sehr hohen Strompreise diskutiert, die der Elektrifizierung im Wege steht. Erste Ansätze, wie zum Beispiel die Finanzierung des Ausbaus erneuerbarer Energien aus Steuermitteln, anstelle der Umlage auf den Strompreis, gibt es bereits und es besteht die Hoffnung, dass die Stromkosten für den Verbraucher dadurch um bis zu 30 % sinken können. Sollte dies Wirklichkeit werden, wären Wärmepumpen über Nacht auch in Bestandsgebäuden nicht nur ökologisch, sondern auch finanziell attraktiv.

Kombinationen/ Hybride: Zur Verbesserung der Effizienz im Bestand

Aufgrund der geringen Vorlauftemperaturen für Fußbodenheizungen in Neubauten sind Wärmepumpen – vor allem Luft-Wasser-Wärmepumpen – heute bereits die dominierende Heiztechnologie und werden Gasheizungen in diesem Segment weiter zurückdrängen. Die CO_2-Steuer auf Gas und die staatlichen Anreize werden diesen Effekt weiter beschleunigen.

In Bestandsgebäuden hingegen etablieren sich Wärmepumpen, vor allem Sole-Wasser-Wärmepumpen, zwar auch, doch werden mit Gas befeuerte Heizungen als Brückentechnologie in den nächsten Jahren weiter eine dominante Rolle spielen. Allerdings werden die Investitionskosten auch für Gasheizungen teurer, da ein gewisser Anteil der Wärme regenerativ gedeckt werden muss.

In folgender Tabelle sind geeignete Kombinationen für den Bestand dargestellt. Die linke Spalte beinhaltet sowohl das bereits installierte Heizgerät, welches ersetzt werden soll (meist Öl oder Gas) sowie erneuerbare Energieträger (Wärmepumpen, Pellets), als gleichwertige Alternativen. Je dunkelgrüner die Farbe desto geeigneter die Kombination.

	Solarthermie[1]	Wärmepumpen-Außeneinheit	Scheitholz- /Pellet-ofen im Wohnraum[2]	Scheitholzkessel (manuell bestückt) im Keller	Photovoltaik
Gas-Brennwert-gerät	Nach wie vor stark subventioniert. Schränkt jedoch Dachfläche für eine Photovoltaikanlage ein	Reduziert Abhängigkeit von Gas. Flexible Nutzung von Gas- und Strompreis. Hybridsysteme von Herstellern ab Werk vorhanden.	Scheitholzofen erhöht Wohnkomfort. Ohne Wassertasche relativ günstig in der Anschaffung	Für Jemand, der gerne selbst Hand anlegt. Puffer oder Kombispeicher notwendig	In Zukunft mit Elektroheizstab für Warmwasserbereitstellung. Speicher notwendig. Fossile Heizung kann im Sommer abgestellt werden[3]
Wärmepumpe (Luft-Wasser oder Sole-Wasser)	Solarthermie nur für Warmwasserunterstützung, die hohe Temperaturen erfordert		Scheitholzofen erhöht Wohnkomfort. Ohne Wassertasche günstig in Anschaffung	Für Jemand, der gerne selbst Hand anlegt	Wärmepumpe nutzt in Übergangszeit oder im Sommer Photovoltaikstrom
Pellet Kessel (automatisch bestückt)	Sinnvoll, aber hohe Investitionskosten	Möglich, aber sehr hohe Investitionskosten			Mit Elektroheizstab und Speicher für Warmwasserbereitstellung. Pellet-Heizung kann im Sommer abgestellt werden
Öl-Brennwert[4]	Nach wie vor stark subventioniert. Schränkt jedoch Dachfläche für eine Photovoltaikanlage ein	Reduziert Abhängigkeit von Öl	Scheitholzofen erhöht Wohnkomfort. Ohne Wassertasche günstig in Anschaffung	Für Jemand, der gerne selbst Hand anlegt. Puffer oder Kombispeicher notwendig	Mit Elektroheizstab und Speicher für Warmwasserbereitstellung. Fossile Heizung kann im Sommer abgestellt werden

Tabelle 3: Geeignete Kombinationen mehrerer Wärmeerzeuger in Bestandsgebäuden. Je dunkler das Grün, desto optimaler die Kombination

1 Entweder nur zur Bereitstellung von Warmwasser oder Warmwasser + Heizungsunterstützung

2 Manuell bestückt mit oder ohne Wassertasche. Erhöht Wohnkomfort im Wohnzimmer

3 Rechnet sich in naher Zukunft für neu installierte Photovoltaikanlagen und mit einer Einspeisevergütung, die unterhalb des Gas-/ Pellet-/ Ölpreises liegt. Alternativ: Für auslaufende Einspeiseverträge.

4 Eignet sich wenn, dann nur für den Austausch eines alten Ölkessels und für einen Öltank, der noch mindestens 15 Jahre verwendet werden kann

Heute werden knapp zwei Drittel aller Gebäude mit Gas und noch etwa ein Viertel mit Öl beheizt. In den nächsten Jahren wird ein Großteil der noch mit Öl beheizten Gebäude auf einen anderen Energieträger umgerüstet werden müssen, viele davon auf Gas *[In den letzten zehn Jahren wechselten 80% zu Gas (56)]*. Außerdem wird die Masse der Gebäude, die heute bereits mit einer Gasinfrastruktur ausgestattet sind, auch in den nächsten Jahren vermutlich bei Gas bleiben. Folglich wird auch in den nächsten Jahren Gas als Energieträger im Heizungsumfeld noch eine dominierende Rolle spielen.

Um dennoch den regenerativen Anteil zu erhöhen, fördert der Gesetzgeber Kombinationen aus effizienten Gas-Brennwert-Geräten mit

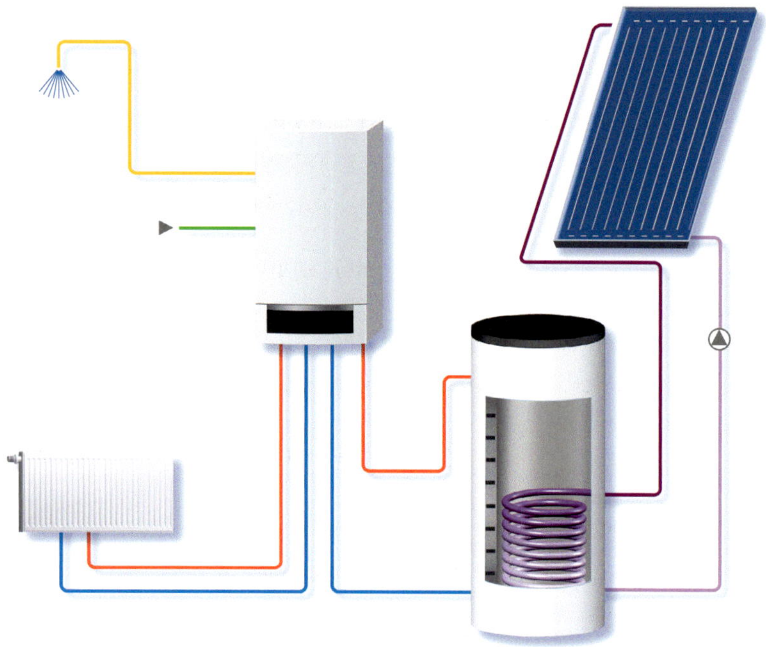

Abbildung 59: Gas-Brennwertgerät mit solarer Trinkwassererwärmung

einem erneuerbaren Anteil, wie beispielsweise Solarthermie-Anlagen. Über diese wird die Wärme im Trinwasserspeicher gespeichert. Falls die solarthermisch erwärmte Wassertemperatur nicht ausreichend ist, heizt das Gas-Brennwertgerät zu. Zusätzlich kann die Solarthermieanlage die Bereitstellung der Heizungswärme unterstützen.

Entsprechend der Beschaffenheit des Gebäudes und der finanziellen Möglichkeiten empfiehlt es sich bereits heute in eine Photovoltaikanlage zu investieren. Wird jedoch eine Solarthermie-Anlage installiert, ist unter Umständen keine Dachfläche mehr frei.

Um den erneuerbaren Anteil ohne Biogas darstellen zu können, bietet sich ein zusätzlicher Scheitholzofen im Wohnzimmer für komfortable Wärme an. Dieser kann unter Umständen zusätzlich mit Wassertaschen ausgestattet

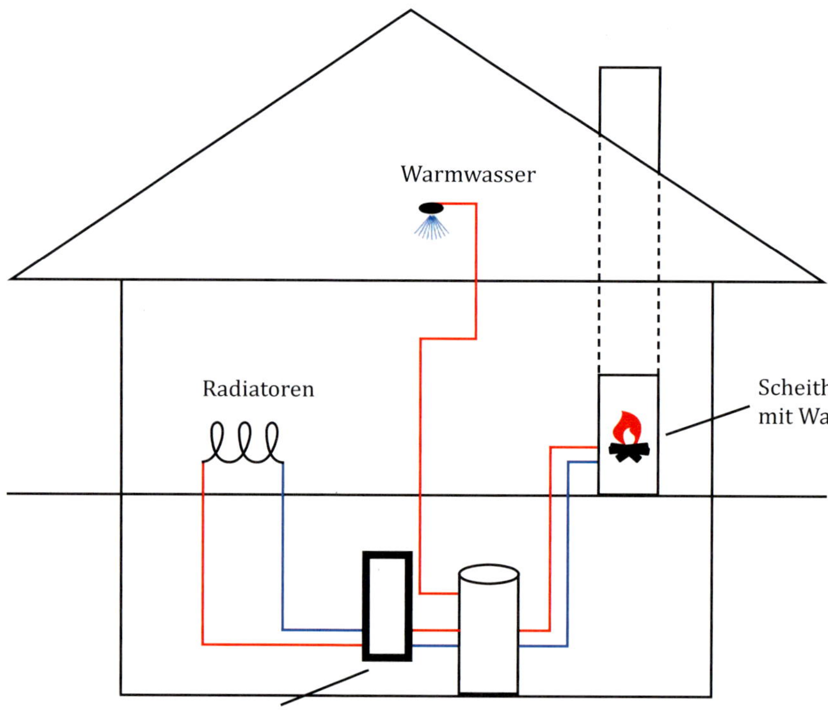

Abbildung 60: Kaminofen mit Wassertasche zur Bereitstellung von Warmwasser sowie Raumwärme über Radiatoren

werden, um die Wärme im gesamten Haus zum Heizen und für Warmwasser nutzen zu können. Beim Scheitholzofen muss selbst Hand angelegt werden. Deshalb sollte für das Alter nie alleine auf manuell bestückbare Kessel gesetzt werden. Aus wirtschaftlicher Sicht rechnet sich ein Scheitholzofen in der Regel zwar nicht, stellt aber unvergleichbar, gemütliche Wärme bereit.

Alternativ kann auch eine Wärmepumpen-Außeneinheit mit einem Gas-Brennwertgerät kombiniert werden. Mehrere Hersteller bieten Hybridgeräte bereits an. Die Wärmepumpe senkt vor allem in der Übergangszeit den Gasverbrauch und kann teilweise mit Photovoltaikstrom betrieben werden. Da sowohl Strom als auch Gas bezogen wird, kann der jeweils günstigere Energieträger bevorzugt werden.

Alle Lösungen haben eines gemeinsam. In Zukunft werden die Investitionskosten, sofern nicht staatlich subventioniert, steigen. Deshalb sollte vor einer Entscheidung zum Vergleich der Einsatz einer Wärmepumpe geprüft werden. Im Bestandsbau insbesondere die Sole-Wasser-Wärmepumpe. Die Investitionskosten könnten recht nahe beieinanderliegen und bei den Betriebskosten die Wärmepumpe sogar günstiger sein. Insbesondere dann, wenn in den nächsten Jahren eine Verbesserung der Gebäudedämmung ansteht und somit die Vorlauftemperaturen sinken können.

Die Wärmepumpe fügt sich bestens in das Energiesystem der Zukunft ein und kann zusätzlich mit selbst erzeugtem Photovoltaikstrom betrieben werden. Vor allem im Sommer und in der Übergangszeit.

Auch ist eine Kombination mit einem Scheitholzofen gut möglich, da insbesondere an eisigen Tagen, wenn die Wärmepumpe nicht effizient arbeitet und hohe Stromkosten verursachen würde, der Scheitholzofen einspringen kann.

Abbildung 61: Hybridgerät als bodenstehender Gasbrennwertkessel mit Pufferspeicher und Wärmepumpen-Außeneinheit

Abbildung 62: Moderner Neubau

Im Gegensatz zum Bestandsgebäude kann im Neubau nicht auf eine vorhandene Infrastruktur für Gas (Kamin, Gasanschluss) zurückgegriffen werden. Gasheizungen verlieren somit ihren Vorsprung. Bei den Investitionskosten liegen Luft-Wasser-Wärmepumpen und Gas-Brennwertgerät deshalb nahezu gleichauf.

Muss das Gas-Brennwertgerät mit einem regenerativen Anteil ergänzt werden – hier Solarthermie – so ist die Luft-Wasser-Wärmepumpe die günstigste Investition im Neubau. Der CO_2-Preis wird auch hier die Kosten für Gasheizungen in Zukunft erhöhen, schlägt jedoch, aufgrund des im Vergleich zum Bestandsgebäude geringeren Energieverbrauchs, weniger ins Gewicht.

Die Zahlen machen deutlich, warum im Neubau mittlerweile vor Gasheizungen meist Wärmepumpen, insbesondere Luft-Wasser-Wärmepumpen, installiert werden. Im Neubau sind Luft-Wasser-Wärmepumpen in der Anschaffung vergleichbar, wenn nicht sogar günstiger, bei geringeren Betriebskosten in Zukunft.

Quantitativer Vergleich im Neubau

Die folgende Tabelle zeigt den quantitativen Vergleich im Neubau. Da Öl- und Pelletkessel hauptsächlich in Bestandsgebäuden eingesetzt werden, konzentrieren wir uns hier nur auf mit Gas und Strom betriebene Anlagen.

Heizungsanlage	Typischer Jahresnutzungsgrad	Wartung[5]	Investitionskosten[6] (inkl. Förderungen)	Energiekosten[7]	Summe Betriebskosten	CO_2-Emissionen[8]
Gas-Brennwertgerät	~99 %	250 €/ Jahr	11.000 €[9]	~600 €/ Jahr	~650 €/ Jahr	1,8 Tonnen/ Jahr
Sole-Wasser-Wärmepumpe	~450 %	< 50 €/ Jahr	20.000 € (13.000 €)	~450 €/ Jahr	~500 €/ Jahr	0,8 Tonnen/ Jahr
Luft-Wasser-Wärmepumpe	~400 %	< 50 €/ Jahr	12.000 € (8.000 €)	~500 €/ Jahr	~550 €/ Jahr	0,9 Tonnen/ Jahr

Tabelle 4: Kostenvergleich verschiedener Technologien in einem exemplarischen Neubau

5 Geschätzt. Für Gas teurer, da zusätzliche Kosten für Schornsteinfeger

6 Geschätzte Kosten für neues Gerät und Installation. Ohne Infrastruktur für Wärmeverteilung

7 Neubau mit 140 m² mit einem Heizwärmebedarf von 50 kWh/m² und Warmwasserbedarf pauschal mit 12,5 kWh/m²: 8.750 kWh benötigte Nutzenergie. Energiepreise im Jahr 2019: Gas: 7 Cent/ kWh, Wärmepumpenstrom: 23 Cent/ kWh

8 Erdgas: 0,2 kg/ kWh; Strom: 0,4 kg/ kWh

9 Kosten für Gerät und Einbau: 5.000 €, Gasanschluss: 3.000 €, Kamin: 3.000 €

Tipps

Im Bestandsgebäude mit geringer Dämmung

☺	Bei Auswahl eines neuen Heizungssystems unbedingt staatliche Förderungen mit betrachten (KfW, BAFA).
☺	Als Brückentechnologie sind Gas-Brennwert-Geräte für unzureichend gedämmte Gebäude eine günstige Variante. Insbesondere, wenn bereits eine Gasinfrastruktur vorhanden ist. Auch sind die Betriebskosten heute noch vergleichbar günstig, werden aber in Zukunft u. a. aufgrund der eingeführten CO_2-Steuer steigen.
☺	Ölkessel sind mit einem relativ hohen CO_2-Ausstoß besonders klimaschädigend und haben hohe Betriebskosten, die aufgrund der CO_2-Steuer in Zukunft überproportional zunehmen werden (in 2025 zusätzliche Kosten von ca. 400 Euro pro Jahr). Sie sollten deshalb nicht mehr verbaut werden.
☺	Pelltetkessel sind eine gute Alternative in Bestandsgebäuden mit geringer Energieeffizienz, sollten sie in absehbarer Zukunft nicht weiter gedämmt werden. Insbesondere, wenn staatliche Zuschüsse in Anspruch genommen werden können.
☺	Pelltetkessel eignen sich als Ersatz von Ölkesseln, da der Lagerplatz anstelle von Öl nun für Pellets genutzt werden kann.
☺	Luft-Wasser-Wärmepumpen sind aufgrund aktueller Rahmenbedingungen nicht die beste Option in unzureichend gedämmten Gebäuden, mit hohen Vorlauftemperaturen in der Heizverteilung. Sollte die Energieeffizienz in den nächsten Jahren verbessert werden, wäre jedoch schon heute der Einbau einer Luft-Wasser-Wärmepumpe zu prüfen.
☺	Eher die Sole-Wasser-Wärmepumpe mit einem höheren Nutzungsgrad bei höheren Vorlauftemperaturen.
☺	Zur Einkopplung erneuerbarer Energien in unzureichend gedämmten Bestandsgebäuden eignen sich Hybride. Geeignete Kombinationen sind: ▪ Wärmepumpe mit Scheitholz- bzw. Pelletofen im Wohnraum für extrem kalte Tage ▪ Wärmepumpe in Kombination mit einer Photovoltaikanlage. Deckt insbesondere den Warmwasser-Anteil ab ▪ Gas-Brennwertgerät mit Wärmepumpen-Außeneinheit (Hybridgerät) für die Übergangszeit mit mäßigen Temperaturen ▪ Gas-Brennwertgerät mit Solarthermie (mindestens zur Warmwasser-Unterstützung)
☺	Vor dem Einbau eines neuen Heizsystems die Heizlastberechnung des Installateurs anfordern. Mancher Installateur legt die Anlage „Pi mal Daumen" aus, was sich negativ auf die Effizienz auswirken kann. Mehr zur Heizlastberechnung siehe Anhang.
☺	Insbesondere bei Wärmepumpen auf Zukunftsfähigkeit achten. Z. B. über ein integriertes Kommunikationsmodul die Einbindung in einen Energiemanager zur intelligenten Nutzung von selbst erzeugtem Photovoltaikstrom ermöglichen.

Tipps	
Im Neubau	
☺	Luft-Wasser-Wärmepumpen sind in der Regel günstiger als Gas-Brennwertgeräte (kein Gasanschluss, kein Kamin notwendig).
☺	Ferner liegen CO_2-Emissionen und jährliche Betriebskosten von Luft-Wasser-Wärmepumpen in der Regel deutlich niedriger als bei Gas-Brennwertgeräten.
☺	Noch effizienter sind Sole-Wasser-Wärmepumpen mit noch geringeren CO_2-Emissionen und Betriebskosten. Allerdings sind die Investitionskosten deutlich höher.
☺	Vor dem Einbau eines neuen Heizsystems die Heizlastberechnung des Installateurs anfordern. Mancher Installateur legt die Anlage „Pi mal Daumen" aus, was sich negativ auf die Effizienz auswirken kann. Mehr zur Heizlastberechnung siehe Anhang.
☺	Insbesondere bei Wärmepumpen auf Zukunftsfähigkeit achten. Z. B. über ein integriertes Kommunikationsmodul die Einbindung in einen Energiemanager zur intelligenten Nutzung von selbst erzeugtem Photovoltaikstrom ermöglichen.

Wie man mit dem Energiedach Erträge erntet

Abbildung 63: Naschgerüstete Photovoltaikanlage – Energiedach

Hausbesitzer mit freien, südlich gerichteten und nicht verschatteten Dachflächen sollten diese als „Energiedächer" nutzen. Es lohnt sich bereits heute fürs Klima, den Geldbeutel oder als Zusatzrente. Insbesondere, wenn man auf Photovoltaik setzt. Angenehmer Nebeneffekt von Solaranlagen ist die Kühlfunktion im Sommer, da die auf das Dach treffende Sonnenenergie als Strom umgewandelt und abgeführt wird.

Photovoltaikanlagen

Fast zehn Prozent des erzeugten Stroms in Deutschland stammen bereits aus Photovoltaikanlagen. Die sogenannte „Bürgerenergie" wird in den nächsten Jahren deutlich stärker ausgebaut werden, um bis 2030 das politische Ziel von rund 65 Prozent erneuerbarem Strom zu erreichen.

Mono- und Polykristalline Solarzellen

Die Photovoltaikmodule können mit unterschiedlichen Solarzellen bestückt sein. Aktuell dominieren polykristalline Zellen den Markt. Dagegen sind monokristalline Solarzellen teurer, haben dafür aber einen höheren Wirkungsgrad. Sie eignen sich deshalb bei wenig verfügbarer Dachfläche.

Daneben gibt es noch weitere Module wie beispielsweise Dünnschichtmodule, welche leichter sind, dafür aber einen geringeren Wirkungsgrad aufweisen.

Die Entsorgung

Ein Argument, welches gegen die Photovoltaik öfters vorgebracht wird, ist die Entsorgung der Photovoltaikmodule. Diese können in bestimmten Fällen giftige Substanzen enthalten. Jedoch gibt es bereits seit rund zehn Jahren Systeme zum Recyceln der Anlagen. Zudem sind Produzenten von Photovoltaikanlagen verpflichtet, mindestens 85 Prozent der produzierten Module kostenlos zurückzunehmen (67).

Abbildung 64: Photovoltaikmodule (links) und Wechselrichter

Die Photovoltaikanlage

Eine Photovoltaikanlage besteht aus Photovoltaikmodulen auf dem Dach und einem Wechselrichter, der den Strom von Gleich- zu Wechselstrom umwandelt. Übliche Anlagengrößen für ein Einfamilienhaus sind 3 bis 10 kW_{Peak} *[Maximale Leistung der Photovoltaikmodule. Wird in der Praxis an nur sehr wenigen Sonnentagen erreicht]*. Das bedeutet eine Fläche von ungefähr 30 bis 100 m^2. Die Anlagengröße sollte sich nach dem Stromverbrauch im Haus richten. Die Kosten für Photovoltaikanlagen sind in den letzten zehn Jahren aufgrund der Skaleneffekte und der höheren Effizienz der Module extrem gesunken. Netto kostet eine fest installierte Anlage aktuell rund 1.600 Euro/kW_{Peak} *[In den meisten Fällen wird dem Betreiber die Umsatzsteuer erstattet]*. Die Stromgestehungskosten einer Photovoltaikanlage für ein typisches Einfamilienhaus liegen derzeit bei rund 11 Cent/ kWh *[Sogenannte LCOE (Levelized Costs of Electricity). Abhängig von Sonneneinstrahlung, Dachneigung, Dachfläche, Effizienz, Kosten der Anlage und dem Zinssatz für eingesetztes Kapital]* (67).

Im gleichen Zeitraum ist die Einspeisevergütung auf aktuell unter 8 Cent/ kWh gesunken, was unterhalb der Gestehungskosten liegt. Die Einspeisevergütung wird vertraglich für die nächsten 20 Jahre fix festgelegt. Für neu installierte Anlagen bedeutet dies, dass es sich weniger lohnt den Strom ins Netz einzuspeisen. Vielmehr sollte so viel wie möglich zu Hause verbraucht werden, um weniger Haushaltsstrom, der etwa 30 Cent/ kWh kostet, oder Wärmepumpenstrom, der rund 23 Cent/ kWh kostet, einkaufen zu müssen. Die Anlage amortisiert sich daher hauptsächlich über die vermiedenen Strombezugskosten.

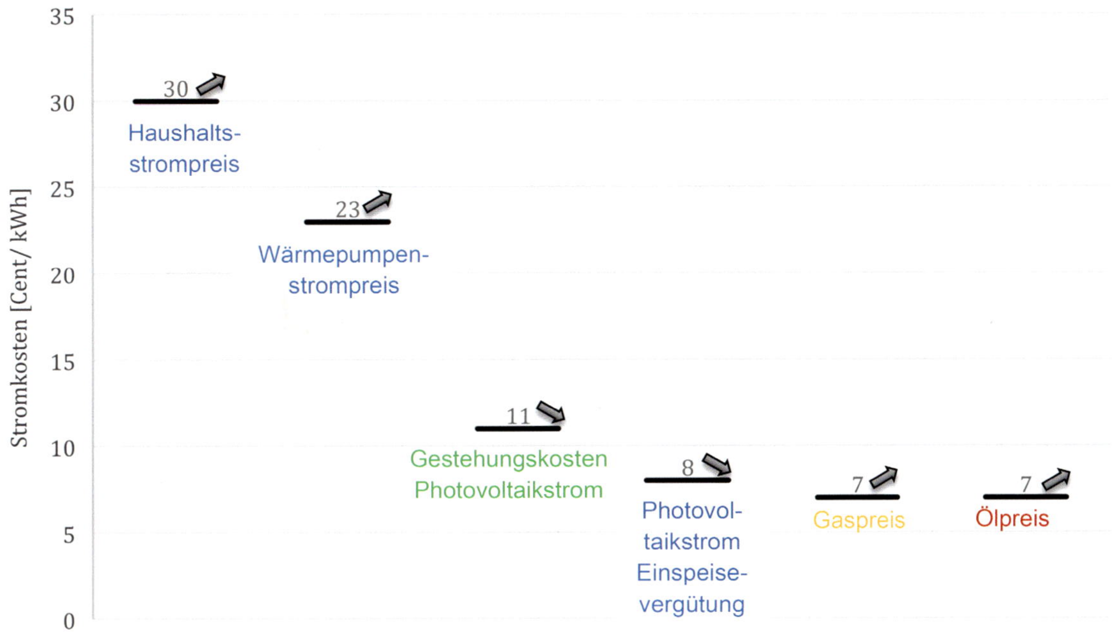

Abbildung 65: Aktuelle Stromgestehungskosten einer Photovoltaikanlage im Vergleich zu Strom- und Gaskosten und der Trend der Preisentwicklung (dargestellt in Pfeilen)

Während die Einspeisevergütung schon seit Jahren weit unter dem Tarif für Haushalts- oder Wärmepumpenstrom liegt, ist zu erwarten, dass sie in den nächsten zwei bis drei Jahren auch unterhalb des Gas- und Ölpreises fällt. Für das jeweilige Gebäude macht es dann durchaus Sinn neue Photovoltaikanlagen mit einem günstigen, elektrischen Heizstab für die Bereitstellung von Warmwasser zu kombinieren *[In der Regel wird der Elektroheizstab im Warmwasser- oder Pufferspeicher verbaut. Der Elektroheizstab kommuniziert mit der Photovoltaikanlage und wird ausschließlich mit selbst erzeugtem Strom betrieben, der ansonsten ins Netz eingespeist werden würde]*. Insbesondere im Sommer kann die fossile Heizungsanlage über Wochen abgestellt werden, was sich positiv auf die Lebensdauer der Anlage auswirkt.

Ausrichtung der Photovoltaikanlage

Die Ausrichtung der Photovoltaikanlage entscheidet maßgeblich über den geernteten Solarstrom und die Wirtschaftlichkeit. Entscheidend ist der Standort, die Dachausrichtung und Dachneigung. Verschattung ist zu vermeiden. Nach Süden gerichtete Anlagen versprechen die besten Erträge. Aber auch 90 Grad nach Westen oder Osten geneigte Anlagen können sich lohnen. Wobei eine Westausrichtung geeigneter ist.

Photovoltaikanlagen im Süden Deutschlands erfreuen sich einer höheren Globalstrahlung der Sonne von durchschnittlich 1.250 kWh/m² als Anlagen im Norden Deutschlands mit durchschnittlich 950 kWh/m². Trifft die Sonnenstrahlung im rechten Winkel auf die Photovoltaikmodule, so kann am meisten Strom geerntet werden. Allerdings variiert der Sonnenstand im Verlauf eines Tages und Jahres. Für eine maximale Ernte wäre deshalb im Winter eine steile und im Sommer eine flache Dachneigung ideal. Vereinzelt kommen deshalb Nachführsysteme zum Einsatz, die sich allerdings für den Einsatz im privaten Umfeld noch nicht durchgesetzt haben. Kann der Neigungswinkel gewählt werden, etwa über eine Aufständerung bei einem Flachdach, so wird in der Regel ein Winkel zwischen 30 – 45 Grad gewählt. Höhere Winkel eignen sich insbesondere, wenn die Photovoltaikanlage mit einer Wärmepumpe betrieben wird, da die Erträge im Winter höher sind.

Im Internet stehen verschiedene „PV-Rechner" zur Verfügung, über die Ausrichtung und Wirtschaftlichkeit selbst abgeschätzt werden kann *[Beispiele: https://stromrechner.ibc-solar.de/ https://www.energieagentur.nrw/tool/pv-rechner/]*.

Beispielhafte Photovoltaikanlage

Mit den oben dargestellten Kosten führen wir folgendes Rechenbeispiel durch. Für ein Einfamilienhaus mit einem typischen Stromverbrauch von 4.000 kWh/ Jahr *[Typischer Stromverbrauch eines 4-Personen-Haushaltes. Ohne Nutzung von Strom für Warmwasser, Heizung (z. B. Wärmepumpe) oder Elektromobilität]* wird eine Photovoltaikanlage mit 5 kW_{Peak} für 8.000 Euro installiert. Je kW_{Peak} werden über das Jahr circa 1.000 kWh Strom erzeugt, in diesem Fall also 5.000 kWh pro Jahr.

Zur Abschätzung des Anteils Stroms, der selbst im Haus genutzt wird, können wir uns folgender Grafik bedienen. Auf der x-Achse wird die Photovoltaik-Peak-Leistung über den jährlichen Stromverbrauch (geteilt durch 1.000, in MWh) dargestellt. In unserem Beispiel beträgt der Faktor 1,25 (5 kW_{Peak} / 4 MWh Stromverbrauch). Auf der y-Achse wird der Faktor über die Speicherkapazität des Stromspeichers (in kWh) ebenfalls geteilt durch den jährlichen Stromverbrauch in MWh ermittelt. In unserem Beispiel 0, weil wir zunächst von keinem Speicher ausgehen.

Über die eingezeichnete Linie, kann der prozentuale Anteil des selbst verbrauchten Stroms abgelesen werden. Hier im Beispiel circa 25 %.

Das heißt, für einen 4-Personen-Haushalt werden ohne zusätzliche Intelligenz und Speicher 25 % vom erzeugten Strom über die Photovoltaikanlage selbst verbraucht (1.250 kWh) und der Rest ins Stromnetz eingespeist (3.750 kWh).

Der individuelle Eigenverbrauchsanteil kann von der Grafik abweichen. Werden beispielsweise Stromverbraucher vermehrt tagsüber eingeschaltet, so erhöht sich der Anteil.

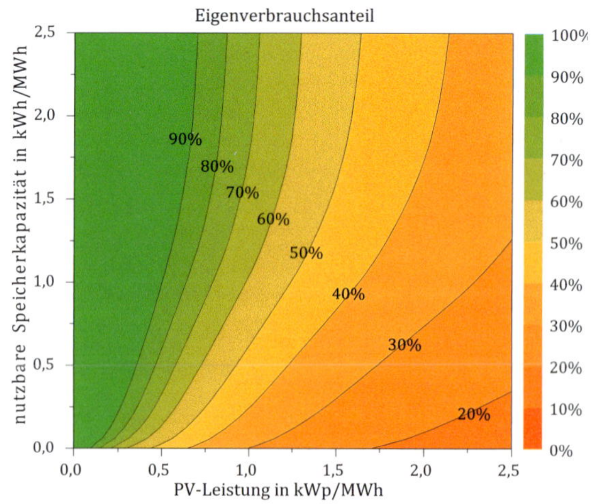

Abbildung 66: Eigenverbrauchsanteil bei unterschiedlicher Photovoltaik Peak-Leistung und Stromspeichergrößen

Die Wirtschaftlichkeit und CO_2-Vermeidung kann damit grob abgeschätzt werden:

- Vermiedene Strombezugskosten: 1.250 kWh/ Jahr × 0,30 €/ kWh = 375 €/ Jahr
- Einspeisevergütung: 3.750 kWh/ Jahr × 0,08 €/ kWh = 300 €/ Jahr
- Summe: 675 €/ Jahr

Vermiedene CO_2-Emissionen:
5.000 kWh/ Jahr × (0,4 – 0,05) kgCO_2/ kWh[1] × Tonne/ 1000 kg = 1,8 Tonnen CO_2/ Jahr

Da die spezifischen CO_2-Emissionen im deutschen Strommix von Jahr zu Jahr abschmelzen, werden auch die jährlich vermiedenen CO_2-Emissionen, die über eine Photovoltaikanlage eingespart werden können, über die Zeit geringer.

Statisch gerechnet, also ohne die Berücksichtigung von Zinsen, würde sich somit für das Beispiel eine Amortisationszeit von rund 12 Jahren (8.000 € dividiert durch 675 €/ Jahr) ergeben. Nicht betrachtet sind in Zukunft ansteigende Strompreise, welche die Wirtschaftlichkeit verbessern. Allerdings wirken sich Effizienzverluste aufgrund der Degradation der Module wiederum negativ aus. Zusätzliche, zukünftige Verbraucher, wie zum Beispiel ein Elektroauto oder eine Wärmepumpe, führen zu einer besseren Wirtschaftlichkeit, da mehr Strom im Haus genutzt werden kann. Die Amortisationszeit liegt weit unter der Lebensdauer einer Photovoltaikanlage (rund 30 Jahre) oder der Dauer der Einspeisevergütung (20 Jahre). Die Anlage rechnet sich.

Bei Volleinspeisung würde die Anlage den gesamten Strom ins Netz einspeisen. Für das dargestellte Beispiel bedeutet dies eine weit höhere statische Amortisationszeit von etwa 20 Jahren (Einspeisevergütung 8 Cent für 5.000 kWh im Beispiel: 400 Euro/ Jahr). Die Grenze der Wirtschaftlichkeit ist damit selbst bei einer sehr guten Dachausrichtung der Photovoltaikanlage erreicht.

Die Photovoltaikanlage zukunftsfähig auslegen

Das Beispiel macht deutlich, zu große Anlagen verschlechtern die Wirtschaftlichkeit, da bei höheren Investitionskosten proportional weniger Strom selbst genutzt und ein höherer Anteil ins Stromnetz eingespeist wird. Trotzdem sollte auch hier auf die Zukunftsfähigkeit geachtet werden. Steht in den nächsten Jahren etwa der Erwerb eines Elektroautos oder einer Wärmepumpe an, so sollte die Anlage von Beginn an etwas größer dimensioniert werden.

1 Spezifische CO_2-Emissionen Strommix Deutschland: 0,4 kg/ kWh für Photovoltaikstrom: circa 0,05 kg/ kWh (109)

Die Zukunft: Nach Ablauf der Einspeisevergütung

Die Einspeisevergütung läuft nach 20 Jahren aus, die Anlage kann jedoch meist noch weiter betrieben werden. Ins Stromnetz eingespeister Strom wird vermutlich nur sehr gering vergütet werden. Es könnten sogar Gebühren für die Netznutzung anfallen. Es lohnt sich deshalb das Gebäude weiter zu elektrifizieren, um den „kostenlosen" Strom besser zu nutzen. Geeignete Verbraucher sind: Wärmepumpen, Heizstäbe zur Unterstützung der Heizung und Warmwasserversorgung, Batteriespeicher und Elektroautos.

Speicher

Eine Photovoltaikanlage rechnet sich umso besser, je mehr Strom vor Ort verbraucht wird. Über Speicher kann überschüssiger Strom gepuffert und dadurch über einen längeren Zeitraum im Haus verbraucht werden. Es gibt dazu zwei praktikable Möglichkeiten: Batteriespeicher und Wärmespeicher.

Batteriespeicher

Bereits heute wird nahezu jede zweite Photovoltaikanlage mit einem Stromspeicher zusammen installiert. Die Kosten für Batteriespeicher sind in den letzten Jahren stark gefallen und liegen derzeit bei circa 1.000 Euro/ kWh speicherbarem Strom. Allerdings kann aufgrund der Wirkungsgradverluste nicht die komplette Strommenge wieder entnommen werden *[Bei einem Lithium-Ionen-Stromspeicher liegt der Wirkungsgrad zwischen 90 - 95%. Heißt 5 – 10 % der gespeicherten Energie gehen über Verluste verloren.]*. Je nach Ladezyklen des Speichers im Betrieb beträgt dessen Lebensdauer etwa 20 Jahre.

In einer ganz groben Auslegung, ohne Laden von Elektroautos, sollte ein Speicher etwa mit 1 kWh pro kW_{Peak} der Photovoltaikanlage ausgelegt werden. Im obigen Beispiel also mit etwa 5 kWh. Andere Abschätzungen beziehen die Auslegung auf den Stromverbrauch mit 1 kWh pro 1.000 kWh verbrauchtem Strom, was in unserem Beispiel dann 3 kWh wären.

Sofern der Stromspeicher nicht zusammen mit der Photovoltaikanlage, sondern nachträglich installiert wird, ist die Auslegung nicht trivial. Die Kapazität hängt vom Verbrauchsprofil, der Anzahl der Ladezyklen, dem Strompreis und der Einspeisevergütung ab. Es gibt im Internet einige Autarkierechner, die für eine erste Abschätzung herangezogen werden können *[Z. B.: https://pvspeicher.htw-berlin.de/unabhaengigkeitsrechner/]*.

In unserem Beispiel wird zu der 5 kW_{Peak} Photovoltaikanlage ein Stromspeicher mit der Kapazität von 5 kWh für 5.000 Euro angeschafft. Nach staatlicher Förderung für den Speicher von circa 1.000 Euro müssen noch 4.000 Euro investiert werden.

Im bereits eingeführten Diagramm zum Eigenverbrauchsanteil, kann dieser durch einen Speicher mit 5 kWh von 25 % auf rund 54 % erhöht werden.

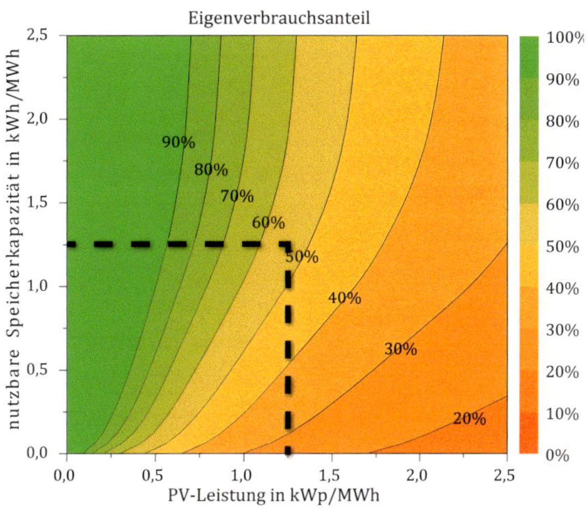

Abbildung 67: Eigenverbrauchsanteil bei unterschiedlicher Photovoltaik Peak-Leistung und Stromspeichergrößen

Die Wirtschaftlichkeit und CO_2-Vermeidung kann damit grob abgeschätzt werden:

- Vermiedene Strombezugskosten mit Speicher: 54 % × 5.000 kWh/ Jahr = 2.700 kWh/ Jahr
- Vermiedener Strombezug ohne Stromspeicher (siehe oben): 1.250 kWh/ Jahr
- Zusätzlich vermiedener Strombezug durch Speicher: 1.450 kWh/ Jahr
- Vermiedene Stromkosten durch Speicher: 1.450 kWh/ Jahr × 0,22[2] €/ kWh = 319 €/ Jahr

Die statische Amortisationszeit berechnet sich in dem Beispiel mit 13 Jahren (4.000 € dividiert durch 319 €/ Jahr). Nicht berücksichtigt sind jedoch steigende Strompreise in Zukunft, welche die Wirtschaftlichkeit weiter verbessern. Auch führt die sogenannte „70 Prozent Regelung" dazu, dass drei bis fünf Prozent weniger Solarstrom im Jahr produziert wird *[Für neu installierte Anlagen dürfen maximal 70% der Peakleistung eingespeist werden, um eine Überlastung des Stromnetzes zu vermeiden. Die Maximalleistung wird bei der Installation eingestellt. Da über das Jahr selten über 70% der Maximalleistung erreicht werden, summieren sich die Verluste auf nur 3-5% über das Jahr (je nach Ausrichtung der Anlage und Dachneigung)]*. Den Strom, der nicht eingespeist werden darf, kann ein Stromspeicher zwischenspeichern. Allerdings wurden in der statischen Amortisationsrechnung Zinszahlungen, Wirkungsgradverluste des Speichers und die Degradation nicht berücksichtigt.

Die Wirtschaftlichkeit des Stromspeichers verbessert sich insbesondere, sofern er nach Auslaufen der Einspeisevergütung angeschafft wird. Unter der Annahme, dass dann keinerlei Vergütung mehr bezahlt wird, sieht die Rechnung wie folgt aus:

- Vermiedene Stromkosten durch Speicher: 1.450 kWh/ Jahr × 0,30 €/ kWh = 435 €/ Jahr

Die statische Amortisationszeit beträgt 9 Jahre.

Allerdings sind Stromspeicher, die als System zusammen mit der Photovoltaikanlage installiert werden, oft die bessere Alternative.

2 Differenz aus Haushaltsstrompreis (30 Cent) abzüglich Einspeisevergütung (8 Cent, da Strom alternativ ins Netz hätte eingespeist werden können

Zahlreiche Hersteller bieten solche Hybridlösungen (Wechselrichter + Stromspeicher) am Markt an.

Bei der Auswahl und Dimensionierung eines Stromspeichers sollte für die Zukunft der mögliche Kauf eines Elektroautos berücksichtigt werden. In diesem Fall reicht ein Stromspeicher mit geringerer Kapazität aus.

Die Autarkie

Neben dem Eigenverbrauch – dem Anteil des erzeugten Photovoltaikstroms, der nicht ins Stromnetz eingespeist wird und im Haus Verwendung findet – ist für Photovoltaikanlagen und Speicher der Autarkiegrad relevant. Dieser beschreibt den Anteil des Stromverbrauchs eines Gebäudes, der mit der eigenen Erzeugung gedeckt wird. Er ist somit ein Indikator für die Stromunabhängigkeit. In den Sommermonaten ist in der Regel aufgrund der höheren Stromproduktion der Photovoltaikanlage der Autarkiegrad größer als im Winter. Höhere Autarkiegrade bis hin zu 100 Prozent anzustreben kann aus wirtschaftlicher Sicht jedoch nicht empfohlen werden. Die Investitionskosten an Speicher für die letzten Prozent würden überproportional steigen.

Ohne Batteriespeicher werden von 4.000 kWh jährlichem Stromverbrauch, wie oben dargestellt, 1.250 kWh über die eigene Photovoltaikanlage gedeckt. Der Autarkiegrad liegt ohne Batteriespeicher gerundet bei 31 % (1.250 kWh/ 4.000 kWh).

Mit Batteriespeicher erhöht sich der Eigenverbrauch, wie oben dargestellt, auf 2.700 kWh. Der Autarkiegrad kann somit auf rund 68 % gesteigert werden.

Eine weitere Steigerung des Eigenverbrauchs, bzw. der Autarkie oder Wirtschaftlichkeit ist über zusätzliche Intelligenz im System möglich. Über ein Energie-Management-System werden verschiedene Stromverbraucher abhängig von der aktuell selbst erzeugten Stromerzeugung gesteuert (Lastmanagement). Dies wird im späteren Verlauf beschrieben.

Wärmespeicher

Eine weitere Möglichkeit, den selbst erzeugten Strom indirekt zu speichern, bietet der Pufferspeicher, welcher auch parallel zum Stromspeicher eingesetzt werden kann. Der Pufferspeicher ist bei Wärmepumpenheizungen bereits installiert, was von Vorteil ist. Wärmepumpen erzielen ihre höchste Effizienz bei längeren Laufzeiten mit konstanter Leistung. Wird über den Tag weniger Wärme benötigt, so wird die überschüssige Energie in einem Pufferspeicher oder alternativ einem Kombispeicher, welcher gleichzeitig Energie für die Heizung und Warmwasser bereitstellt, gespeichert. In solchen Speichern befinden sich mehrere hundert Liter Wasser zur Energieaufnahme.

Alternativ zum Einspeisen kann die Wärmepumpe energieeffizient den überschüssigen Strom in Wärme umwandeln und im Wärmespeicher speichern („Power to Heat“). Außerdem könnte die Wärmepumpe auch die Raumtemperatur leicht anheben, um die Speichermasse des Gebäudes zu nutzen. In Summe muss weniger Strom eingekauft werden. Es stehen dafür nur geringe Investitionskosten für die intelligente Kommunikation der Wärmepumpe mit der Photovoltaikanlage an. Jedoch besteht in Zeiten hoher solarer Einstrahlung im Sommer nur ein geringer Bedarf an Wärme und Warmwasser, eher an Kühlung im Gebäude.

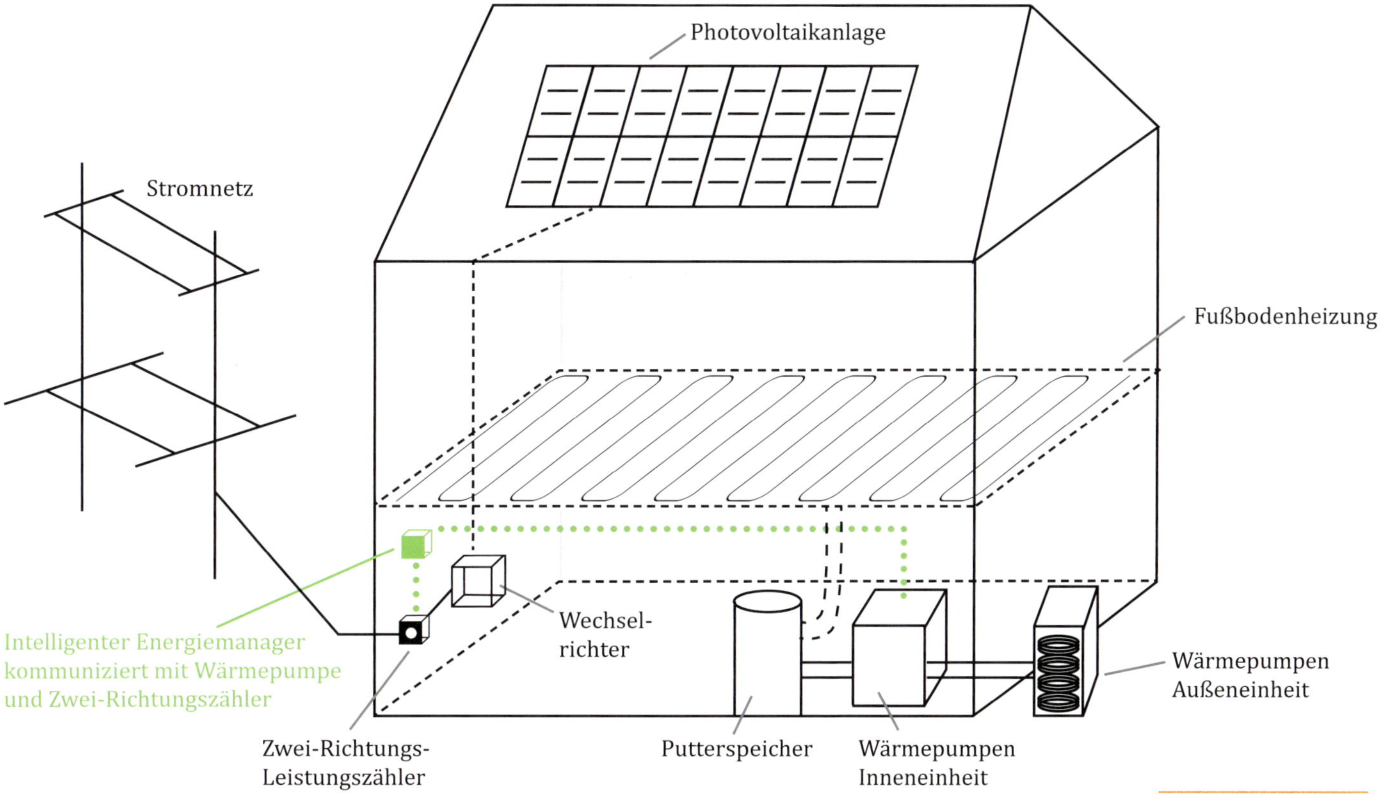

Abbildung 68: Haus mit Photovoltaikanlage, intelligentem Energiemanager mit Zwei-Richtungs-Leistungszähler und Wärmepumpe mit Pufferspeicher und Fußbodenheizung als Energiespeicher

Solarthermie

Solarthermieanlagen bestehen aus Kollektoren, die über den Solarkreis mit dem Solarspeicher verbunden sind, und einer Regelung. Die Kollektoren können als Flachkollektoren oder Vakuumröhrenkollektoren ausgeführt sein. Flachkollektoren sind günstiger sowie stabiler und dominieren den Markt. Allerdings ist ihre Effizienz etwas geringer. In Solarthermieanlagen wird das Fluid direkt in den auf dem Dach installierten Kollektoren erwärmt und die Wärmeenergie in einem Wärmespeicher für Warmwasser und eventuell zur Heizungsunterstützung zwischengespeichert.

Solarthermieanlagen können entweder nur für die Warmwasser- oder zusätzlich für die Heizungsunterstützung eingesetzt werden. Allerdings ist das Angebot zeitversetzt zur Nachfrage. Während im Sommer viel Solarenergie zur Verfügung steht, besteht in dieser Zeit weniger Bedarf an Warmwasser und noch weniger an Heizungswärme.

Im Sommer kann je nach Auslegung, Bedarf und Einstrahlung der Heizkessel für mehrere Wochen komplett abgeschaltet werden, sofern die Solarthermieanlage die Warmwasserbereitstellung alleine stemmen kann. Für reine Warmwasserbereitstellung, ohne Heizungswärme, arbeitet ein Großteil der Kessel ineffizient, da in diesem Fall getaktet werden muss *[Takten: Der Kessel schaltet sich stetig an und aus, um die Warmwasser-Temperatur zu halten. Er läuft nicht konstant, die Lebensdauer der Anlage sinkt]*.

Solarthermieanlagen zur Warmwasserunterstützung kosten ohne Förderung etwa 5.000 Euro, Anlagen mit zusätzlicher Heizungsunterstützung circa 8.000 Euro. Bei der Warmwasserunterstützung können rund 60 % des Warmwasserbedarfs über die Sonne gedeckt werden. Um den Anteil auf den Gesamtenergieverbrauch des Gebäudes beziehen zu können, hängt der Anteil jedoch vom Energieverbrauch des Gebäudes in Summe ab. Anlagen zur Heizungs- und Trinkwasserunterstützung können für ein Durchschnittshaus rund 20 Prozent der Energie einsparen. Bei effizienten Gebäuden wird relativ mehr eingespart als bei schlecht gedämmten Häusern mit einem hohen Wärmeverbrauch.

Damit können wir folgende Beispiele für ein Bestandshaus mit einer zentralen Gasheizung abschätzen *[Warmwasserbedarf pauschal 20 kWh/m². Energiepreise im Jahr 2019: Gas: 7 Cent/ kWh, CO_2-Emissionen Erdgas: 0,2 kg/ kWh]*:

1. Solarthermieanlage zur Warmwasserunterstützung

- Abschätzung Energie für Warmwasser[3]: 20 kWh/m² × 140 m² = 2.800 kWh
- Energiekosten ohne Solarthermie: 2.800 kWh × 0,07 €/ kWh = 196 €
- Warmwasserbereitstellung durch Solarthermie: 2.800 kWh × 60 % = 1.680 kWh
- Eingesparte Energiekosten pro Jahr: 1.680 kWh/ Jahr × 0,07 € = 118 €/ Jahr
- Vermiedene CO_2-Emissionen pro Jahr: 1.680 kWh/ Jahr × 0,2 kg/ kWh × 1/1000 Tonnen/ kg = 0,3 Tonnen/ Jahr

Mit einer angenommenen staatlichen Förderung (Annahme: Nur Solarthermieanlage wird nachgerüstet) von 30 % (1.500 Euro) müssen für die Solarthermieanlage noch 3.500 Euro investiert werden. Die Amortisationszeit beträgt für dieses Beispiel 30 Jahre, was über der Lebensdauer liegt. Als reine Nachrüstlösung zur Trinkwassererwärmung erreicht die Solarthermieanlage somit keine Wirtschaftlichkeit. Im Sinne des Klimas sollten jedoch Investitionen nicht nur aus der Perspektive der reinen Wirtschaftlichkeit erfolgen.

Wird die Solarthermieanlage jedoch zusammen mit einem Kesseltausch realisiert, so wird auch der Kessel mitgefördert. In diesem Fall kann in Summe die Wirtschaftlichkeit der Solaranlage zur Trinkwassererwärmung erreicht werden.

2. Solarthermieanlage für Warmwasser- und Heizungsunterstützung

Für den Einsatz der Solarthermieanlage zur Bereitstellung von Warmwasser und Wärme (Annahme 20 % im Bestandsbau) sieht die Rechnung wie folgt aus:

- Solarer Anteil an Wärme- und Warmwasserbedarf[4]: 23.800 kWh × 20 % = 4.760 kWh
- Eingesparte Energiekosten pro Jahr: 4.760 kWh × 0,07 €/ kWh = 333 €
- Vermiedene CO_2-Emissionen pro Jahr: 4.760 kWh/ Jahr × 0,2 kg/ kWh × 1/1000 Tonnen/ kg = 1Tonne/ Jahr

3 Annahme Wirkungsgrad mit Gas-Brennwert 100 %

4 Neueres mit Gas beheiztes Bestandsgebäude mit 140 m² und einem Heizenergiebedarf von 150 kWh/m² und Warmwasserbedarf pauschal 20 kWh/m²: 23.800 kWh benötigte Endenergie.

Als Förderung nehmen wir 30 Prozent auf die Investitionskosten (8.000 Euro) an. Es müssen noch 5.600 Euro investiert werden. Die Amortisationszeit beläuft sich bei diesem Beispiel auf 17 Jahre. Aufgrund der höheren Förderungen bei gleichzeitigem Kesseltausch kann auch hier die Wirtschaftlichkeit in Summe weiter verbessert werden. Aufgrund der staatlichen Förderungen materialisiert sich die Solarthermieanlage für Warmwasser mit zusätzlicher Heizungsunterstützung deutlich besser.

Photovoltaik vs. Solarthermie

Zum Abschluss dieses Kapitels werden in der folgenden Tabelle die Vor- und Nachteile von Photovoltaik- und Solarthermieanlagen dargestellt. Sollte in den nächsten Jahren eine Dämmung des Daches anstehen, so macht es eventuell Sinn diese vorzuziehen oder bis dahin mit der Installation einer Solaranlage zu warten. Ist ausreichend Dachfläche vorhanden empfiehlt es sich beides zu installieren.

Es gibt ferner Kombinationen zwischen Solarthermie und Photovoltaikzellen in einem Modul. Durch die Solarthermie werden die Module gekühlt, was insbesondere im Sommer zu einer höheren Effizienz der Stromerzeugung führt. Allerdings sind diese Kombinationen deutlich teurer und haben sich am Markt bisher noch nicht durchgesetzt.

Abbildung 69: Flachkollektoren aufdach (links), indach (mitte) und Röhrenkollektoren (rechts)

	Photovoltaik	Solarthermie
Pro	+ Strom kann vielseitig genutzt werden (Heizen, Kühlen, Haushaltsgeräte, Mobilität) + wartungsarm + mit Batteriespeicher mehr Energieunabhängigkeit + überschüssiger Strom kann verkauft werden + relativ gute Wirtschaftlichkeit	+ geeignet, wenn die Sonne im Winter tief steht + kann deshalb gut zum Heizen und für Warmwasser genutzt werden + hohe staatliche Förderung + aufgrund des höheren Wirkungsgrades weniger Dachfläche notwendig + relativ leicht zu recyceln
Con	- niedrigere Effizienz im Sommer, wenn Photovoltaikmodule aufgeheizt werden	- Wartungskosten (z. B. Pumpe für Solarfluid) - Stagnation im Sommer, Wärme kann nicht genutzt werden

Tabelle 5: Vor- und Nachteile Photovoltaik vs. Solarthermie

Tipps	
☺	Das Potential eines eigenen Energiedachs prüfen. Ein Großteil der verfügbaren Dächer eignet sich als Energiedach. Es ist klimaschonend und insbesondere beim aktuellen Zinsniveau eine willkommene Zusatzrente.
☺	Günstige Investitionskosten nutzen. Photovoltaikanlagen sind in den letzten Jahren deutlich günstiger geworden (für Einfamilienhäuser zwischen 3 bis 10 kW_{Peak} Leistung, Kosten: ca. 1.600 Euro/kWPeak).
☺	Den Eigenstromverbrauch erhöhen. Photovoltaikanlagen lohnen sich hauptsächlich, wenn ein möglichst hoher Anteil des selbst erzeugten Stroms im eigenen Haus verbraucht wird, der Strombezug sinkt.
☺	Die Wirtschaftlichkeit verbessern. Mit der Wärmepumpe und dem Laden des Elektroautos über den Haushaltsstrombedarf hinaus mehr selbst erzeugten Photovoltaikstrom selbst nutzen.
☺	Die Größe der Photovoltaikanlage zukunftsfähig ausgelegen, um in Zukunft weitere Verbraucher (Elektroauto, Wärmepumpe) mit versorgen zu können.
☺	Im Mehrfamilienhaus Mietmodelle von Investoren prüfen. Damit ist eventuell die Anschaffung und jährliche Verrechnung der Stromeinnahmen günstiger.
☺	Batteriespeicher sind eine geeignete Möglichkeit zur Erhöhung des Eigenstromverbrauchs und der Selbstversorgung mit eigenem Strom (Autarkie).
☺	Die Kosten für Batteriespeicher sind in den letzten Jahren stark gefallen und werden in den nächsten Jahren noch günstiger.
☺	Batteriespeicher lohnen sich insbesondere in Kombination mit bestehenden Photovoltaikanlagen mit auslaufender Einspeisevergütung oder als System bei Neuinstallationen.
☺	Alternativ mittels einer Wärmepumpe überschüssigen, selbst erzeugten Strom als Wärme im Wärmespeicher bzw. der Fußbodenheizung nutzen. Im Sommer alternativ zur Kühlung. Dazu die vorhandene Infrastruktur der Wärmepumpe einsetzen.
☺	Großzügige Zuschüsse für Solarthermieanlagen nutzen. Insbesondere in Kombination mit einem Kesseltausch.
☺	Mit einer Solarthermieanlage rund 60 % des eigenen Warmwasserbedarfs decken. Im Sommer kann der Wärmeerzeuger für mehrere Wochen abgestellt werden.
☺	Egal ob Photovoltaik oder Solarthermie. Vor einer Installation sollte geprüft werden, ob in den nächsten 20 Jahren Arbeiten am Dach anfallen. Diese ggf. vorziehen.

Die Mobilität in unser Zuhause einbinden

Die Elektromobilität ist auf dem Vormarsch, der Verkauf von Elektroautos boomt. Ein Elektroauto ist entweder ein Fahrzeug mit einem alleinigen Elektroantrieb (Batterieelektrisches Fahrzeug, BEV) oder ein an der Steckdose aufladbarer Plug-in-Hybrid (Plug-in-Hybrid Elektrisches Fahrzeug, PHEV), ausgestattet mit sowohl einem Verbrennungs- als auch einem Elektromotor. Wirkungsgrade von Elektrofahrzeugen liegen bei über 90 %, während es bei Verbrennern rund 30 % sind. Elektrofahrzeuge benötigen im Vergleich zum Verbrenner somit weniger Endenergie, je nach Strommix dafür deutlich mehr Primärenergie.

Der Energieaufwand für die Herstellung von Elektroautos ist aktuell noch fast doppelt so hoch wie bei Verbrennern, sinkt jedoch für die Batterieherstellung stetig. Zudem werden für die Herstellung vermehrt erneuerbare Energien eingesetzt. Je nach CO_2-Emissionen im Strommix holen Elektroautos diesen CO_2-Rucksack im Vergleich zum Verbrenner nach etwa 30.000 bis 80.000 gefahrenen Kilometern wieder auf und emittieren ab dann in Summe weniger CO_2 (71).

Die Abbildung auf Seite 112 zeigt beispielhaft einen Vergleich der verursachten CO_2-Emissionen zwischen Verbrennern und Elektroautos auf 100 gefahrenen Kilometern. Für durchschnittliche, in Deutschland zugelassene PKW, liegt der Verbrauch etwas höher als für die Berechnung angenommen (Benzin *[Spezifische CO_2-Emissionen Benzin: 2,37 kg/ Liter]*: 7,8 l/100 km, Diesel *[Spezifische CO_2-Emissionen Diesel: 2,65 kg/ Liter]*: 7l/100 km) (72).

Die von Jahr zu Jahr geringeren CO_2-Emissionen im deutschen Strommix werden dazu führen, dass sich bis 2030 die Emissionen von Elektroautos etwa halbieren.

Bereits heute emittieren Elektroautos, im Vergleich zum Verbrenner, der nicht mit Biokraftstoffen betrieben wird, etwa die Hälfte an CO_2 pro gefahrenem Kilometer. Aufgrund der sinkenden CO_2-Emissionen im Strommix werden es in 2030 nur noch etwa ein Viertel sein.

Sämtliche Hersteller erweitern ihr Portfolio in Richtung Elektroautos und auch die Politik in den einzelnen europäischen Mitgliedsstaaten fördert Elektroautos großzügig. In Norwegen

Abbildung 70: Elektroautos sind auf dem Vormarsch – und werden überwiegend Zuhause geladen

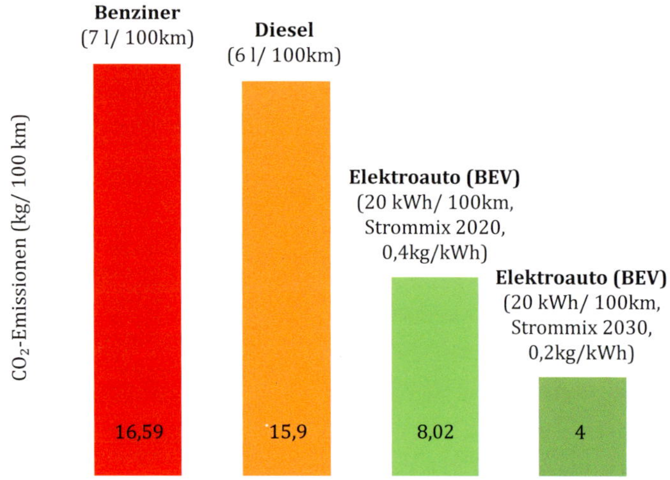

Abbildung 71: Vergleich der durchschnittlichen CO_2-Emissionen in kg auf 100 gefahrene Kilometer

sind bereits heute mehr als die Hälfte der neu zugelassenen Fahrzeuge nur mit Strom unterwegs (BEV). Auch in Deutschland stiegt der Anteil und liegt trotz des noch spärlichen Angebots mit über 30 % der Neuzulassungen (BEV + PHEV) vor dem Diesel. Trotz alledem wird es doch sehr lange dauern, den bestehenden Fahrzeugbestand in Deutschland zu elektrifizieren.

Dynamik in der Batterieentwicklung für Elektroautos

Die Batterietechnik für Elektroautos entwickelt sich derzeit rasant. Kosten sinken, weniger seltene Rohstoffe sind zur Herstellung notwendig, die Anzahl der Ladezyklen, welche die Batterielebensdauer charakterisiert, steigt stetig an. Tesla kündigt bereits einen neuen Akku an, mit dem umgerechnet über 3 Millionen Kilometer gefahren werden könnten. Auch andere Automobilhersteller sehen die Eine-Million-Meilen-Batterie kurz vor der Marktreife. Der chinesische Weltmarktführer von Batterien für Elektroautos CATL *[Contemporary Amperex Technology Ltd]*, der auch die deutschen Autobauer mit Batteriezellen beliefert, plant eine nächste Akkugeneration ohne Nickel und Kobalt.

Abbildung 72: Forscher erhöhen zunehmend die Lebensdauer und Reichweite von Batterien

Zwar kann durch weniger Schnellladen, Vermeidung von Tiefenentladungen (unter 20 %) und Vollladungen (über 80 %) die Lebensdauer der Batterie erhöht werden, trotzdem kommen die aktuell eingesetzten Akkugenerationen nach etwa 10 Jahren für den mobilen Einsatz an ihre Grenzen.

Lithium-Ionen-Akkus, die bei Elektrofahrzeugen meist zum Einsatz kommen, müssen nach der mobilen Nutzung im Auto jedoch nicht gleich recycelt werden. Zwar sind sie für mobile Anwendungen aufgrund der geringeren Kapazität nur noch bedingt nutzbar, allerdings steht für eine Weiterverwendung im stationären Bereich in der Regel nichts im Wege. Im sogenannten „Second Life" wird die Batterie nun mit einer geringeren Beanspruchung langsam und gleichmäßig be- und entladen. Beispielsweise in Gebäuden als Stromspeicher. Erst nach dieser Phase steht das Recyceln an. Beim Recyceln geht es darum, die wertvollen Rohstoffe Lithium und Kobalt zu heben. Weltweit arbeiten Forschungseinrichtungen und Unternehmen an Lösungen, die eine Recyclingquote von über 90 % erfüllen sollen. Insbesondere, um den umweltschädigenden und teilweise unter unmenschlichen Bedingungen durchgeführten Abbau von Kobalt und Lithium gering zu halten.

Verbot von Verbrennern

Ähnlich dem politisch beschlossenen Ausstieg aus Kohlekraftwerken in Deutschland wird europaweit ein Ausstieg aus dem Verbrennungsmotor für PKWs erwogen.

In folgenden Ländern (siehe Abbildung 73) werden Verbote bei Neuzulassungen von Verbrennungsmotoren diskutiert, beziehungsweise sind schon beschlossen. In Brüssel wird gar ein europaweites Verbot von Verbrennungsmotoren diskutiert.

Generell schreiten die Länder mit Verboten voran, die heute schon geringe CO_2-Emissionen in ihrer Stromerzeugung aufweisen können. In vielen osteuropäischen Ländern wird aufgrund der hohen CO_2-Emissionen in der Stromerzeugung der Benzin- vor allem aber der Dieselmotor gegenüber dem Elektroauto noch deutlich sauberer sein.

Außerhalb Europas prüfen große Automärkte wie China und Indien ebenfalls das Verbot von Verbrennern bei Neuzulassungen. In einigen Landesteilen Chinas ab 2030, Kalifornien ab 2035. Städte wie Paris und Rom wollen aufgrund der Luftverschmutzung bereits ab 2024 keine neuen Dieselfahrzeuge mehr zulassen. In Deutschland fordern aktuell nur die Grünen ein Verbot von Benzin- und Dieselneuzulassungen ab 2030. Eine Umsetzung mit diesem ambitionierten Datum erscheint jedoch nicht realistisch. Innerhalb konservativer Parteien wird als mögliches Ausstiegsdatum das Jahr 2035 genannt.

Allerdings könnten zunehmend verschärfte Abgasregeln (Euro 7 ab 2025) sowie drohende Strafzahlungen für die Autobauer bei Überschreiten der CO_2-Flottenemissionen, die Kosten von Verbrennern erhöhen und deren Neuzulassungen ins Aus manövrieren. Mehrere Automobilhersteller haben sich deshalb ein Ausstiegsdatum aus dem Verbrennungsmotor gesetzt.

Die Schere zwischen Elektroauto und Verbrenner schließt sich

Wahrscheinlicher als Verbote ist eine Lösung durch den Markt. Ähnlich wie bereits bei der Photovoltaik oder aktuell den Hausbatteriespeichern, werden Skaleneffekte und Effizienzsteigerungen die Preise für Elektroautos stark fallen lassen. Gleichzeitig werden Fahrten mit dem Verbrennungsmotor für den Verbraucher teurer. Der Gesetzgeber besteuert seit dem Jahr 2021 Fahrzeuge mit einem CO_2-Ausstoß von mehr als 115 Gramm Kohlendioxid pro Kilometer stärker. Ebenfalls trat im gleichen Jahr die CO_2-Steuer in Kraft, welche neben dem Heizen mit Gas oder Heizöl auch fossil angetriebene PKWs mit einbezieht.

Abbildung 74: Ältere Dieselmodelle werden zunehmend aus europäischen Städten verbannt

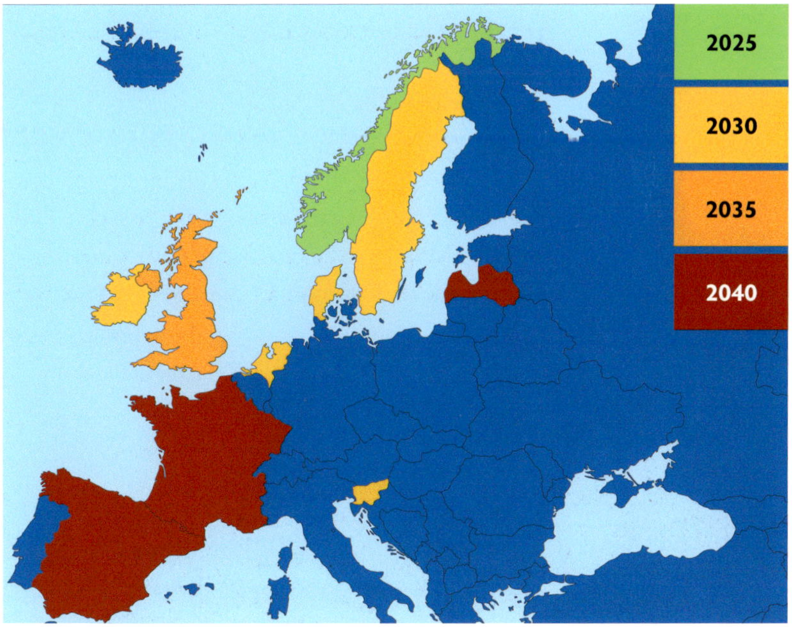

Abbildung 73: Länder mit der geplanten oder bereits beschlossenen Verboten von Verbrennungsmotoren bei Neuzulassungen

Mit dem Einstiegspreis von 25 Euro pro Tonne CO_2 wird ein Liter Benzin *[Spezifische CO_2-Emissionen Benzin: 2,37 kg/ Liter]* um sechs Cent teurer (circa 4 % in Summe) und ein Liter Diesel *[Spezifische CO_2-Emissionen Diesel: 2,65 kg/ Liter]* um sieben Cent (circa 6 %). Für einen mittleren Benzin-Verbrauch von 7 Litern auf 100 Kilometern und einer jährlichen Fahrleistung von 10.000 km ergibt sich dadurch ein Mehrpreis von etwa 40 Euro pro Jahr. Was sich jetzt noch nach wenig anhört, wird mit steigenden CO_2-Kosten in den nächsten Jahren immer mehr das Budget der Autofahrer belasten – bis irgendwann die Schmerzgrenze erreicht ist.

Die Differenz der Investitionskosten zwischen verbrennungsbasierten PKWs und reinen Elektroautos wird kleiner, während der Unterhalt für Verbrenner teurer wird. Stromkosten für Elektroautos können noch weiter gesenkt werden, wenn möglichst viel mit der eigenen Photovoltaikanlage „getankt" wird.

Wichtig dabei ist das individuelle Fahrprofil. Im Durchschnitt wird pro Tag das Elektroauto weniger als 50 Kilometer gefahren (73). Für ein rein elektrisch angetriebenes Fahrzeug mit einem Akku von 50 kWh und einem durchschnittlichen Verbrauch von 20 kWh pro 100 km (0,2 kWh/km) können somit bis zu 250 km gefahren werden. Dies würde dem Durchschnittsdeutschen für fünf Tage reichen. Allerdings sollte berücksichtigt werden, dass sich im Winter die Reichweite um etwa 30 Prozent verringert (74). Insbesondere durch das Heizen im Auto.

Kann das Elektroauto einmal unter der Woche und zusätzlich am Wochenende tagsüber mit eigenem Photovoltaikstrom geladen werden, so können Kosten gesenkt werden. Die eigene Photovoltaikanlage trägt über das Haus hinaus zur Senkung der Mobilitätskosten und der CO_2-Emissionen bei. Die individuelle Energieautarkie steigt.

Aufgrund des nach wie vor schleppenden Ausbaus der öffentlichen Ladeinfrastruktur für Elektroautos, ist das Zuhause – Laden eine elementare Säule für den Durchbruch der Elektromobilität – mit Chancen für den Hausbesitzer.

In unserem Beispiel nehmen wir an, dass 40 % des jährlich geladenen Stroms für das Elektroauto von der eigenen Photovoltaikanlage zur Verfügung gestellt werden können. Weiteres Laden außerhalb des Zuhauses wird hier im Beispiel vernachlässigt:

- Stromverbrauch pro Jahr 10.000 km × 0,2 kWh/ km = 2.000 kWh
- Stromkosten ohne Photovoltaikanlage: 2.000 kWh/ Jahr × 0,30 €/ kWh = 600 €/ Jahr
- Bei 40 % Abdeckung mit eigener Photovoltaikanlage: 800 kWh
- Preisersparnis bei normalem Stromtarif, abzüglich der dafür entgangenen Einspeisevergütung: 800 kWh × (0,30 €/ kWh – 0,08 €/ kWh) = 176 €/ Jahr
- Alternative Preisersparnis bei Wärmepumpenstromtarif (Autostrom): 800 kWh × (0,23 €/ kWh – 0,08 €/ kWh) = 120 €/ Jahr

Ohne großes Zutun können im realistischen Fall knapp ein Drittel der Stromkosten für Mobilität eingespart werden. Wird über eine übergeordnete Intelligenz – dem Energiemanager – die Ladestation entsprechend dem Angebot der Photovoltaikanlage geregelt, so können darüber hinaus weitere Kosten gespart werden. Bei einem begrenzten Angebot von Photovoltaikleistung, werden die Ladestation und weitere zu- und abschaltbare Verbraucher so geregelt, dass über den Tag verteilt der meiste Strom selbst verbraucht wird. Beispielsweise wird mit dem Laden des Elektroautos erst begonnen, wenn das Waschmaschinenprogramm beendet ist oder die Wärmepumpe den Warmwasserspeicher ausreichend erwärmt hat.

Wärmepumpenstrom – Autostrom – für Elektroautos

Der Gesetzgeber lässt es zu, dass Elektroautos mit dem rund ein Viertel günstigeren Wärmepumpenstrom – dem Autostrom – geladen werden. Wird dieser Tarif bereits für die Wärmepumpe bezogen, so bietet es sich an, ihn für das Elektroauto mit zu nutzen und die Ladestation am gleichen Stromzähler anzuschließen. Wird noch kein Wärmepumpenstrom bezogen, so lohnt sich, aufgrund der zusätzlichen Stromzählergebühr, der Tarif in der Regel erst ab einer Fahrleistung von mehr als 10.000 Kilometern pro Jahr.

Neben der Nutzung des selbst erzeugten Stroms der Photovoltaikanlage und dem Wärmepumpenstrom werden in Zukunft zum Laden von Elektroautos auch zeitabhängige Tarife, in Kombination mit einem Smart Meter, weitere Möglichkeiten zur Kostensenkung bieten.

Die Wallbox – intelligente Ladestationen zum Laden von Elektroautos

Die optimale Nutzung von selbst erzeugtem Photovoltaikstrom oder günstigen, zeitabhängigen Stromtarifen setzt voraus, dass das Laden des Autos geregelt erfolgen kann. Anstelle einer konstanten Ladeleistung erfolgt der Ladevorgang gemäß dem Angebot. Dafür muss entweder das Elektrofahrzeug selbst oder die zum Gebäude gehörende Ladestation mit dem Energiemanager kommunizieren können.

Da am Haus das Aufladen verschiedener Elektroautos erfolgt, und diese auch von Zeit zu Zeit wieder verkauft und somit ausgetauscht werden, macht es Sinn, die Regelung des Aufladens über eine intelligente Ladestation, auch Wallbox genannt, zu realisieren. Diese kostet etwa 1.000 Euro plus Installation und wird in einigen Bundesländern bereits staatlich bezuschusst. Auch die KfW bietet bundesweit Förderprogramme an. Voraussetzung für die intelligente Nutzung ist jedoch, dass die Wallbox mit einer Kommunikationseinrichtung (meist LAN und oder W-LAN) ausgestattet ist. Die Wallbox (Wandladestation) ist fest mit dem Gebäude verbunden und kann in den Energiemanager integriert werden.

Als Standard für den Ladestecker fast aller Elektroautos hat sich mittlerweile der Typ-2 Stecker durchgesetzt, so dass mit einer Wallbox universell sämtliche Fahrzeuge geladen werden können.

Abbildung 75: Über eine Wallbox – mit selbst erzeugtem Photovoltaikstrom – kann das Elektroauto günstig, sicher, bequem und umweltfreundlich zuhause geladen werden

Üblicherweise wird eine Wallbox, ähnlich wie ein Herd mit Backofen, an Drehstrom (16 A 3-phasig) angeschlossen und kann das Elektroauto in der Regel mit bis zu 11 kW laden. Bei 32 A gar mit 22 kW, was jedoch zu hohen Leistungsaufnahmen am Hausanschlusspunkt führt und vom Netzbetreiber genehmigt werden muss.

Theoretisch würde das vollständige Aufladen eines Elektroautos mit einem 50 kWh -Akku über eine 11 KW-Wallbox gut viereinhalb Stunden dauern. Beim Laden über eine normale Haushaltssteckdose mit 2,3 kW (230 V, 10 A) dauert es mit rund 22 Stunden deutlich länger. In der Praxis wird das Elektroauto – ähnlich dem Smartphone – in der Regel nicht von 0 auf 100 Prozent geladen. Des Weiteren kann nicht jedes Elektroauto mit der vollen Ladeleistung von 11 oder gar 22 kW laden.

Prinzipiell ist es möglich, das Elektroauto über die Haushaltssteckdose über lange Zeit zu laden. Insbesondere bei Hybridautos mit kleinem Akku. Jedoch sind Haushaltssteckdosen in der Regel nicht für langes Laden unter hoher Last ausgelegt. Vielleicht springt nur die Sicherung raus. Im schlimmsten Fall jedoch können die Steckdose, der Stecker oder das Kabel überhitzen und Brände entstehen. Vor dem Laden des Elektroautos über die Haushaltssteckdose muss diese deshalb unbedingt von einem Fachmann überprüft werden.

Eine andere Alternative ist die Verwendung eines Ladekabels, welches auch mobil im Auto mitgeführt werden kann. Über Adapter kann sowohl an einer einfachen Steckdose oder an einer Starkstromsteckdose (Kraftstromsteckdose) das Auto geladen werden. Die Kosten solcher Kabel entsprechen denen der Wallbox ohne Installation. Ladekabel besitzen meist keine Kommunikationseinrichtung und sind in der Regel deshalb nicht mit dem Hausenergiesystem verbunden. Im Gegensatz zu Wallboxen werden sie deshalb vom Gesetzgeber in der Regel nicht bezuschusst.

Ein typischer „Unfall“ in der Praxis ist das Überfahren des Ladekabels mit dem Auto, was meist eine Neuanschaffung des Kabels notwendig macht. Bei Wallboxen ist die Gefahr deutliche geringer. Das Ladekabel kann einfach um die Wallbox gewickelt werden – das Laden ist insgesamt bequemer.

Vehicle to grid (V2G) und Vehicle to home (V2H)

Die Stromerzeugung wird durch den Ausbau der Erneuerbaren vermehrt fluktuieren. Im Energiesystem der Zukunft werden deshalb zunehmend Energiespeicher, die Strom aufnehmen und wieder abgeben können, zum Einsatz kommen.

Elektrofahrzeuge mit ausreichend großer Batterie können bei entsprechend preislichem Anreiz, Strom in günstigen Zeiten laden und in Zeiten hoher Stromkosten wieder ins Haus, beziehungsweise Stromnetz, zurückspeisen. Dass Fahrzeuge rund 23 Stunden am Tag nicht genutzt werden, sondern stehen – „Stehzeuge“ – kommt diesem Ansatz zugute. Ein Elektroauto, mit einer Batteriekapazität von rund 50 kWh, kann, bei Entladung auf etwa die Hälfte der Batteriekapazität, beispielsweise eine durchschnittliche Wärmepumpe für etwa vier bis sechs Stunden betreiben.

Allerdings führen höhere Ladezyklen der Batterien zu einem früher notwendig werdenden Austausch. Teure Batteriekosten, der Einsatz von Rohstoffen und der Energieaufwand in der Herstellung stehen der Rückeinspeisung von Strom heute noch entgegen. Zudem geht aufgrund der Wirkungsgradverluste beim Be- und Entladen der Batterie Energie verloren.

Entsprechende gesetzliche Regelungen sind auf dem Weg und dürften ab 2025 greifen. Dem Smart Meter wird, in Kombination mit V2G, eine Schlüsselrolle für das Ausbalancieren des kostenoptimierten Ladens und Entladens zukommen.

Synthetische Kraftstoffe für den Fahrzeugbestand

Für eine deutliche Verringerung der CO_2-Emissionen muss der stetig ansteigende Fahrzeugbestand, aktuell rund 48 Millionen PKWs in Deutschland, mittelfristig auf effizientere Technologien umgerüstet werden. Insbesondere für den Schwerlastverkehr und die Nachrüstung der Millionen von Bestandsfahrzeugen werden zukünftig neben der Elektromobilität ebenso synthetische Kraftstoffe, auch E-Fuels oder Power2X genannt, eine Rolle spielen. Diese verlassen aktuell den Forschungsstand, erste Pilotprojekte wurden gestartet. Vor allem, um die heute noch deutlich zu hohen Kosten zu senken und den heute noch niedrigen Gesamtwirkungsgrad von der Herstellung bis zum Rad zu erhöhen.

Wir müssen Zeit gewinnen – die Abkürzungen zum Energiesparen

Der heutige Fahrzeugbestand ist ineffizient und der aktuelle Kraftstoffmix nicht sauber genug, um die CO_2-Emissionen ausreichend zu senken. Die Umrüstung des Fahrzeugbestands wird noch ein bis zwei Dekaden dauern. Energieeffizientere Fahrzeuge nehmen bei Neuanschaffungen nach wie vor nicht den ersten Platz ein. Der momentane Strommix ist noch zu CO_2-intensiv, Lademöglichkeiten sind nur unzureichend verfügbar und die Herstellung alternativer Kraftstoffe sowie der Aufbau der dafür notwendigen Infrastruktur stecken noch in den Kinderschuhen. Was nun?

Um jetzt schnell CO_2 einzusparen, gibt es einen doch sehr einfachen Weg – die Reduzierung der gefahrenen Kilometer.

Was sich trivial anhört, ist in der Praxis nicht für jedermann einfach umsetzbar. Doch gibt es immer Mittel und Wege, die individuelle Fahrleistung um rund 20 % zu senken, auch wenn es zu Beginn etwas unbequem ist. Der Umstieg aufs Fahrrad/ E-Bike, die Bildung von Fahrgemeinschaften zur Arbeit oder der Umstieg auf öffentliche Verkehrsmittel, in denen mittels Internet die Zeit intensiv genutzt werden kann, – auch gegen das Lesen eines Buches ist nichts einzuwenden – sind probate Mittel. Verschiedene Kommunen bieten bereits finanzielle

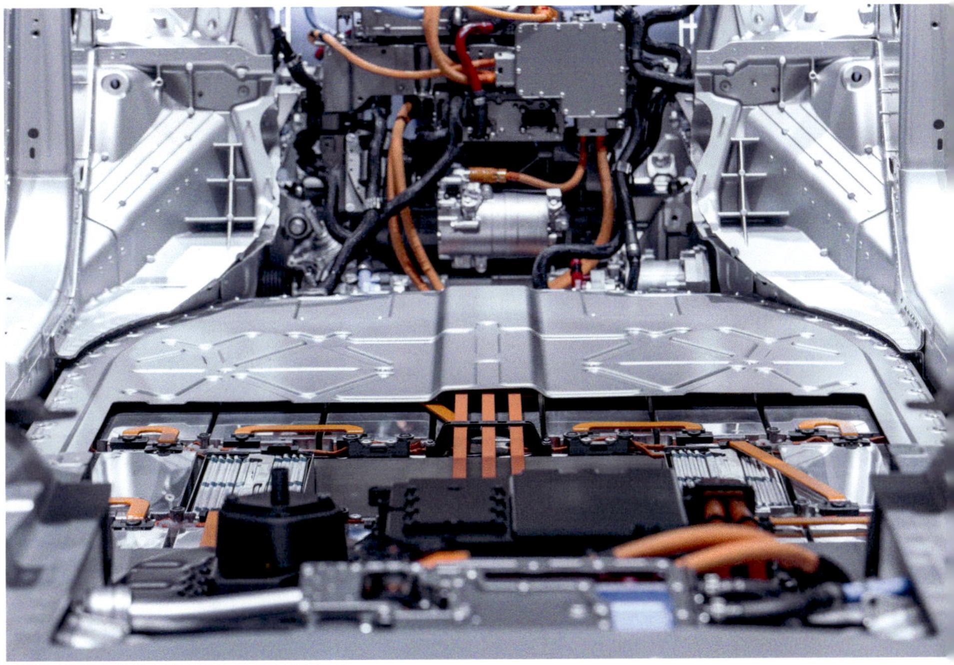

Abbildung 76: Die Elektromobilität steckt noch in den Kinderschuhen, synthetische Kraftstoffe und Wasserstoff sind noch Zukunftsmusik. Wir müssen Zeit gewinnen und heute bereits das Auto öfters stehen lassen

Anreize für E-Bikes, in Zukunft vermutlich flankiert durch steuerliche Absetzbarkeit, wie es teilweise im Ausland bereits umgesetzt ist.

Auch hat uns die Corona-Pandemie gelehrt, dass über Homeoffice der Pendlerverkehr deutlich reduziert werden und man viele Meetings auch virtuell abhalten kann.

Wir müssen durch jeden eingesparten Kilometer also Zeit gewinnen. Zeit, bis politische Maßnahmen, wie beispielsweise die CO_2-Steuer, greifen. Zeit, bis effizientere Fahrzeuge sich am Markt und beim Verbraucher durchsetzen. Zeit, bis der bestehende Fahrzeugbestand umgerüstet ist. Zeit, bis der Strommix sauberer wird. Zeit, bis alternative Kraftstoffe CO_2-arm und wettbewerbsfähig erzeugt werden können. Zeit, bis die Infrastruktur zum Laden und für den Transport alternativer Kraftstoffe aufgebaut ist ...

Das Wichtigste in Kürze

1. Elektroautos werden unterschieden in
   - reine Elektroautos (Batterieelektrisches Fahrzeug, BEV)
   - Plug-in-Hybride (Plug-in-Hybrid Elektrisches Fahrzeug, PHEV)
2. Der Energieaufwand bei der Herstellung eines Elektroautos ist noch deutlich höher als bei einem Verbrenner. Über die gefahrenen Kilometer wird dieser Nachteil wieder aufgeholt.
3. Aufgrund des in Deutschland von Jahr zu Jahr „sauberer" werdenden Strommixes emittieren Elektroautos über die Nutzungsdauer von Jahr zu Jahr weniger CO_2.
4. Im Vergleich zu Verbrennern (ohne Biokraftstoffe) emittieren reine Elektroautos pro gefahrenem Kilometer heute rund die Hälfte an CO_2, im Jahr 2030 wird es nur ein Viertel sein.
5. Große Dynamik herrscht aktuell in der Batterieentwicklung. Kosten sinken, weniger seltene Rohstoffe werden eingesetzt, Reichweiten steigen, mehr Ladezyklen verbessern die Fahrleistung von Elektroautos.
6. Mehrere Länder und Automobilhersteller haben sich ein konkretes Ausstiegsdatum für die Zulassung neuer Verbrenner gesetzt.
7. Die eingeführte CO_2-Steuer verteuert Benzin und Diesel zunächst im einstelligen Cent-Bereich. Mit der steigenden CO_2-Steuer werden sich die zusätzlichen Kosten vervielfachen.
8. In Zukunft könnten Stromrückeinspeisungen vom Elektroauto ins Haus (V2H) bzw. ins Stromnetz (V2G)
   - den Eigenstromverbrauch von Photovoltaikanlagen erhöhen
   - bei zeitlich schwankenden Stromtarifen die Stromkosten reduzieren
9. Sofern synthetische Kraftstoffe den Forschungsstand verlassen, bieten sie eine gute Möglichkeit, um im noch fossil dominierten Fahrzeugbestand die CO_2-Emissionen zu senken.

Tipps

☺	Aufgrund der hohen Dynamik bei Elektroautos und in der Batterieentwicklung ist ggf. Leasing eines Elektroautos dem Kauf eines Verbrenners vorziehen.
☺	Die durchschnittlich gefahrene Anzahl von Kilometern liegt im Schnitt unterhalb von 50 km pro Tag. Je nach Fahrprofil darf die Batterie nicht zu groß ausgelegt sein, um Gewicht und Kosten zu sparen.
☺	Günstigeren „Autostrom" (Wärmepumpenstrom) nutzen und rund ein Viertel der Stromkosten sparen. Lohnt sich bei hoher Anzahl jährlich gefahrener Kilometer (ab 10.000 km).
☺	Das Laden des Elektroautos an üblicher Haushaltssteckdose dauert sehr lange. Unbedingt vorab von einer Elektrofachkraft die Steckdose und den Anschluss überprüfen lassen, um Überhitzungs- und Brandgefahren beim Laden zu vermeiden!
☺	Über eine intelligente Elektroladestation (Wallbox) das Elektroauto mit eigenem Photovoltaikstrom kostengünstig laden. Dazu einen intelligenten Energiemanager nutzen.
☺	Staatliche Förderungen (KfW, ggf. weitere regionale Förderungen) für Anschaffung und Installation der Wallbox nutzen.
☺	Wallbox nicht zu groß auslegen. In der Regel reichen 11 kW maximale Ladeleistung aus.
☺	Bei Kauf auf eine intelligent vernetzbare Wallbox achten. Nur diese sind förderfähig und können später in das Hausenergiesystem – den Energiemanager – eingebunden werden.
☺	Schon heute was fürs Klima tun: ▪ aufs Fahrrad/ E-Bike umsteigen ▪ öffentliche Verkehrsmittel nutzen, die „freigewordene" Zeit nutzen ▪ wenn immer möglich, Fahrgemeinschaften bilden ▪ Homeoffice, bzw. Klimatage einführen ▪ manche Treffen virtuell abhalten

Unser Zuhause zum smarten Helfer machen

Eine ganzheitliche, intelligente Steuerung unseres Zuhauses war in der Vergangenheit unüblich. Einzelne Domänen wurden von unterschiedlichen Gewerken geplant und eingebaut. So war und ist in den meisten Fällen beispielsweise die Elektroinstallation von der Heizung getrennt und nicht als System abgestimmt. Kommunikationstechnologien zwischen den Domänen standen bis vor ein paar Jahren technisch nur unzureichend zur Verfügung und waren zudem teuer. Weitere Energiesparpotentiale, die ein Gesamtsystem bietet, das einzelne Geräte und Domänen verknüpft, wurden also bisher selten gehoben.

Mit dem domänenübergreifenden System zusätzlich Energie sparen

Mit dem sogenannten „Smart Home" ist dies heute möglich. Über kabelgebundene oder funkbasierte Kommunikationstechnologien können sich unterschiedliche Domänen auf ein gemeinsames Ziel abstimmen – Energie möglichst effizient einzusetzen. Neben dem Energiesparen können über das Smart Home auch die Sicherheit und der Komfort Zuhause erhöht werden. Der Wert der Immobilie steigt.

Zusätzlich kann der Nutzer auf einfache Art und Weise mit seinem Zuhause in Kontakt treten, Einstellungen vornehmen, Verbräuche und Historien transparent abrufen und verbessern. „Langweilige" Geräte aus dem Keller werden somit auf das Smartphone geholt und kommunizieren mit dem Nutzer auf intuitive Art und Weise.

Jedoch steigt die Interaktion mit dem Zuhause nur zu Beginn, ehe sie in der Regel nach ein paar Wochen wieder abnimmt. Über „Gamification" *[Spielerisches Element, um den Nutzer für ein gewisses Ziel (z. B. Energie sparen) zu motivieren]* soll der Nutzer deshalb spielend „bei Laune gehalten" werden. Beispielsweise über Wettbewerbe zum Energiesparen, Vergleiche mit Dritten, Punkte oder virtuelle Güter als Belohnung (rewarding) für einen geringen Energieverbrauch. Nicht zu unterschätzen ist auch unser Bedürfnis nach Status und Anerkennung, was über ein Smart-Home-System befriedigt werden kann. Wer zeigt nicht gerne, dass er up to date ist oder Freunden und Kollegen seine neueste Anschaffung.

Abbildung 77: Smart Home verbindet unterschiedliche Domänen zuhause

Insbesondere in Neubauten ist es deshalb sinnvoll, bereits eine gewisse, wenn möglich kabelgebundene Kommunikationsinfrastruktur zu installieren, um somit die unterschiedlichen Domänen zukünftig zu einem System zusammenfassen zu können. Im Bestandsbau werden zur einfacheren Installation hauptsächlich funkbasierte Lösungen bevorzugt. Gängig sind Wifi, ZigBee, Z-Wave oder andere Funktechnologien. Reichweitenprobleme im und ums Gebäude können über sogenannte Repeater überwunden werden.

Beim Kauf der vernetzten IoT-Produkte (Internet of Things) müssen diese über die Lebensdauer vom Hersteller unterstützt werden. Beispielsweise müssen Apps gepflegt werden oder von Zeit zu Zeit neueste Sicherheitsupdates erfolgen.

Ein weiterer Vorteil von IoT-Produkten ist, dass diese auch während des Einsatzes „leben“. Das bedeutet, dass über sogenannte Software-Updates auch nach dem Kauf weitere Funktionen nachgerüstet werden können. Dies erfolgt entweder gegen Bezahlung oder kostenlos. Es ist also nicht unbedingt notwendig, gleich ein neues Produkt zu erwerben, eventuell kann das bereits gekaufte Produkt mit einer neuen Software nachgerüstet werden. Insbesondere, da in den nächsten Jahren große Technologiesprünge im Bereich IoT und künstlicher Intelligenz zu erwarten sind, die helfen können das Gebäude noch effizienter zu steuern. Beim Kauf von smarten Produkten sollte deshalb auf den Hersteller geachtet werden und ob es diesen in Zukunft noch geben könnte.

Smartphones, Tablets, Raumdisplays und Sprachsteuerung bieten heutzutage eine einfache Möglichkeit zur Interaktion mit dem Gebäude und dienen der transparenten Darstellung aktueller Energieverbräuche. Dazu ist es notwendig, diese mit den relevanten Komponenten im Haus zu verknüpfen.

Mögliche Beispiele werden im Folgenden für den Bereich Klima sowie Stromverteilung beschrieben.

Abbildung 78: Intelligentes Raumthermostat mit App und Anwesenheitserkennung zur Steuerung der Temperatur im Haus

Intelligente Klimalösungen

Intelligente Klimalösungen beziehen sich auf den kompletten HVAC-Bereich (Heating, Ventilation, Air Conditioning) sowie Warmwasser. Die HVAC- und Warmwasser-Erzeuger stimmen sich automatisch mit dem Gebäude nach den vorgegebenen Nutzerpräferenzen ab. Es wird unterschieden in Wärmeerzeuger, die recht schnell auf Temperaturänderungen reagieren können und solche, die träge sind. Zur ersten Gruppe gehören Gasheizungen, zur zweiten Wärmepumpen. Hybride (Gas-Brennwert-Gerät + Wärmepumpe) befinden sich irgendwo dazwischen.

Folgende smarte Anwendungen sind heute bereits kommerziell verfügbar:

- Über smarte Thermostatventile an Heizkörpern oder der Fußbodenheizung können über die Smartphone App die Raumtemperatur einfach vorgegeben oder Zeitprogramme bequem eingestellt werden. Beispielsweise wird das Badezimmer nur während der Dauer der Nutzung erwärmt oder nachts die Temperatur im Wohnzimmer abgesenkt
- Ein weiteres Beispiel ist das automatische Abstellen des Heizkörperventils während des Lüftens. Das Lüften wird entweder über Sensoren am Fenster, die wiederum parallel als Einbruchschutz dienen, oder über einen

plötzlichen Temperaturabfall im Raum erkannt

- Anwesenheitserkennung: Die Raumtemperatur wird automatisch der An- oder Abwesenheit angepasst. Die Anwesenheitserkennung kann über das Smartphone (Geofencing *[Geofencing: Über das Smartphone wird mittels Satelliten (GPS) oder über eine W-LAN-Verbindung vom Smartphone zum Router erkannt, ob jemand Zuhause ist oder nicht]*) oder über Bewegungsmelder als gleichzeitiges Alarmsystem erfolgen. Die Temperaturregelung kann sowohl für einzelne Räume über smarte Thermostatventile als auch für das ganze Gebäude über vernetzte Wärmeerzeuger erfolgen. Des Weiteren können intelligente Lüftungsanlagen bei Abwesenheit ihre Ventilatorenleistung verringern
- Analog lassen sich auch über die App Urlaubsprogramme oder Wochenendmodi bequem einstellen
- Unter Nutzung der Wettervorhersage können sowohl die Heizung als auch die Warmwasserbereitstellung prädiktiv geregelt werden. Wird in Kombination mit einer Solarthermieanlage ein ausreichender Sonneneintrag prognostiziert, so wird der Warmwasserspeicher fossil nicht vollständig aufgeheizt, um später den Sonnenertrag bestmöglich nutzen zu können. Dazu muss eine ausreichend genaue Wettervorhersage für den Standort in das System mit eingebunden werden. Ebenso können die prognostizierten solaren Einstrahlungen über Fenster ins Gebäude im Heizplan prädiktiv berücksichtigt werden
- In Kombination mit der Verschattung durch automatisch geregelte Jalousien oder Rollläden ist es möglich, ein zu starkes Aufheizen im Sommer zu vermeiden bzw. im Winter die solare Einstrahlung als Raumwärme zu nutzen
- Aufgrund der hohen Dichtheit im Gebäude ist ein ausreichendes Lüften unerlässlich, um Schimmel zu verhindern und einen gesunden, hygienischen Luftwechsel im Haus sicherzustellen. In Wohnräumen sollten Feuchte- und Luftqualitätssensoren eingesetzt werden. Sind diese vernetzt, so können die Sensoren mit Fenstern, die automatisch öffnen und schließen, Jalousien oder Rollläden intelligent verbunden werden. Alternativ kann auch der Nutzer über den Stand der Luftqualität und Feuchte informiert werden und dadurch energiesparend von Hand lüften. Energieverluste durch Lüften werden signifikant reduziert, der Wohnkomfort und das individuelle Wohnbefinden nehmen zu
- Verfügt das Gebäude über eine zentrale oder dezentrale Lüftungsanlage, so können vernetzte Sensoren in das System eingebunden werden. Die Lüftung findet energiesparend nach Bedarf statt

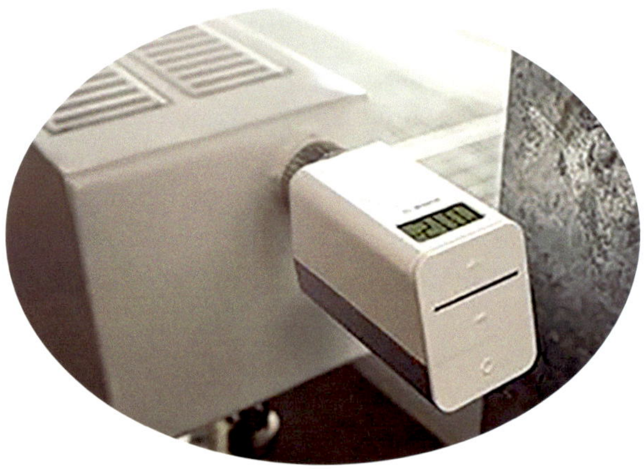

Abbildung 79: Smartes Heizkörperthermostat

Der Energiemanager: Die intelligente Stromverteilung Zuhause

Um auf ein schwankendes Angebot der Stromerzeugung, sei es der eigenen Produktion aus Photovoltaik oder aus dem Stromnetz, reagieren zu können, sollten größere elektrische Verbraucher und Erzeuger mit einem Kommunikationsmodul ausgestattet sein. In der Regel kommen LAN, W-LAN, oder andere Kabellösungen, zum Beispiel für ein Modbus-Protokoll, zum Einsatz. Für eine durchweg sichere Kommunikation sollten, sofern möglich, kabelgebundene Lösungen bevorzugt werden. Sonst führt ein Routerwechsel schnell dazu, dass sämtliche Geräte aufwändig neu verbunden werden müssen oder eben nicht mehr für ein intelligentes Energiemanagement zur Verfügung stehen. Auch sind die Reaktionszeiten und Ausfallwahrscheinlichkeiten bei kabelgebundenen Lösungen in der Regel geringer.

Dank der Vernetzung können über Smartphones und Raumdisplays Stromverbräuche und Stromkosten einzelner Geräte transparent dargestellt und ineffiziente Verbraucher oder Störungen leichter detektiert werden.

Sinnvolle elektrische Verbraucher, Messgeräte und Erzeuger, die in den Energiemanager intelligent eingebunden werden sollten, sind:

- Wärmepumpe
- Waschmaschine, Trockner, Spülmaschine. Diese lassen sich gegebenenfalls auch über smarte Steckdosen nachträglich einbinden
- Intelligenter Stromzähler am Hausanschlusspunkt (Smart Meter)
- Batteriespeicher
- Ladestation für Elektroautos (Wallbox)
- Lüftungsanlagen
- Split-Klimaanlagen zum Kühlen
- Warmwasserwärmepumpe
- Elektrische Heizstäbe zur Warmwasser-Unterstützung
- ggf. Wechselrichter der Photovoltaikanlage

Der Energiemanager übernimmt als übergeordnete Intelligenz die Steuerung der Geräte. Die Software läuft lokal auf einem der Geräte im Gebäude oder in der Cloud. Er steuert und optimiert automatisch, entsprechend den äußeren Anforderungen und Nutzereinstellungen, die einzelnen Stromverbraucher. In Summe wird mehr selbst erzeugter Strom verbraucht, die Strombezugskosten sinken.

Die Abbildung auf Seite 124 zeigt schematisch die Lastkurve des Stromverbrauchs in einem Haushalt (blau) sowie die erzeugte Photovoltaikleistung (gelb) der eigenen Stromerzeugung. Die Lastkurve zeigt einen typischen Wochentag mit einer erhöhten Last nach dem Aufstehen, dem Mittagessen (kochen) sowie einen erhöhten Verbrauch abends. Die Photovoltaikanlage erzeugt über den Tag verteilt – abgesehen von möglichen einzelnen Unterbrechungen durch Wolken – Strom, welcher jedoch nicht vollständig im Haus verbraucht werden kann. Ein Großteil wird an diesem Tag eingespeist, während morgens und abends der „teurere" Strom aus dem Netz bezogen werden muss. Werden die oben erwähnten Verbraucher, sowie der Batteriespeicher intelligent gesteuert, so kann ein größerer Teil des selbst erzeugten Stroms im eigenen Haus verbraucht werden. Die Autarkie steigt.

Eine Wärmepumpe kann beispielsweise tagsüber den Warmwasser- und Pufferspeicher laden, sowie an sonnigen Wintertagen die Raumtemperatur um 1 bis 2°C im Gebäude erhöhen. Waschmaschine, Trockner und Spülmaschine würden hauptsächlich tagsüber laufen, wenn absehbar ist, dass über die Programmdauer

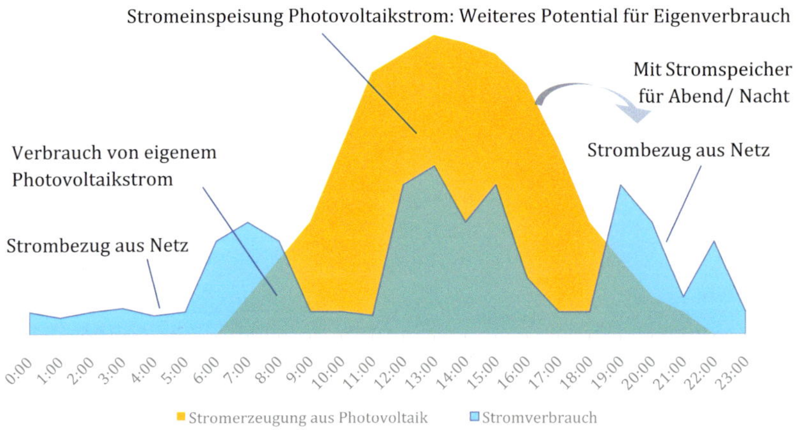

Abbildung 80: Schematische Darstellung Stromverbrauch und eigene Stromerzeugung über eine Photovoltaikanlage

ausreichend Photovoltaikstrom produziert wird. Es bietet sich an, das Elektroauto intelligent und mit der Photovoltaikanlage abgestimmt tagsüber zu laden bis eine gewisse Reichweite sichergestellt ist. Der über den Tag gespeicherte Strom kann über den Batteriespeicher in die Abendstunden „geschaufelt" werden.

Läuft für die Photovoltaikanlage aus unserem Beispiel der Einspeisetarif nach 20 Jahren aus, kann der überschüssige Strom nur noch zu sehr niedrigen Preisen oder unter Umständen gar nicht mehr eingespeist werden. Für Neuanlagen wird in den nächsten Jahren die Einspeisevergütung für überschüssig produzierten Photovoltaikstrom unter den steigenden Gaspreis sinken. Anstelle des Einspeisens kann somit durch den überschüssigen Strom der Zukauf von Gas reduziert und die Energieautarkie über den Strom hinaus weiter gesteigert werden.

Da überschüssiger Photovoltaikstrom hauptsächlich im Sommer anfällt, macht es Sinn, diesen für die Warmwassererwärmung zu nutzen. Eine effiziente Möglichkeit wäre die Kombination mit einer Warmwasser-Wärmepumpe, welche mit hoher Effizienz aus Strom Warmwasser bereitstellt.

Eine weitere, kostengünstigere Möglichkeit, insbesondere sofern ein Trinkwasserspeicher bereits vorhanden ist, stellt der Elektroheizstab dar. Dieser arbeitet im Vergleich zur Warmwasser-Wärmepumpe mit einer deutlich schlechteren Effizienz und darf der Umwelt und Wirtschaftlichkeit wegen deshalb ausschließlich mit selbst erzeugtem Photovoltaikstrom betrieben werden. Dazu wird am Hauanschlusspunkt ein Zweirichtungszähler eingebaut, der für das Haus misst, ob in Summe aktuell Strom eingespeist oder vom Netz bezogen wird. Bei Einspeisung ins Stromnetz wird der Elektroheizstab zur Warmwasserbereitstellung entsprechend angesteuert. In Kombination mit einer Photvoltaikanlage ist eine zusätzliche Solarthermieanlage in diesem Fall nicht mehr notwendig.

Kommuniziert der Energiemanager zusätzlich mit der Heizungsanlage, kann diese prädiktiv geregelt werden. Ist am gleichen Tag mit überschüssigem Photovoltaikstrom zu rechnen, muss der Trinkwasserspeicher nicht vollständig fossil erwärmt werden. Außerdem kann die regelmäßige Aufheizung gegen Legionellen mit dem selbst erzeugten Photovoltaikstrom erfolgen.

Ist auf dem Dach bereits eine Photovoltaikanlage installiert oder in den nächsten Jahren eine Installation geplant? In diesem Fall sollte bei der Installation in ein neues, fossiles Heizsystem der Warmwasser-Speicher bereits so ausgewählt werden, dass eine spätere Nachrüstung mit einem Elektroheizstab möglich ist. Nicht alle Wasserspeicher sind mit entsprechenden Öffnungen an der richtigen Stelle ausgestattet.

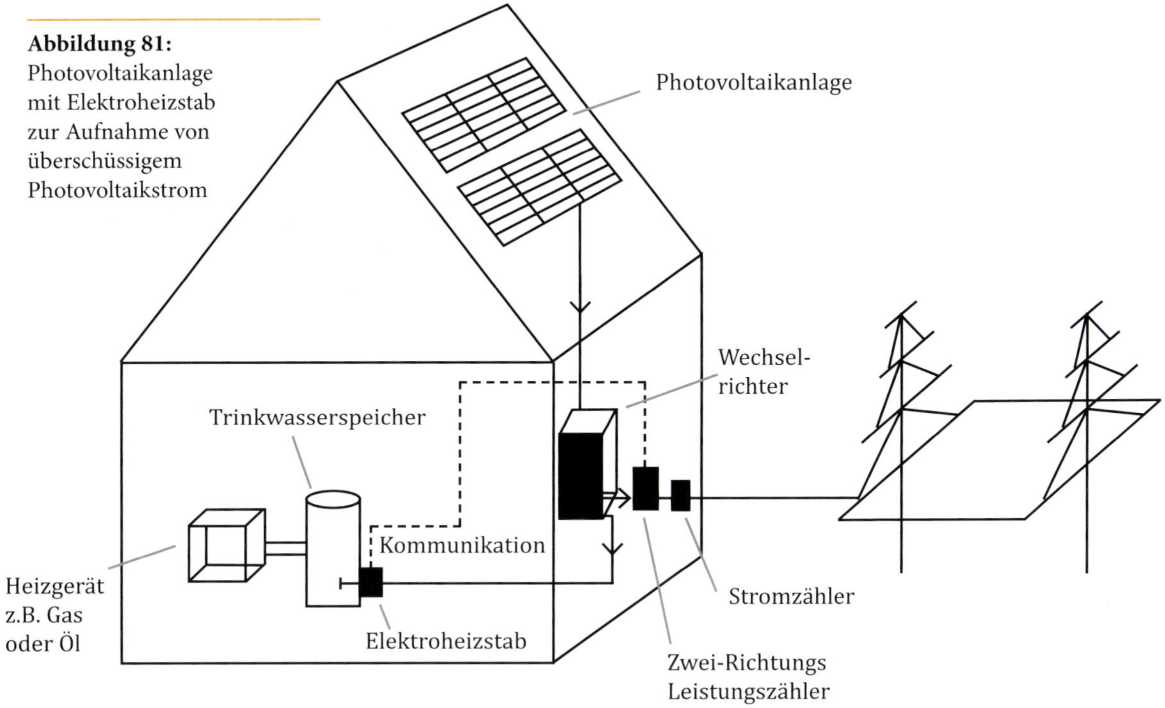

Abbildung 81: Photovoltaikanlage mit Elektroheizstab zur Aufnahme von überschüssigem Photovoltaikstrom

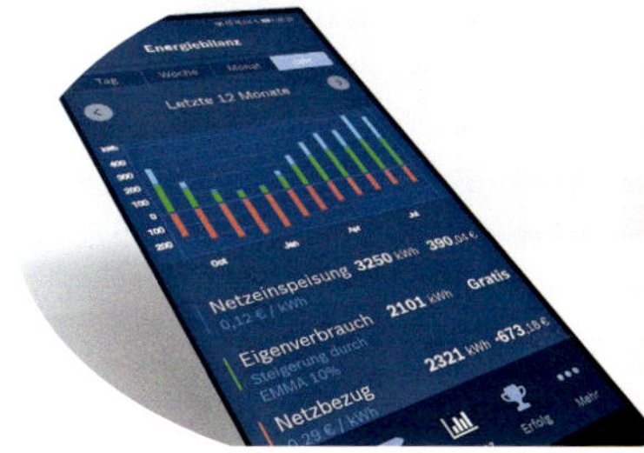

Abbildung 82: App Oberfläche eines Energiemanagers mit Anzeige des Eigenstromverbrauchs

Zeitabhängige Stromtarife

Eine ähnliche, intelligente Regelung, wie bei der Erhöhung des Eigenverbrauchs des selbst erzeugten Photovoltaikstroms, kann auch für zeitabhängige Stromtarife zum Einsatz kommen. Zeitabhängige Tarife haben nicht ein und denselben Preis pro kWh rund um die Uhr, sondern schwanken je nach Angebot und Nachfrage. Ist beispielsweise im Sommer die Nachfrage nach Strom gering und wird viel Photovoltaikstrom erzeugt, dann ist in dieser Zeit der Strom günstiger. Weht bei hoher Nachfrage wenig Wind und scheint die Sonne kaum, so ist der Strom dagegen teurer.

Über den zeitabhängigen Stromtarif soll der Stromverbraucher motiviert werden, seinen Verbrauch der in Zukunft deutlich stärker fluktuierenden, regenerativen Stromerzeugung anzupassen. Ferner könnte die zukünftige Kapazität der Hausanschlussleistung, wie heute bereits in der Industrie, stärker bepreist werden. Ähnlich den Internettarifen (Bandbreite), könnte mehr verfügbare Kapazität, die vom Kunden in Anspruch genommen werden kann oder nicht, teurer werden. Eine höhere Anschlussleistung kann beispielsweise notwendig werden, wenn Elektroautos parallel zur Wärmepumpe geladen werden sollen.

Das Smart Meter: Die Kernkomponente zur intelligenten Elektrifizierung

Eine Kernkomponente für die Implementierung von zeitabhängigen Tarifen ist das Smart Meter. Smart Meter sind intelligente Stromzähler am Hausanschlusspunkt, die mit einem Kommunikationsmodul – dem Smart Meter Gateway – ausgestattet sind. Im Gegensatz zum Digitalen Stromzähler, welcher ohne Kommunikation zur Pflicht wird und analoge Zähler im Haushalt schrittweise substituiert, ist das Smart Meter zunächst nur für Stromverbräuche größer als 6.000 kWh Pflicht.

Ohne die eigene Stromerzeugung mittels einer Photovoltaikanlage kann diese Grenze von 6.000 kWh im Jahr leicht überschritten werden, etwa bei Nutzung einer Wärmepumpe oder eines Elektroautos. Besitzer von Photovoltaikanlagen mit über 7 kW installierter Peakleistung müssen ebenfalls ein Smart Meter installieren. Seit Anfang 2020 werden Smart Meter in Deutschland ausgerollt. Die Kosten sind vom Verbraucher zu tragen, jedoch seitens der Politik auf einen Höchstbetrag gedeckelt.

Für das Energiesystem der Zukunft ist das Smart Meter ein elementarer Baustein. Im zukünftigen, intelligenten Stromnetz, dem „Smart Grid", sind Erzeuger und Verbraucher vernetzt und tauschen sich aus. Stromangebot und Nachfrage werden in Einklang gebracht.

Des Weiteren ist für die fluktuierende Stromerzeugung eine ständige Zustandserfassung im Stromnetz wichtig, um schnell und effektiv eingreifen zu können.

Smart Meter bieten dem Besitzer folgende Vorteile:

- Transparente und aktuelle Darstellung der Stromverbräuche und Historien (z. B. über eine App), auch zur besseren Nachvollziehbarkeit der Stromrechnung
- Durch die Preistransparenz können Haushaltskunden die Lastspitzen verschieben, indem die entsprechenden Geräte in Zeiten günstiger Tarife betrieben werden. Nach Schätzung des BMWi *[Bundesministerium für Wirtschaft und Energie]* dürfte dies für Kunden ein Einsparpotential von 20 bis 30 % der Stromkosten bedeuten
- Das Monitoring bietet die Möglichkeit „Energiefresser" im Haushalt leichter zu identifizieren
- Verwender haben die Möglichkeit den selbst erzeugten Strom zum bestmöglichen Zeitpunkt zu vertreiben. Fährt man beispielsweise für zwei Wochen in den Urlaub, so kann in dieser Zeit der selbst erzeugte Photovoltaikstrom an den Nachbarn verkauft werden
- Stromversorger können über das Smart Meter den Zählerstand automatisch von der Ferne abrufen. Durch die Digitalisierung der Abrechnungsprozesse werden Kosten gespart. Voraus- und Nachzahlungen sind nicht mehr notwendig. Werden diese Vorteile an den Kunden weitergegeben, so sinken die Kosten
- Über das Smart Meter Gateway können neben dem Strom auch Gas-, Wasser- und Wärmeverbräuche dem Nutzer transparent dargestellt und den Versorgern übermittelt werden

Es ist gut möglich, dass Smart Meter, parallel zur Elektrifizierung im Gebäude- und Mobilitätssektor, eine „Revolution" an neuen Geschäftsmodellen auslösen werden.

Ausblick im Bereich Smart Home

Durch das Internet of Things (IoT) und die Digitalisierung werden neue Geschäftsmodelle entstehen. Macht der Kunde davon Gebrauch, so kann er seine Stromkosten senken, ja vielleicht sogar Geld verdienen. Die Nachfrage nach Strom passt sich dem Angebot an, das Stromnetz wird entlastet. Eventuell kann der Zubau neuer Stromtrassen geringer ausfallen.

Folgende Entwicklungen sind in naher Zukunft zu erwarten:

- Aufgrund der Skaleneffekte werden vernetzbare Geräte mit Konnektivität, die heute noch deutlich teurer als konventionelle Geräte sind, günstiger werden
- Die Domänen „Smartes Klima“ und „Elektromobilität“ werden relevanter und wachsen durch die Intelligenz im Gebäude als System zusammen. Weitere, relevante Domänen im Smart Home sind: Gesundheit/ Wohnkomfort, Sicherheit, Multimedia und Smart Gardening
- Smart Meter werden bis ca. 2030 flächendeckend ausgerollt sein. Aufgrund der damit verbundenen Vorteile (Stromverbrauch-Anzeige in Echtzeit, einfacher Anbieterwechsel, usw.) werden eine Vielzahl neuer Geschäftsmodelle entstehen, die dem Endkunden deutliche Vorteile verschaffen. Die Stromkosten können deutlich gesenkt werden und für Besitzer einer Photovoltaikanlage ergeben sich neue Möglichkeiten der Stromvermarktung
- Neue Player werden auf den Markt kommen und disruptive Geschäftsmodelle anbieten
- Der Nutzer und seine Bedürfnisse werden verstärkt im Vordergrund stehen. Das intelligente Haus wird zum Helfer. Es wird Bedürfnisse automatisch erkennen, lernen und ausführen (AI – Artificial Intelligence). Ähnlich wie beispielsweise Amazons Alexa, die bereits heute die Musikvorlieben der Nutzer über die Zeit lernt
- Verstärktes Monitoring des Gebäudes über den Lebenszyklus. Während heute nach der Fertigstellung des Hauses oder nach Renovierungsarbeiten einmalig eine fachmännische, abschließende Kontrolle der Maßnahmen erfolgt, wird in Zukunft im Betrieb durch Auswertung der IoT-Komponenten der Zustand des Gebäudes und der Anlagen überwacht. Steigt beispielsweise die Luftfeuchtigkeit ungewöhnlich hoch an, gibt es erhöhte Stromverbräuche, treten plötzliche Temperaturabfälle auf, usw. Entsprechend ausgewertet, können diese Daten Aufschluss geben über die Dämmung der Gebäudehülle oder mögliche Fehler der Anlagen
- Zur Auswertung der Sensoren und der sich im Haus befindlichen IoT-Geräte, bilden sogenannte „Digital Twins“ das reale, physische Gebäude digital im virtuellen Raum ab. Mittels ausreichend vorhandener Daten können durch virtuelle Vergleiche mit weiteren Gebäuden potentielle Fehler erkannt werden, und bei abnormalen Abweichungen kann präventiv gegengesteuert werden

Tipps zum Smart Home	
☺	Mit einem Smart-Home-System Sicherheit und Wohnkomfort erhöhen, Energie sparen.
☺	Im Neubau kabelgebundene Kommunikationsinfrastruktur mit einbauen und somit den Immobilienwert erhöhen.
☺	Beim Kauf von smarten Produkten auf den Hersteller achten, um auch zukünftig ein funktionsfähiges System mit App zur Verfügung zu haben. Weitere, zukünftige Funktionen können vom Hersteller über Updates aufgespielt werden.
☺	Über ein smartes Klimasystem Radiatorenheizungen entsprechend der Anwesenheit steuern. Insbesondere, wenn die Wärme über flexible Gasheizungen bereitgestellt wird. Alternativ über die App Zeitprogramme einstellen.
☺	Intelligente Fußbodenheizungen werden aufgrund ihrer Trägheit nur in Zeiten längerer Abwesenheit gesteuert.
☺	Intelligente Verschattung nutzen, um ein zu starkes Aufheizen im Sommer zu unterbinden bzw. im Winter die solare Einstrahlung als zusätzliche Raumwärme zu nutzen.
☺	Zum Energiesparen Feuchte- und Luftqualitätssensoren anschaffen und mit Hilfe der gemessenen Werte nur so lange lüften wie wirklich notwendig.

Tipps zum Energiemanagement Zuhause	
☺	Im Neubau kabelgebundene Kommunikationsinfrastruktur mit einbauen und somit den Immobilienwert erhöhen.
☺	Größere Stromverbraucher, wie z. B. Wärmepumpe, Elektroladestation, Heizstäbe zur Warmwasserbereitstellung mit integriertem Kommunikationsmodul kaufen.
☺	Wenn kabelgebundene Lösung möglich, diese funkbasierter Lösung vorziehen.
☺	Mit einem intelligenten Energiemanager Zuhause: ▪ Den Eigenstromverbrauch von selbst erzeugtem Photovoltaikstrom erhöhen ▪ Zeitabhängige Stromtarife optimal nutzen, Energiekosten sparen
☺	Bei Anschaffung einer fossilen Heizungsanlage mit Speicher darauf achten, dass dieser später mit einem Elektroheizstab nachgerüstet werden kann. Insbesondere, wenn bereits eine Photovoltaikanlage installiert wurde oder in Zukunft angeschafft werden soll. Der Elektroheizstab kann – intelligent gesteuert – mit selbst erzeugtem, überschüssigem Photovoltaikstrom die Heizungsanlage im Sommer entlasten.
☺	Mit Smart Meter zukünftig über zeitabhängige Tarife Stromkosten senken, den Verbrauch überwachen und Energiefresser identifizieren.

Gesetzgebung und Förderungen

Nachdem in den letzten beiden Jahrzehnten die Transformation im Stromsektor Fahrt aufgenommen hat, wird nun verstärkt der Mobilitäts- und Gebäudesektor in Angriff genommen werden müssen, um die Klimaziele zu erreichen. Hier setzt der Gesetzgeber auf „Zuckerbrot und Peitsche".

Neben Verboten existieren bereits staatliche Förderungen mit teilweise sehr attraktiven Bedingungen. Leider sind die gesetzlichen Rahmenbedingungen und Förderprogramme nicht immer planbar und zudem starken Änderungen unterworfen. Wird eine staatliche Förderung in Anspruch genommen, so ist es wichtig, die Maßnahmen erst nach erfolgter Genehmigung zu starten.

BAFA-Förderung im Heizungsbereich

Die Förderung von Heizungsanlagen läuft bundesweit über die BAFA. Parallel gibt es länderspezifische Programme sowie Angebote der Kommunen. Für den Gebäudesektor liegt der Fokus auf der „Entölung". Ab 2026 dürfen Ölkessel nur noch als Hybride eingebaut werden. Wird der Ölkessel gegen eine förderfähige Heizung getauscht, gibt es einen staatlichen Zuschuss.

Als förderfähige Investitionskosten gelten die Anschaffungskosten des geförderten Wärmeerzeugers, die Kosten für Installation und Inbetriebnahme sowie die Kosten der erforderlichen Umfeldmaßnahmen. So wird beispielsweise bei einem Austausch eines Ölkessels gegen eine Wärmepumpe diese mit 45 Prozent gefördert (76). Damit werden Sole-Wasser-Wärmepumpen im Bestandsgebäude äußerst attraktiv. Werden Häuser oder Wohnungen neu gebaut oder energieeffizient saniert, so werden Wärmeerzeuger nicht über die BAFA, sondern über KfW-Kredite (KfW 261, 262) oder KfW-Zuschüsse (KfW 461) gefördert. Folgende Tabelle zeigt eine grobe Übersicht geförderter Wärmerzeuger im Bestand. Detailliertere Auskunft erteilt die BAFA.

Anlage	Förderung
Solarthermie	30 %
Biomasse	35 % / 45 % bei Austausch von Ölkessel
Wärmepumpen[1]	35 % / 45 % bei Austausch von Ölkessel
Gas-Brennwertheizungen, nur als „Renewable Ready"[2]	20 % nur in Bestandsgebäuden
Gas-Hybridheizungen mit Erneuerbarer Wärmeerzeugung	30 % / 40 % bei Austausch eines Ölkessels, nur in Bestandsgebäuden

Tabelle 6: Übersicht geförderte Wärmeerzeuger. Fördersätze können sich ändern (77)

1 Im Neubau werden Wärmepumpen zusätzlich mit Wärmerückgewinnung aus der Abluft des Lüftungsgerätes gefördert

2 Reine Gas-Brennwertgeräte werden nicht mehr gefördert. Ist die Gas-Brennwertanlage jedoch mit einem Speicher und der entsprechenden Regelung für die Integration eines erneuerbaren Wärmeerzeugers (z. B. Solarthermie, Wärmepumpe) vorbereitet, spricht man von „Renewable Ready". Der erneuerbare Anteil muss spätestens innerhalb der nächsten 2 Jahre nachgerüstet werden

In Bestandsgebäuden können ergänzend energetische Optimierungen gefördert werden wie zum Beispiel:

- Wärmeverteilung (z. B. Wärmedämmung von Rohrleitungen)
- Wärmeübergabe (z. B. Ersatz alter Standardheizkörper durch Niedertemperatur-Heizkörper)
- Für die Warmwasserbereitung
- Die für den förderfähigen Wärmeerzeuger erforderlichen Sanierungen bzw. Umbauarbeiten von Heiz- und Technikräumen und Schornsteinen

In den Fokus der Förderung ist erstmals die intelligente Gebäudetechnik gerückt, welche den Energiefluss im Haus optimiert und den Nutzer dabei unterstützt Energie einzusparen. Das sogenannte „Smart Home" *[Smart Home bedeutet die Vernetzung der Geräte zu einem übergeordneten System im Gebäude (z. B. über Wifi). Dadurch können Abläufe automatisiert und effizienter gesteuert werden (Beispiel: Niemand Zuhause – Heizungstemperatur wird zum Energiesparen verringert)]*. Gefördert werden beispielsweise:

- Digitale/elektronische Heizkörperthermostate *[Einstellung der Temperatur und von Heizprofilen am jeweiligen Heizkörper im Raum]* und Raumthermostate *[Einstellung der Temperatur und von Heizprofilen (z. B. Nachtabsenkung, Urlaubsmodus) an der Heizungsanlage des Gebäudes, beziehungsweise für einzelne Heizkreise]*
- Sensoren, Aktoren, Datenlogger (z. B. auch Strom-und Wärmemengenerfassungen)
- Display bzw. Nutzerinterfaces zur Anzeige von aktuellen, für den Energieverbrauch relevanten Daten

KfW-Förderung neben Dämmung auch für Photovoltaik und Stromspeicher

Die Kreditanstalt für Wiederaufbau (KfW) fördert neben der bereits erwähnten Gebäudedämmung auch Photovoltaikanlagen und Batteriespeicher (KfW 270). Im Gegensatz zur BAFA-Förderung werden die Investitionskosten nicht anteilig gefördert, sondern hauptsächlich zinsgünstige Kredite vergeben. Ob zinsgünstige Kredite beim heutigen Zinsniveau jedoch eine Alternative sein können, ist im Einzelfall zu prüfen.

Ein Blick in die gesetzliche Zukunft… weitere Zuschüsse und Verbote

Werfen wir einen Blick in die Zukunft und mögliche Entwicklungen staatlicher Förderungen und Verbote.

Die Abbildung rechts zeigt, welche Länder in Europa heute bereits ein Verbot von Öl oder Gas betriebenen Heizungen umgesetzt, beziehungsweise beschlossen haben. Natürlich muss die länderspezifische Situation berücksichtigt werden. So wird beispielsweise in Dänemark bereits seit jeher ein hoher Anteil der Gebäude mit Fernwärme beheizt, weshalb ein Ausstieg aus fossilen Wärmeerzeugern leicht möglich ist.

Ähnlich einer Abwrackprämie für PKWs könnte es bei wirtschaftlichen Krisen auch **Abwrackprämien für alte Heizungen, Türen, Fenster oder gar ganze Gebäude** geben. Insbesondere, da die aktuelle Renovierungs- und Abrissrate ineffizienter Gebäude zum Erreichen der Klimaziele zu gering ist. **Stärker in die Energiebewertung mit einbezogen wird vermutlich der CO_2-Rucksack,** der zum Bauen, Renovieren aber auch zum Dämmen notwendig ist. Auch dürften bei Entscheidungen zu Abriss versus Neubau vermehrt die **im Gebäude**

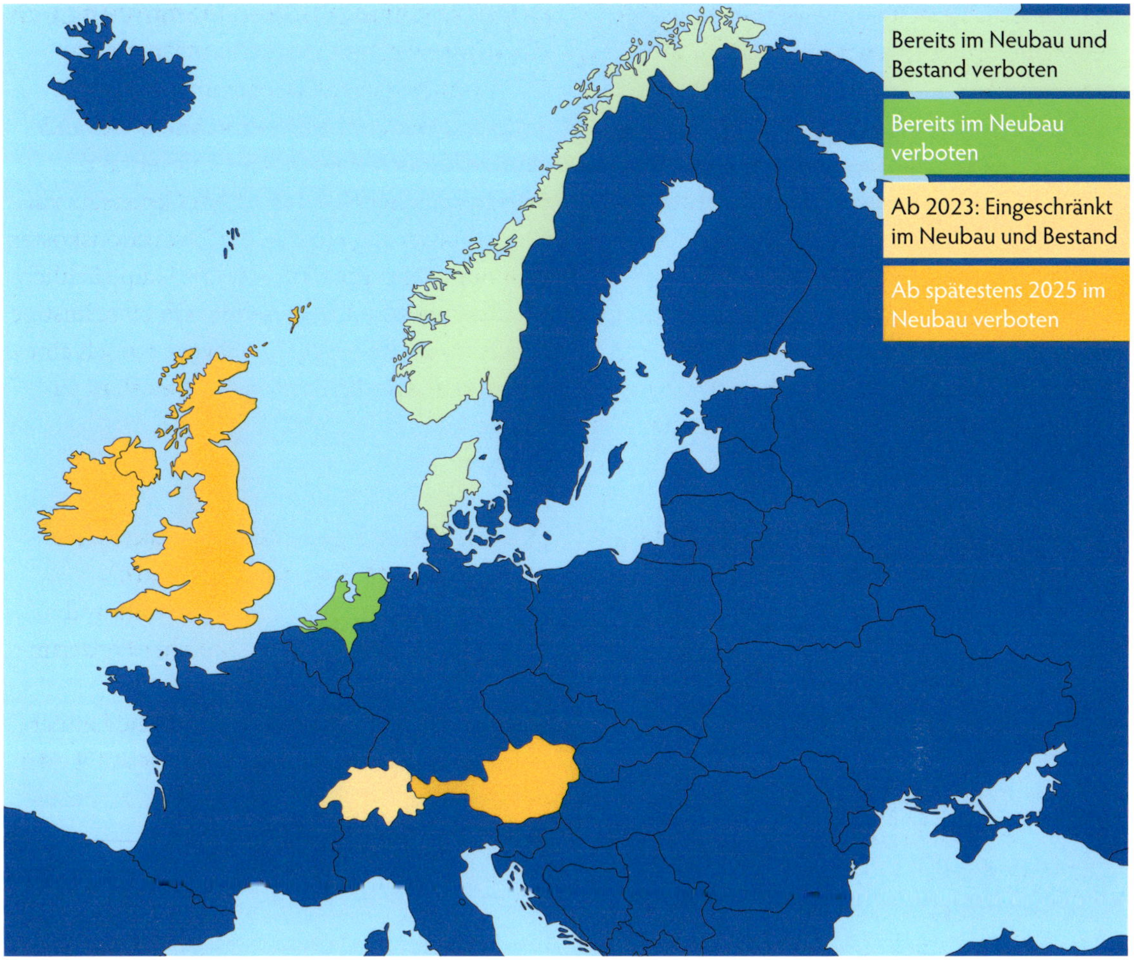

Abbildung 83: Länder, die bereits beschlossen haben Öl- und Gasheizungen zu verbieten

bereits gebundenen CO_2-Emissionen eine Rolle spielen. Beim klimaneutralen Bauen müssten durch den **Bau verursachte CO_2-Emissionen vermieden oder kompensiert werden**. CO_2-intensive Baumaterialien wie in erster Linie **Beton dürften vermehrt durch alternative Baustoffe wie beispielsweise Lehm, Holz oder Stroh ersetzt werden**.

Nach der Entscheidung, dass ab dem **Jahr 2026 keine Öl-Kessel mehr ohne regenerativen Anteil** verbaut werden dürfen, ist davon auszugehen, dass **diese Regelung auch auf Gasheizungen erweitert wird**. Ferner könnten echte Verbote in Kraft treten, wie bereits heute in anderen europäischen Ländern umgesetzt. Es dürfte aber nach wie vor noch Ausnahmen geben, die sogar den Einbau weniger effizienter Gas-Niedertemperaturkessel rechtfertigen (z. B. als Etagenheizung im denkmalgeschützten Mehrfamilienhaus). Politisches Ziel ist es, **ab 2025 neu eingebaute Heizungen zu mindestens 65 % mit erneuerbaren Energien zu betreiben. Im Neubau oder bei Kernsanierungen könnten fossile Heizungen gänzlich verboten werden**. Ob die Förderung für „Renewable Ready“ weiter bestehen bleibt, wird sich in der

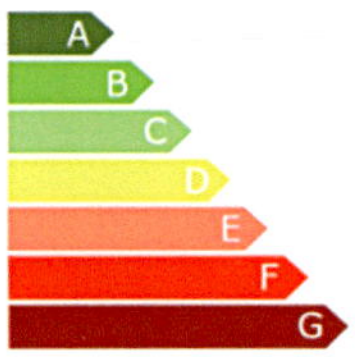

Abbildung 84: Vermutlich wird der Smart Readiness Indicator in Zukunft den Energieausweis erweitern

Praxis zeigen. Es ist unter Umständen nicht wirtschaftlich, die Heizung schrittweise zu erneuern. Zudem scheint es kompliziert, die Regelung zu überprüfen. Im Gegenzug dürfte die **Nahwärme** – insbesondere für Quartierlösungen – eine wichtigere Rolle einnehmen.

Energiestandards für Neubauten wurden in den letzten Jahren deutlich verschärft und **dürften auch in Zukunft noch etwas steigen**. Jedoch ist das **technisch/ wirtschaftlich vertretbare Limit in Sichtweite**. Eine Übererfüllung der Standards wurde bisher mit großzügigen KfW-Zuschüssen angeregt. Es ist davon auszugehen, dass in den nächsten Jahren die heute noch bezuschusste Übererfüllung zum Standard wird und parallel dazu die **KfW-Zuschüsse für Neubauten heruntergefahren werden**.

Um den Gebäudebestand in der EU bis 2050 zu dekarbonisieren wird der **Energieausweis eine deutlich größere Rolle spielen**. Bei steigenden Energiekosten werden Mieter und Käufer zukünftig verstärkt einen Blick auf den Energieausweis werfen.

Aktuell diskutiert man in Brüssel, ob in jedem Mitgliedsstaat **15 % der Wohngebäude mit der schlechtesten Energieklasse bis 2030 renoviert werden müssen**. Flankiert durch öffentliche Zuschüsse – auch um **einkommensschwächere Mieter bei den Energiekosten zu entlasten**.

Stark davon auszugehen ist, dass die **CO_2-Steuer in den nächsten Jahren deutlich angehoben wird**. Laut einem Urteil des Bundesverfassungsgerichts fehlen ausreichende Vorgaben für die Emissionsminderung ab 2031, weshalb selbst konservative Politiker eine rasche Erhöhung der CO_2-Steuer vorschlagen. Um die soziale Spaltung nicht weiter zu vertiefen, könnten zukünftig die daraus eingenommenen **Steuereinnahmen als Energiegeld wieder jährlich pro Kopf ausgeschüttet werden**. Bei vermieteten Objekten werden die durch die **CO_2-Steuer erhöhten Energiekosten der Mieter zukünftig auch zunehmend vom Vermieter getragen werden müssen**. Insbesondere **für Gebäude mit einer schlechten Einstufung im Energieausweis**.

Photovoltaikanlagen könnten, sofern zumutbar, bei Neubauten oder größeren Sanierungen **zur Pflicht werden**. Dies ist in einigen Bundesländern bereits für betrieblich genutzte Gebäude geplant.

In **Mehrfamilienhäusern** steht durch **Gesetzesnovellierungen im WEG-Recht** *[Wohnungseigentumsgesetz für gemeinschaftliche verwaltete Mehrfamilienhäuser]* der Photovoltaik aber auch dem Zubau von Elektroladestationen eine goldene Zukunft bevor.

Bei Neubauten und größeren Renovierungen werden **Ladestationen zur Pflicht**, auch um das politische Ziel von **15 Millionen reinen Elektroautos bis 2030** zu erreichen. **Bidirektionales Laden von Elektroautos** – Strom kann vom Auto ins Haus oder Stromnetz zurückgespeist werden – nimmt eine elementare Rolle im Energiesystem ein.

Mietstrommodelle in Mehrfamilienhäusern dürften ausgebaut werden, damit der erzeugte Photovoltaikstrom von den Nutzern im Haus selbst genutzt werden kann.

Politisches Ziel ist es, bis **2030 80 % des Stroms regenerativ zu erzeugen**. Aufgrund des stark fluktuierenden Angebots werden Stromtarife flexibler werden müssen. Höhere **Anschlussleistungen dürften bepreist werden** und **Stromtarife abhängig** vom aktuellen Angebot und der Nachfrage berechnet werden.

Die aktuelle Förderung in Deutschland **bezieht „Smart Home"** heute schon ausdrücklich mit ein. In Zukunft könnten **intelligente Maßnahmen zur Steigerung der Energieeffizienz und Nutzerinvolvierung** stärker gefördert oder gar zur Voraussetzung für einen staatlichen Zuschuss werden.

Auf europäischer Ebene rückt die Gebäudeintelligenz zunehmend in den Fokus. So **soll die bestehende EU-Richtlinie zur Gesamtenergieeffizienz in Gebäuden (EPBD) um einen Smart Readiness Indicator (SRI) erweitert werden** (siehe Abbildung 84). Der SRI ist ein Indikator für die Fähigkeit eines Wohngebäudes, mit Nutzer und Netz zu interagieren sowie seinen Betrieb automatisch energieeffizient zu regeln. Auf einer Farbskala, ähnlich wie auf dem Energieausweis, wird einfach und transparent die „Intelligenz des Gebäudes" dargestellt. Der SRI kann bei guter Bewertung somit zu einer Wertsteigerung des Objekts beitragen. Die Gebäude erkennen selbstständig Veränderungen, interpretieren und kommunizieren diese und führen eigenständig entsprechende Maßnahmen durch. Vermutlich wird diese Regelung **vernetzten Heizungen, Smart Metern, dem intelligenten Laden von Elektroautos und Batteriespeichern einen neuen Schub geben**. Beispielsweise könnte bei zu viel Strom im Netz die Wärmepumpe die überschüssige Energie im Speicher puffern oder die Ladestation das Elektroauto laden. Das Gebäude würde bei sich ändernden Bedingungen somit automatisch reagieren und wäre zudem „netzdienlich".

Der SRI bezieht erstmals auch Aspekte wie **Gesundheit, Wohlbefinden und Komfort** in Wohngebäuden mit ein. Beispielsweise werden Gebäude mit Lüftungsanlagen, automatischer Steuerung der Beleuchtung, automatischer Verschattung oder Sensoren zum **Erfassen der Luftqualität** besser bewertet. Da diese Aspekte unmittelbar den Bewohner betreffen, wird dieser auf dem Weg zu einem intelligenten und energieeffizienten Gebäude verstärkt mitgenommen. Die Akzeptanz für vernetzte Geräte dürfte steigen.

Zusammengefasst: Es werden sowohl durch Brüssel als auch durch Berlin die politischen Vorgaben zum Klimaschutz deutlich verschärft werden (müssen). Neben Verboten, dem Abbau steuerlicher Subventionen auf fossile Energieträger und der Einpreisung von Umwelt-Folgeschäden entsprechender Energieträger werden gewaltige Summen bereitgestellt werden müssen, um entsprechende Investitionen des privaten Sektors anzustoßen.

Die Politik wird um heute noch viel zu wenig diskutierte Sozialmaßnahmen nicht herumkommen, um nicht Gefahr zu laufen, die Akzeptanz in der Bevölkerung zu verlieren. Immer häufiger auftretende Naturkatastrophen und Wetterphänomene – Überschwemmung Ahrtal, Waldbrände in Brandenburg und Australien, Hitzesommer und Winterstürme – haben dafür gesorgt, dass heute (fast) jedem bewusst ist, wie schnell und dringlich gehandelt werden muss. Nun braucht es Lösungen, die das Ganze auch für die Bürgerinnen und Bürger bezahlbar macht.

Abbildung 85: Ein Fahrrad, einen Kaffee, ein bisschen Sonne – vielmehr braucht es nicht zum glücklich sein, oder?

Durch Verhaltensänderung Energie einsparen

Die Zeit drängt! Für das Erreichen des 1,5-Grad-Zieles müssen bereits in den nächsten zehn Jahren die Emissionen signifikant sinken. Die gute Nachricht: jeder von uns kann sofort etwas tun. Während der Umbau des Energiesystems Jahrzehnte beansprucht, leistet unser Wille zum Energiesparen und entsprechendes Verhalten sofort einen Beitrag. Da rund ein Drittel der Endenergie in unserem Zuhause verbraucht wird, kann jeder von uns schon heute etwas tun:

Suffizient leben

Das Stichwort heißt – **suffizient leben**. Im Gegensatz zur erst mittel- bis langfristig umsetzbaren **Effizienz – energiesparendere Technologien einsetzen** – und **Konsistenz – von fossilen auf erneuerbare Energien umstellen** – greift die Suffizienz sofort. Suffizient leben (lateinisch sufficientia: ausreichen, genügen) heißt, sein Leben zu „entrümpeln" und sich mit weniger zufrieden zu geben, um gleichzeitig glücklicher zu sein. Dabei werden Ressourcen geschont und Energie eingespart. In der Praxis heißt das: das Auto mal stehen lassen, die Bahn nehmen oder die Temperatur zuhause runterregeln, weniger konsumieren, ein Buch lesen ...

Gemessen an den bereits beschriebenen, dramatischen Auswirkungen wird das Thema Klimawandel in der Öffentlichkeit nach wie vor zu wenig thematisiert. Nachhaltiger Umgang mit Energie scheint nur etwas für Experten, nicht aber für die breite Masse zu sein.

Während Kennzahlen zur Staatsverschuldung, Arbeitslosigkeit, zu Börsenkursen oder zum Wirtschaftswachstum in den Medien viel Raum bekommen, bleiben vergleichbare Zahlen zum CO_2-Ausstoß oder Energieverbrauch auf der Strecke. Dabei wird doch gerade im privaten Umfeld ein großer Teil der CO_2-Emissionen freigesetzt. Um Verhaltensänderungen auszulösen, müssten entsprechende Kennzahlen dem Verbraucher möglichst aktuell und transparent zur Verfügung gestellt werden. Neben der Mobilität gibt es im Bereich Stromverbrauch und Wärme ungenutzte Möglichkeiten – insbesondere für Mieter, die auf die Gebäudetechnik in der Regel nur wenig Einfluss nehmen können.

Die folgenden Tipps gehören zum kleinen Einmaleins des Energiesparens und sollten stets beherzigt werden.

Einsparung im Bereich Strom

Zwar sinkt der Stromverbrauch der privaten Haushalte, trotzdem gibt es nach wie vor große Potentiale, um weiter Strom und Energiekosten zu sparen (78).

Standby-Verluste, insbesondere bei älteren Haushaltsgeräten, können in der Praxis rund 10 % des Stromverbrauchs ausmachen. Es lohnt sich mit einem Strommessgerät, z. B. einer intelligenten Steckdose, den Standby-Verbrauch einzelner Geräte zu messen. Typische Standby-Verbraucher sind: Stereoanlagen, Fernseher, Computer, Receiver, Router oder Drucker. Älteren Geräten sollte eine abschaltbare Steckdose vorgeschaltet werden. Handelt es sich um eine ferngesteuerte Steckdose (z. B. über WLAN, Bluetooth), sollte diese wiederum auch nur geringe Standy-Verbräuche aufweisen. Beim Kauf neuer Geräte sollte darauf geachtet werden, dass sich diese komplett ausschalten lassen.

Auf LED-Lampen umsteigen. LED-Lampen oder sogenannte Energiesparlampen sind zwar in der Anschaffung teurer, benötigen dafür jedoch deutlich weniger Strom im Betrieb (rund 80 %) und haben eine längere Lebensdauer.

Bei Neukauf auf Energieeffizienzklasse (neu: B oder C, alt: A+++) achten. Zwar werben manche Hersteller von Waschmaschinen, Geschirrspülern, Trocknern oder Kühlschränken mit der alten Energieeffizienzklasse von A+, was eine gewisse Umweltverträglichkeit suggeriert. Jedoch ist dies eine der schlechtesten Energieklassen, die derzeit gerade noch angeboten werden darf. Da Haushaltsgeräte gewöhnlich für mehr als 10 Jahre Verwendung finden, sollte beim Kauf auf das um etwa 30 % effizientere A+++ Label geachtet werden.
Seit März 2021 **wird die Energieverbrauchskennzeichnung umgestellt**. Zunächst für Spül-, Waschmaschinen, Kühlschränke, Gefriergeräte, Lampen, Fernseher und Monitore. In den kommenden Jahren für Heizungen, Wäschetrockner, Backöfen und Staubsauger.

Anstelle von A+, A++ und A+++ gibt es nun Klassen von A bis G, die nicht mit den alten Klassen vergleichbar sind. Die höchste Energieeffizienz von A kann mit heutigen Geräten in der Regel noch nicht erreicht werden. **Effiziente Geräte haben mit der neuen Kennzeichnung daher die Klasse C oder besser B**.

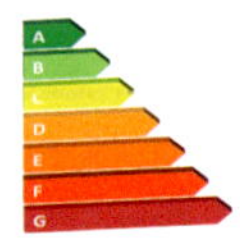

Generell gilt, je kleiner desto energiesparender. Ein kleinerer Kühlschrank verbraucht weniger Strom als ein großer, ein Laptop weniger als ein PC und ein Tablet weniger als ein Laptop. Auch wenn es Ausnahmen gibt, so macht es trotzdem Sinn, sich über die richtige Größe Gedanken zu machen.

Die allgemeinen Tipps beachten. Den Kühl- und Gefrierschrank ein bis zwei Mal im Jahr abtauen, während dem Kochen den Deckel auf dem Topf lassen, Kühl- und Gefrierschränke immer nur kurz öffnen, Backen und Kochen mit Restwärme, Wäsche auf der Leine trocknen lassen, Energiesparprogramme bei Geschirrspüler und Waschmaschine nutzen, Licht aus, wenn niemand im Zimmer ist…

Wenn es gelingt, den Stromverbrauch in den knapp 40 Millionen deutschen Haushalten auf diese einfache Art und Weise zu senken, dann müssten zukünftig weniger Stromerzeugungskapazitäten, Spitzenlastkraftwerke und Übertragungsnetze zugebaut werden. Der CO_2-Ausstoß würde sofort sinken, unser verbleibendes CO_2-Budget geschont.

Einsparung im Bereich Wärme

Die gute Nachricht zuerst – der Energieverbrauch pro Wohnfläche sinkt. Die schlechte – die Wohnfläche pro Kopf steigt. Hauptsächlich bedingt durch mehr Haushalte mit weniger Personen und den höheren Ansprüchen mit größeren Wohnflächen. In Summe fällt die Energieeinsparung im Bereich Raumwärme deshalb geringer aus.

Der Großteil des Energieverbrauchs im Haushalt entfällt auf das Heizen. Mit folgenden Verhaltensänderungen kann der Verbrauch für Wärme gesenkt werden.

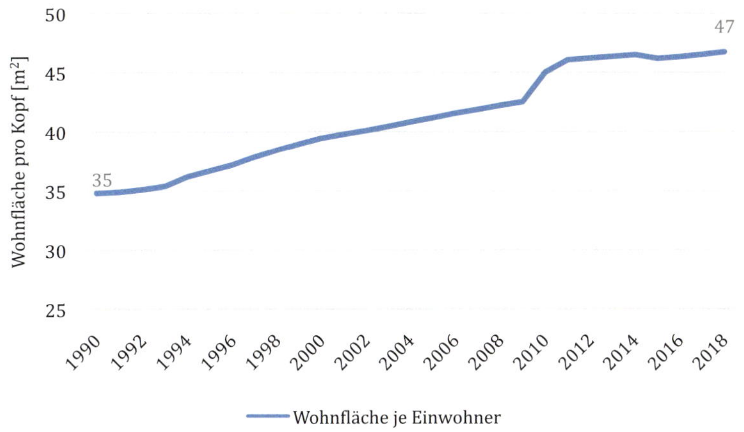

Abbildung 86: Durchschnittliche Wohnfläche pro Kopf

- ☺ **Raumtemperatur nicht zu hoch einstellen**. Eine Temperaturabsenkung um 1 Grad Celsius spart etwa sechs Prozent der jährlichen Heizenergie ein. Im Schlafzimmer darf es ruhig etwas kälter sein.
- ☺ **In der Übergangszeit nicht beim kleinsten Kälteeinbruch sofort heizen**.
- ☺ **Insbesondere in der Heizperiode richtig lüften**. Kurzes Stoßlüften anstelle von Lüften mit gekipptem Fenster.
- ☺ **Nachts bei Dunkelheit die Rollläden runterlassen**, um den Wärmeverlust über die Fenster zu verringern. Zusätzlich die Vorhänge geschlossen halten.
- ☺ **Türen zu wenig beheizten Zimmern schließen**. Um Schimmel zu vermeiden, sollte allerdings die Raumtemperatur nie unter 15°C fallen.
- ☺ **Hände mit kaltem Wasser waschen**.
- ☺ **Duschen, nicht baden – und nur kurz duschen**.
- ☺ **Sparduschkopf für niedrigeren Wasserverbrauch nutzen**.

Abbildung 87: Wer die Raumtemperatur um 1 Grad Celsius absenkt, kann rund 6 Prozent Energie einsparen

Darüber hinaus können Klima-Apps helfen, den eigenen CO_2-Fußabdruck im Blick zu behalten; zudem bieten sie auch weitere Tipps zum Energiesparen *[Z. B. Energy Buddy, Eevie, Worldwatchers]*. Über Challenges kann man sich selbst Aufgaben stellen und Ziele setzen, die bei Erreichung über ein Punktesystem belohnt werden.

Im privaten Bereich gibt es also eine Vielzahl an Möglichkeiten, um durch Verhaltensänderungen Energie einzusparen. Weitere, in der Regel größere, Potentiale des Energiesparens, können durch zielgerichtete und zukunftsorientierte Investitionen in Energieeffizienz im Gebäude gehoben werden. Neben dem positiven Effekt auf das Klima reduzieren sich auch die jährlichen Energiekosten und unsere Abhängigkeit. Ein gutes Gefühl.

Wie man als Mieter und ohne Auto Energie und CO_2 einsparen kann

Zum Energiesparen das Haus besser dämmen, auf dem Dach eine Photovoltaikanlage installieren, die Ölheizung durch eine Wärmepumpe ersetzen oder von einem Verbrenner auf ein Elektroauto umsteigen und dieses intelligent zuhause laden.

Diese Optionen stehen nicht jedem zur Verfügung. Immerhin wohnt in Deutschland die Mehrheit der Menschen zur Miete (81). Eine Tatsache, die sich in den letzten 20 Jahren nicht groß verändert hat. Und rund 20% der Menschen hierzulande leben in einem Haushalt ohne Auto, insbesondere in den Städten (82).

Wie also kann man ohne Eigenheim und ohne eigenes Auto Energie und CO_2 einsparen und etwas fürs Klima tun?

	Tipps zum Energie und CO_2 einsparen – als Mieter / ohne Auto
☺	Mit einfachen Maßnahmen, die im Kapitel „Durch Verhaltensänderung Energie sparen" bereits beschrieben wurden, können auch Mieter den Energiebedarf reduzieren.
☺	Nachträglich smarte Heizkörperthermostate an Heizkörpern installieren und bei Abwesenheit intelligent die Raumtemperatur absenken. Alternativ Zeitprogramme einstellen (z. B. im Badezimmer).
☺	Den Stromversorger wechseln und Ökostrom beziehen. Auf Zertifizierung achten.
☺	Sofern mit Gas geheizt wird, den Gasanbieter wechseln. Einen zertifizierten Ökogasanbieter (CO_2 wird kompensiert) oder einen Anbieter mit anteiligem Biogas (aus Erneuerbaren hergestellt) wählen.
☺	Bei Neubezug einer Immobilie unbedingt den Energieausweis anfordern. Bei vergleichsweise schlechten Werten ggf. die Mietkosten verhandeln. Dabei unter anderem mit der neu eingeführten CO_2-Steuer argumentieren, die aktuell „noch" rein vom Mieter über die Energiekosten zu zahlen ist.
☺	Eigene Heizkosten vergleichen. Z. B. über www.heizspiegel.de
☺	Insbesondere bei ineffizienten Elektrodirektheizungen prüfen, ob die Miete angemessen ist. Ggf. den Vermieter um einen Heizungstausch bitten.
☺	Den Vermieter auf Spielräume durch die WEG-Reform (Wohnungseigentumsgesetz) hinweisen. Nach der Ende 2020 in Kraft getretenen Reform sind Sanierungen leichter umsetzbar. Bereits mit einfacher Mehrheit (Kosten tragen nur die Eigentümer, die zugestimmt haben) oder mit mehr als Zwei-Drittel-Mehrheit (Kosten werden über alle Wohnungseigentümer verteilt).
☺	Den Vermieter bitten, die Installation einer Photovoltaikanlage zu prüfen. Ebenso wie die Sanierung kann auch diese bauliche Maßnahme nach der WEG-Reform einfacher umgesetzt werden.

☺	Bei Kauf eines Elektroautos als Mieter den Anspruch auf den Einbau einer Elektro-Ladestation beim Vermieter geltend machen. Allerdings muss im 2. Schritt die Eigentümerversammlung, welche in der Regel den Antrag nicht ablehnen kann, zustimmen.
☺	Wird die Fassade zu mehr als 10 % erneuert, den Vermieter darauf hinweisen, dass in diesem Fall eine Pflicht zum Dämmen besteht.
☺	Bei Öl- und Gasheizungen, die nicht auf Niedertemperatur- oder Brennwerttechnik basiert und älter als 30 Jahre sind, den Vermieter auf die Austauschpflicht hinweisen.
☺	Lokale Initiativen, z. B. zum Ausbau effizienter Nahwärmeversorgung, unterstützen.
☺	Als Privatperson, Firma oder Verein Organisationen, die einen CO_2-Kompensationsbeitrag über Klimaschutzprojekte leisten (z. B. über Aufforstung) unterstützen. Beispiel www.allianz-entwicklung-klima.de. Kritiker bezeichnen diese Art von Kompensationen – auch Offsetting genannt – als „Ablasshandel" oder „neokoloniale Klimalösungen" *[Als sogenannte „Klimascheinlösungen": www.klimascheinloesungen.de]*, weshalb auf entsprechende Zertifizierungen geachtet werden sollte.
☺	Inlandsflüge vermeiden. CO_2-Emissionen durch Flüge möglichst kompensieren: www.atmosfair.de
☺	Grün investieren. Z. B. in Genossenschaften, in Ökobanken in grüne ETFs *[Exchange Traded Funds, börsengehandelte Fonds]* oder in CO_2-Zertifikate

Abbildung 88: Heute schon einen Baum gepflanzt? Bäume verbessern die Luftqualität, binden CO_2 und leisten einen Beitrag zum Lebensraumerhalt durch ihre Funktionen bezüglich Bodenerhalt und Regenwasserrückhalt.

Wie wir in unserem Zuhause eine gesunde Umgebung schaffen

Bedingt durch den Klimawandel müssen unsere Gebäude energiesparender und besser gedämmt werden. Über effiziente Gebäudetechnologie und Intelligenz im System können weitere Einsparpotentiale gehoben werden.

Was passiert jedoch mit uns Menschen im Gebäude? Immerhin verbringen wir rund ein Drittel unseres Lebens im Schlafzimmer und etwa 90 % in geschlossenen Räumen. Wir atmen täglich rund 11.000 Liter Luft ein, den Großteil davon in unseren vier Wänden. Allerdings kann die Luftqualität drinnen deutlich schlechter sein als draußen.

In diesem Kapitel wollen wir uns dem Bewohner zuwenden und aufzeigen, wie ein gesundes Zuhause für ein größeres Wohlbefinden realisiert werden kann.

Die Ansprüche der Bewohner werden höher

Die Ansprüche für ein bewusstes, ausgeglichenes und gesundes Leben steigen weltweit und haben auch in Deutschland in den letzten Jahren stark zugenommen. In den letzten zehn Jahren hat sich der Umsatz mit Biolebensmitteln verdoppelt (83) und jedes Jahr wächst die Anzahl der Fitnessstudios um ca. 10 % (84), in denen mittlerweile fast 15 % der Deutschen Mitglied sind. Auch ist die Zahl der Yogaschulen gestiegen.

Ein weiterer Trend ist die technische Unterstützung der Gesundheit – beispielsweise über Smartphone-Apps oder Fitnesstracker am Körper. Dieser sogenannte mHealth-Markt (mobile Health) hat sich in den letzten Jahren rasant entwickelt und wird auch in Zukunft, durch weitere intelligente Innovationen befeuert.

Abbildung 89: Wir verbringen bis zu 90 Prozent unseres Lebens zuhause, atmen täglich 11.000 Liter Luft ein

Gefahren im eigenen Zuhause vermeiden, Komfort erhöhen

Im Gebäude geht es zunächst darum, uns Bewohner vor Gefahren zu schützen und eine komfortable Wohnumgebung zu schaffen.

Folgende Punkte sollten in den Blick genommen werden:

1. Wohnkomfort: Thermische Behaglichkeit, Lärm und Lichteinflüsse
2. Schimmel
3. Luftqualität in Innenräumen
4. Virenübertragung
5. Äußere Umgebungseinflüsse: Pollen, Reinheit der Außenluft und Radon

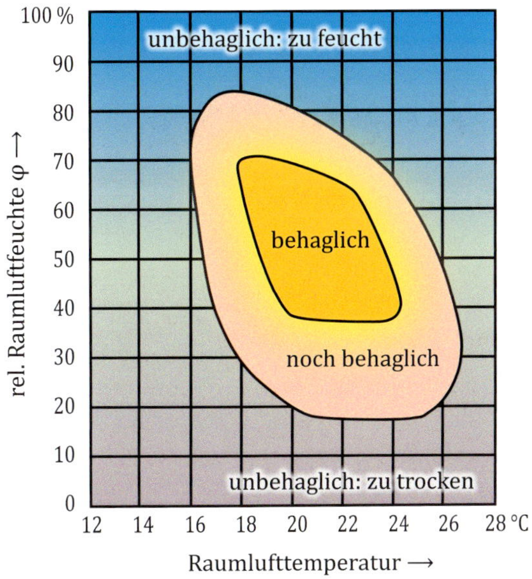

Abbildung 90: Thermische Behaglichkeit

Wohnkomfort: Thermische Behaglichkeit, Lärm und Lichteinflüsse

Die thermische Behaglichkeit

In unseren vier Wänden wollen wir uns wohlfühlen. Auch wenn dieses Gefühl sehr individuell ist und beispielsweise Frauen in der Regel Temperaturen anders empfinden als Männer, so lassen sich trotzdem gewisse Bereiche abgrenzen. Die Abbildung zeigt den optimalen Bereich der thermischen Behaglichkeit mit der Raumlufttemperatur, dargestellt auf der x-Achse, sowie der relativen Raumluftfeuchte *[Die relative Feuchte [%] gibt an, wie viel Wasserdampf des maximal möglichen Anteils in der Luft gespeichert ist. Die relative Luftfeuchtigkeit ist abhängig von Temperatur und Druck. Warme Luft kann mehr Wasser speichern als kalte. Bei steigender Temperatur sinkt deshalb die relative Luftfeuchtigkeit]* auf der y-Achse.

Bei zu hohen Temperaturen nimmt die physische und geistige Leistungsfähigkeit ab, bei zu geringen beginnen wir zu frösteln. Daneben entscheidet auch die Raumluftfeuchte über unser Wohlbefinden. Sie sollte in etwa zwischen 40 bis 60 Prozent liegen.

Bei hoher Raumluftfeuchte empfinden wir gleiche Temperaturen wärmer. Zudem steigt das Risiko von Schimmel bei Raumluftfeuchten größer 60 % an.

Bei zu trockener Luft hingegen fühlen wir uns unwohl. Trockene Luft tritt häufig im Winter auf, wenn kalte Luft von außen sich im Haus erwärmt. Da bei höheren Temperaturen mehr Luftfeuchte aufgenommen werden kann, nimmt die relative Luftfeuchtigkeit ab. Die Folgen zu trockener Luft sind ein Kratzen im Hals, trockene Augen oder spröde Haut. Bei Holzmöbeln oder Holzböden können durch anhaltend zu trockene Luft Risse entstehen. Sehr häufig tritt trockene Luft auch in der Winterzeit in Büros auf.

Die Raumlufttemperatur nehmen wir entsprechend unseren Aktivitäten verschieden war. Während im Badezimmer warme Temperaturen erforderlich sind, fördern kühlere Temperaturen von 16 bis 18°C unseren erholsamen Schlaf.

Darüber hinaus gibt es noch weitere Einflussgrößen auf die Behaglichkeit – wie unregelmäßige Raumluftbewegungen oder zu kalte Wände, da sich bei zu großem Temperaturunterschied zur Raumluft der Wohnkomfort verschlechtert.

Tipps zur Erhöhung der Behaglichkeit	
☺	Hygrometer anschaffen, das im Raum die Temperatur und relative Luftfeuchtigkeit misst. Es gibt auch internetfähige Hygrometer mit App-Anzeige.
☺	Gegen zu trockene Luft Pflanzen aufstellen oder nasse Handtücher über den Heizkörper legen.
☺	Luftbefeuchter, insbesondere Zerstäuber, sind aufgrund der regelmäßig notwendigen Hygiene gegen Keime und Bakterien keine gute Wahl.
☺	Luftwäscher *[Luftwäscher: Luft wird angesaugt und über rotierende, mit Wasser benetzte Platten geführt, welche die Schwebeteile entfernen und gleichzeitig die Luft befeuchten]*, Verdampfer *[Verdampfer: Wasser wird in der Regel über Strom zum Sieden gebracht und verdampft]* oder Verdunster *[Verdunster: Im Gegensatz zum Verdampfer findet die Verdunstung ohne zusätzliche Energie bei Raumtemperatur statt]* sind zur Befeuchtung sinnvoll. Luftwäscher reinigen zusätzlich die Luft, z. B. von Staub oder Pollen.
☺	Die Wohnung nicht zu stark heizen.
☺	Nach einer Dusche oder einem Bad nicht die Feuchte in die Wohnung entweichen lassen. Der Wassergehalt ist in der Regel zu hoch.
☺	Bei zu feuchter Luft sollte verstärkt gelüftet werden. Vor allem nach dem Duschen oder Kochen und insbesondere in Schlafräumen.
☺	Es empfiehlt sich, im Sommer morgens zu lüften, wenn die Außentemperaturen noch gering sind und somit wenig Luftfeuchtigkeit aufgenommen werden kann.
☺	Zu niedrige Zimmertemperaturen sind insbesondere bei hoher Luftfeuchtigkeit zu vermeiden, da ansonsten Kondensat entstehen kann, welches die Entstehung von Schimmel begünstigt.
☺	Feuchtequellen, wie zum Beispiel die Abluft von Wäschetrocknern oder nasse Wäsche entfernen.
☺	Als letzte Wahl empfiehlt sich der Einsatz eines Lufttrockners.

Lärm und Lichteinflüsse

Neben der thermischen Behaglichkeit wirken sich Lärm und Licht auf unser Wohlbefinden aus. Beides wird auch hier wieder von Mensch zu Mensch unterschiedlich empfunden.

Bei starkem oder andauerndem Lärm löst der Körper, oft unbemerkt, Stresshormone aus. Nervosität, Stress, schlechte Laune und Zunahme an Depressionen sind typische Folgen von Lärmbelastungen (86). In Studien wurde gezeigt, dass bei Menschen mit einer höheren Lärmbelastung, im Vergleich zur Referenzgruppe, vermehrt Bluthochdruck auftritt (87). Typischerweise wird Lärm von Verkehr, Baustellen, der Industrie oder aus der Nachbarschaft verursacht. Insbesondere nächtlicher Lärm kann zu Schlafstörungen führen und wirkt sich bei permanenter Belastung negativ auf unsere Gesundheit aus.

Der Einfluss von Licht auf unser Verhalten und Wohlbefinden ist sehr komplex und noch nicht abschließend erforscht. Aus dem Alltag ist uns bekannt, dass während wir an sonnigen Tagen vor Energie nur so strotzen, wir uns an nebligen Tagen matt und müde fühlen. Ausreichend Licht lässt uns fitter und gesünder fühlen und hilft gegen den „Winterblues".

Sowohl künstliche Beleuchtung als auch die Sonnenstrahlung beeinflussen unsere kognitive Leistungsfähigkeit und Kreativität. Physiologisch *[Neben der Anatomie, die den Bau des Körpers beschreibt, ist die Physiologie durch die Funktionen und Prozesse im Körper, die physikalisch oder chemisch ablaufen, gekennzeichnet]* ist Tageslicht wichtig, wirkt sich positiv auf unsere Stimmung aus und erhöht die Produktivität (88) *[In Büroräumen wurde in Studien eine Steigerung der Produktivität um bis zu 15 % bewiesen]*. Ferner wird über Sonnenlicht die Erzeugung von Vitamin D angeregt, welches wichtig für den Stoffwechsel und den Muskelaufbau ist – auch soll diese Wunderwaffe das Krebsrisiko reduzieren (89). Auch deswegen sollten wir so oft wie möglich draußen das natürliche Licht aufsuchen.

Bei Kunstlicht beeinflusst die Farbe des Lichts unsere Stimmung. Warm-weißes Licht wirkt behaglich, neutral-weißes Licht eignet sich zum Lesen und arbeiten, während kaltweißes Licht dem natürlichen Tageslicht ähnelt und uns aufmuntert *[Farbtemperaturen: Warm-weißes Licht: < 3.300 K/ Neutral-weißes Licht 3.300 – 5.300 K/ Kalt-weißes Licht: > 5.300 K]*. Entsprechend der Raumnutzung bieten sich deshalb verschiedene Lichtfarben an. Im Schlaf- und Wohnzimmer eignet sich beispielsweise ein warm-weißes Licht zum Entspannen, kombiniert mit einer neutral-weißen Lampe zum Lesen. In Küchen kommt häufig neutral-weiß zum Einsatz und in Arbeitszimmern kalt-weiße Leselampen.
In der Regel wird beim Kauf einer Lampe die Farbtemperatur auf der Verpackung mit ausgewiesen. Neben der Farbtemperatur werden auch die elektrische Leistung der Stromaufnahme und die Helligkeitsleistung, meist in Watt oder Lumen, angegeben. Egal für welche Farbtemperatur man sich entscheidet, es sollten energiesparende LED-Lampen verwendet werden.

Tipps gegen Lärm und für angenehme Lichtverhältnisse	
☺	Sofern möglich Lärmquellen abstellen.
☺	Für einen „ruhigen" Schlaf sorgen. Wenn notwendig, das Schlafzimmer in ein anderes Zimmer verlegen.
☺	Über die Einrichtung im Haus den Lärm absorbieren. Gepolsterte Möbel, Teppiche und Vorhänge sind dazu geeignet.
☺	Schallschutzfenster und schalldichte Türen installieren *[Insbesondere bei Neubauten oder Renovierungen sollte dies, entsprechend der Umgebung, in Betracht gezogen werden].*
☺	Mit Ohrstöpseln schlafen *[Es gibt verschiedene, sogenannte White-Noise-Apps, die z. B. über gleichbleibende Regengeräusche die störenden Hintergrundgeräusche überdecken und beim Schlafen helfen sollen].*
☺	Günstige Lichtverhältnisse schaffen. Insbesondere im Neubau oder bei Sanierungen hauptsächlich auf der Süd- und Westseite Fensterflächen entsprechend groß planen, ggf. Lichtleiter einsetzen.
☺	Am Haus, Terrasse, Balkon entsprechende Außenflächen zum „Sonnentanken" freihalten.
☺	Farbtemperaturen von weißem Licht entsprechend den Räumen und der Nutzung einsetzen.
☺	Über die Inneneinrichtung und Farben im Gebäude unsere Stimmung und das Wohlbefinden positiv beeinflussen.

Schimmel

Schimmel tritt in jedem fünften deutschen Haushalt auf (90). Oft lange unbemerkt, versteckt er sich hinter Schränken oder dem Bett. Durchschnittlich stößt ein Vier-Personen-Haushalt rund 8 bis 15 kg Wasserdampf am Tag aus (91). Unter anderem durch Kochen, Duschen oder menschliche Ausdünstungen. Speziell in hochgedämmten, luftdichten Gebäuden mit einem geringen Luftaustausch kommt deshalb dem Lüften eine besondere Bedeutung zu. Wird der Wasserdampf nicht abgeführt, so kann er an kalten Wänden kondensieren und über die Zeit zu Schimmelproblemen führen. Schimmelpilze entstehen meist in Verbindung mit organischen
Stoffen wie zum Beispiel Tapete, Kleister oder Wandfarben. Oft tritt Schimmel an der inneren Ecke zwischen Außenwänden und der Decke auf. Meistens im Bad, Schlafzimmer oder in der Küche. Professionelle Schimmelrenovierungen sind aufwändig und teuer.

Schimmel entwickelt Schimmelsporen, welche giftig und lungengängig sind. Sie können zu chronischen Atemwegserkrankungen führen oder Allergien hervorrufen – insbesondere bei Menschen mit einem geschwächten Immunsystem.

Wird das Gebäude nachträglich gedämmt und mit quasi luftdichten Fenstern versehen, so muss das Lüftungsverhalten angepasst werden. Es muss manuell deutlich öfter gelüftet werden. Für das „Lüften Lernen" empfiehlt es sich zumindest am Anfang ein Hygrometer zur Feuchtigkeitsmessung einzusetzen. Hygrometer sind im Handel für wenige Euro erhältlich.

Tipps gegen Schimmel

☺	Mehrmals täglich stoßlüften. Im Winter je nach Aktivität, Gebäudedichtheit und Außenklima etwa alle drei Stunden für 5 Minuten.
☺	Die Luftfeuchtigkeit mit einem Hygrometer messen. Idealer Bereich der Luftfeuchtigkeit: 40 bis 60 %. Über 60 % kann Schimmel auftreten.
☺	Räume nicht zu weit abkühlen lassen (nicht unter 15°C), um Kondensation zu vermeiden.
☺	An Außenwänden einen Abstand von etwa 6 cm zu Möbeln einhalten, damit die Luft ausreichend zirkulieren kann.
☺	Wäsche nicht im Wohnraum trocknen lassen.
☺	Bei Dämmarbeiten Kältebrücken zwischen verschiedenen Materialien vermeiden.
☺	Wände, Böden und Decken trocken halten.
☺	Wenn über manuelles Lüften die Luftfeuchtigkeit nicht optimiert werden kann, sollte die Anschaffung einer Lüftungsanlage oder eines Luftentfeuchters in Erwägung gezogen werden.

Luftqualität der Innenräume

Täglich atmen wir etwa 11.000 Liter Luft ein, wissen aber nicht wie sauber diese ist. Einen Großteil unseres Lebens verbringen wir in unseren eigenen vier Wände – wenigstens dort sollte die Luft möglichst rein sein.

Neben Schimmelproblemen können luftdichte Gebäude auch die Luftqualität negativ beeinflussen. Man spricht von der Balance zwischen Innenraumhygiene und Energieeffizienz. Wird sehr oft sehr lange gelüftet, so kommt dies einer guten Raumluftqualität zugute, führt jedoch im Winter und in der Übergangszeit zu höheren Energieverlusten. Wird dagegen kaum gelüftet, so wird zwar Energie gespart, jedoch ist die Luft stickig. Vor allem bei Renovierungen oder energiesparenden Neubauten nach aktuellen Gesetzgebungen (EnEV *[EnEV: Energieeinsparverordnung. Seit 2020 durch das Gebäude Energie Gesetz (GEG) abgelöst]*, GEG) machen Energieverluste durch Lüften proportional mit bis zu 45 % einen hohen Anteil aus (91). Es geht deshalb darum, Energiesparen und Innenraumhygiene in der Waage zu halten.

Der Spagat zwischen guter Luftqualität und energiesparendem Lüften

Die Abbildung auf Seite 146 zeigt das Verhältnis zwischen dem Heizenergieverbrauch und dem Lüften, dargestellt als Luftwechselrate im Jahresdurchschnitt. Je nach Bauart und Größe des Gebäudes, würde die Kurve flacher (z. B. kleine Wohnung) oder steiler (z. B. großes Einfamilienhaus) ansteigen.

Die Luftwechselrate beschreibt wie oft die Luft ausgetauscht wird und ist abhängig von der Dichtigkeit der Fenster und Türen des Gebäudes, sowie der Dauer der Lüftung. Eine Luftwechselrate von 1 bedeutet, dass die Luft einmal pro Stunde komplett ausgetauscht wird; eine Luftwechselrate von 0,5 bedeutet, dass jede zweite Stunde die Luft vollständig erneuert wird. Je höher die Luftwechselrate, desto mehr wird gelüftet oder umso undichter ist das

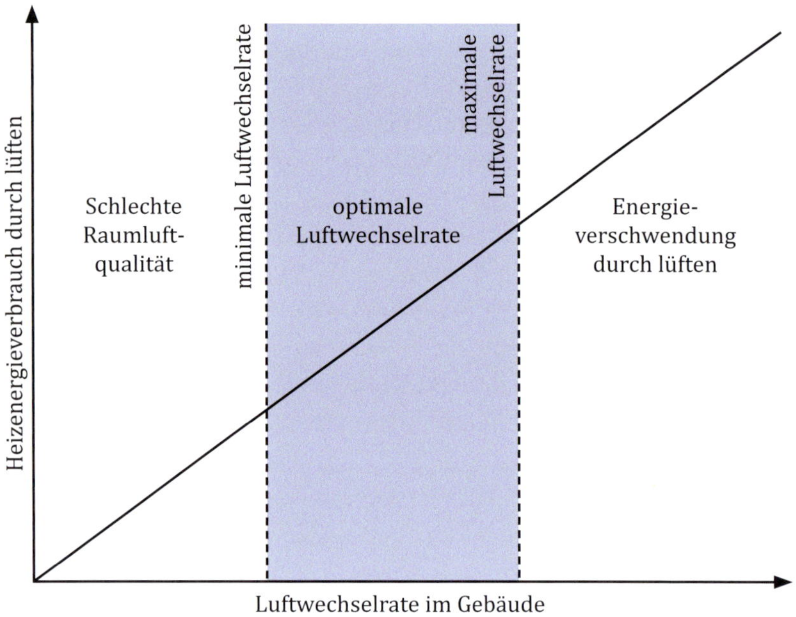

Abbildung 91: Heizenergieverbrauch durch Lüften in Abhängigkeit von der Luftwechselrate

Gebäude. Die Luftwechselrate hängt ferner von außenklimatischen Bedingungen ab. Bei viel Wind ist die Luftwechselrate in der Regel höher.

Der Bereich der optimalen Luftwechselrate wird links – unzureichende Luftqualität – und rechts – Energieverschwendung durch zu viel Lüften – abgegrenzt. Sehr dicht gebaute Gebäude wie zum Beispiel Passivhäuser benötigen zur Sicherstellung der hygienischen Luftqualität deshalb zwingend eine automatische Lüftungsanlage.

Der Vollständigkeit halber sollte erwähnt werden, dass manuelles Lüften über das Jahr nicht mit einer konstanten Luftwechselrate erfolgen kann und dass das Lüftungsverhalten von der Jahreszeit und den Aktivitäten im Gebäude sowie des Raumvolumens abhängt. Wurde gerade ein wilder Kindergeburtstag gefeiert, muss mehr gelüftet werden, als wenn niemand zuhause ist. Trotzdem zeigt das Beispiel auf, dass bei manuellem Lüften der Nutzer durch ein bewusstes Verhalten Energieverluste reduzieren und eine gute Luftqualität schaffen kann.

Regelmäßig gelüftet werden muss in der Praxis hauptsächlich, um menschliche Ausdünstungen wie die Ausatemluft sowie Schweiß zu entfernen. In der ausgeatmeten Luft befinden sich verschiedene, an sich ungiftige Ausatemgase wie zum Beispiel CO_2 oder Stickstoff. Wie viel Luft ausgeatmet wird hängt von unseren Aktivitäten ab. Während des Schlafens deutlich weniger als während der Hausarbeiten oder gar Sport. Deshalb kann pauschal keine Empfehlung für das Lüften gegeben werden. Vor 150 Jahren untersuchte Dr. med. Max von Pettenkofer bei welcher Konzentration von CO_2 sich die Versuchspersonen noch wohlfühlen und setzte die Konzentration auf < 1.000 ppm (parts per million) fest. Dieser Grenzwert gilt bis heute. CO_2 ist an sich nicht gesundheitsschädigend. Beispielsweise in U-Booten kann der Konzentrationsgehalt deutlich höher sein.

In der durchschnittlichen Umgebungsluft sind bereits 411 ppm CO_2 enthalten, Tendenz steigend *[Gemessen am Mauna Loa Observatory auf Hawaii]*. Mit diesem relativ hohen Absprungpunkt der Umgebungsluft wird der Grenzwert je nach Raumvolumen schnell erreicht.

Verschiedene Studien an Schulen belegen, dass mit guter Luftqualität die Konzentration und Leistungsfähigkeit der Schüler um etwa 10 % gesteigert werden konnte. Auch treten Kopfschmerzen, andauernde Müdigkeit, Schwindel oder Übelkeit bei frischer Luft weniger auf. Der viel diskutierte Einsatz von Lüftungsampeln in Klassenzimmern erscheint daher sinnvoll.

VOCs (Volatile Organische Verbindungen) und das Sick Building Syndrome

Neben menschlichen Ausdünstungen gibt es jedoch auch gefährliche Bestandteile in der Luft, welche gesundheitliche Beschwerden hervorrufen können. In luftdichten Gebäuden können diese Schadstoffe kaum entweichen. Das Phänomen wird als „Sick Building Syndrome", beziehungsweise Gebäudekrankheit bezeichnet und wurde zunächst in Büros festgestellt.

Mitarbeiter hatten nach einem Arbeitstag Beschwerden, die teilweise wieder nachließen, sobald sie an der frischen Luft waren. Wohngifte entstehen im Inneren der Gebäude und können beispielsweise aus Verpackungsmaterialien, Teppichen, Tapeten, Kunststoffen, Farben, Möbeln, Matratzen, Kabelummantelungen, Klebstoffen, Flammschutzmitteln oder PVC-Böden als sogenannte VOCs (Volatile Organische Verbindungen *[Formaldehyde, Benzol, Toluol, Styrol, Alkohol usw.]*) entweichen. Diese flüchtigen Substanzen gasen bei Zimmertemperatur in Innenräumen über Stunden, Tage, Monate oder gar Jahre aus. VOCs sind nicht eine einzige spezifische Substanz, sondern ein ganzes Bündel, welches entsprechend den Siedebereichen eingeteilt wird. Außer aus Gegenständen und Baustoffen im Gebäude können VOCs auch aus Putzmitteln, Kosmetika sowie beim Rauchen oder Kochen freigesetzt werden.

Zwar sind nicht alle VOCs gesundheitsbedenklich (z. B. die VOC-Geruchsentwicklung bei Kaffeeröstung), trotzdem können hohe Konzentrationen gesundheitsbedenklicher VOCs zu Hautausschlägen, Reizungen der Augen, Schleimhaut, Nase, Rachen oder zu Müdigkeit, Einschränkung der Konzentration, Kopfschmerzen und Geschmacksverlust führen. Nicht alle VOCs sind vom Menschen riechbar, was ein adäquates Lüften erschwert.

CO_2 und VOC messen

Im Gegensatz zu VOCs ist CO_2 hingegen auch in höheren Konzentrationen nicht gesundheitsschädlich, jedoch ein guter Indikator für menschliche Ausdünstungen. CO_2 eignet sich deshalb besonders in Räumen, wie zum Beispiel Schlaf- oder Wohnzimmer, als Indikator zum Lüften. VOCs dagegen umfassen einen ganzen „Blumenstrauß" an chemischen Substanzen, die in sämtlichen Räumen entstehen können. Beispielsweise in der Küche beim Kochen oder beim Putzen.

Um VOCs vergleichbar mit CO_2 darzustellen, werden VOCs oftmals als CO_2-equivalent angegeben. Dabei werden die VOC-Messwerte auf die realen CO_2-Werte angeglichen.

Die Abbildung auf Seite 148 zeigt schematisch über den Tag den Verlauf von VOCs und CO_2. Es wird nachts bei geschlossenem Fenster geschlafen und nach dem Aufstehen gleich gelüftet, um nachts ausgeatmete Atemgase und Ausdünstungen zu entfernen. Durch das Frühstücken, Kaffee kochen und Duschen entstehen VOCs, die sich relativ schnell wieder verflüchtigen. Nach Verlassen des Hauses bleibt der CO_2-Wert nahezu konstant, da keine menschliche Ausatmung stattfindet. Jedoch steigen im gleichen Zeitraum die VOCs stark an, da die Sonneneinstrahlung in die Räume VOCs aus Möbeln und Teppichböden ausgasen lässt. Dies wird von dem CO_2-Sensor nicht erkannt.

Während des Mittagessens steigen zunächst VOCs durch Kochen und später auch CO_2 durch menschliche Ausatmung an. Im Anschluss wird gelüftet, allerdings nicht ausreichend. Die Luftqualitätswerte liegen nach dem Lüften nach wie vor bei über 1.000 ppm. Nachmittags steigen die Werte durch den Aufenthalt und das Putzen erneut an. Vor dem Schlafen gehen wird nochmals richtig gelüftet.

Abbildung 92: Beispielhafte Darstellung von CO_2 und VOC über einen Tagesverlauf

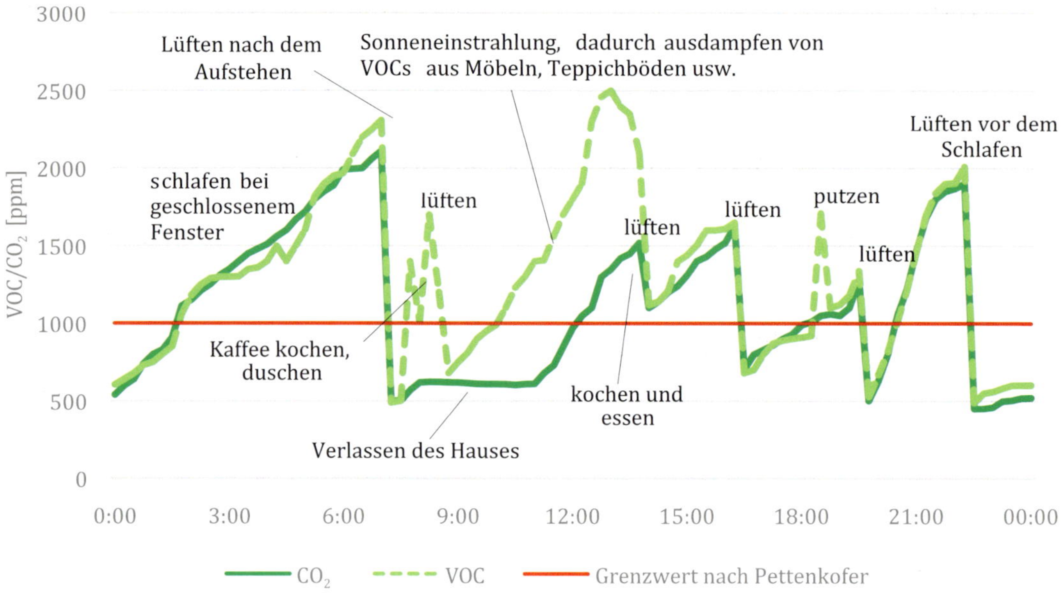

Neben CO_2 und VOCs können im Wohnbereich zudem gesundheitsschädliche Partikel entstehen, deren Auswirkungen im späteren Verlauf beschrieben werden.

60 Prozent der Europäer lüften nicht ausreichend

Das Beispiel zeigt, sowohl CO_2 als auch VOCs sind gute Indikatoren als Maßstab zum Lüften. Jedoch können beide Größen nicht über unsere menschlichen Sinnesorgane ausreichend wahrgenommen werden. Wer kennt es nicht: Man betritt einen Raum, in dem bereits Personen sind, und es riecht schlecht. Den anwesenden Personen fällt dies allerdings nicht auf. Dies dürfte einer der Gründe sein, weshalb 60 % der Europäer unzureichend lüften (92).

Insbesondere für gut gedämmte Häuser lohnt es sich deshalb, CO_2- und/ oder VOC-Messgeräte anzuschaffen, um bedarfsgerecht sowie energieeffizient lüften zu können. Bei Einsatz dieser Sensoren wundert man sich häufig, wie schnell sich die Luftqualität in unseren vier Wänden verschlechtern kann. CO_2- und VOC-Messgeräte verfügen meist über eine zusätzliche Luftfeuchtigkeitsmessung (Hygrometer), die wie bereits erwähnt, zum richtigen Lüften gegen Schimmel eingesetzt werden sollte. Auch gibt es smarte Geräte mit App-Anzeige, die sich in Smart-Home-Systeme integrieren lassen oder auf Raumdisplays die Werte anzeigen.

Virenübertragung

Die Übertragung von Viren kann durch die Umgebungsbedingungen in unserem Zuhause beeinflusst werden. Beispielsweise treten im Winter, wenn wir uns häufiger in geschlossenen Räumen bei trockener Luft aufhalten, Grippeerkrankungen vermehrt auf. Verantwortlich dafür sind sogenannte Aerosole, feinste Wassertröpfchen, die aus der Lunge über die Luft ausgeatmet werden und Viren enthalten können.

Studien zeigen, dass bei einer relativen Luftfeuchtigkeit zwischen 40 – 60 % Viren generell weniger infektiös sind (93). Glücklicherweise ist das genau der Bereich der thermischen Behaglichkeit. In folgender Abbildung ist deutlich zu sehen, dass mit Raumluftfeuchten ober- und unterhalb von 40 bis 60 % Erkrankungsrisiken bestehen.

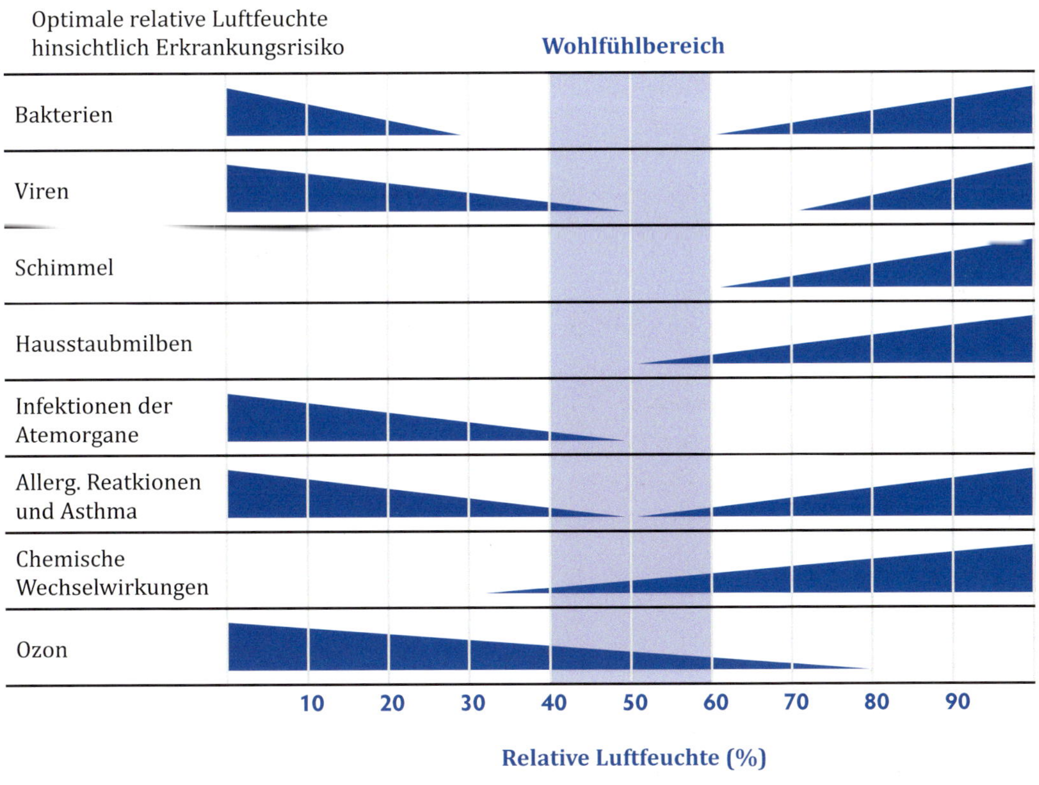

Abbildung 93: Optimale Luftfeuchtigkeit gegen Erkrankungsrisiken

Abbildung 94: Die optimale Luftfeuchtigkeit im Raum und regelmäßiges Lüften können die Virenübertragung deutlich verringern

Bei zu trockener Luft sind die Viren nicht nur infektiöser, sie können auch auf den ausgetrockneten Schleimhäuten im menschlichen Hals leichter anhaften, werden nicht weggespült. Bei „Kratzen im Hals“ sollte deshalb die Raumluftfeuchte erhöht werden.

Sind mehrere Personen im Raum, so ist regelmäßiges Lüften umso wichtiger, um die Viren loszuwerden. Das Robert-Koch-Institut empfiehlt deshalb bei Virenausbrüchen, wie beispielsweise bei der Corona-Pandemie oder während der Grippesaison, verstärkt zu lüften (95). Gute Indikatoren für richtiges Lüften sind CO_2 und VOCs. Sind diese Werte hoch, so kann auf einen hohen Anteil ausgeatmeter Luft, der potentiell virenbehaftet sein kann, geschlossen werden. Insbesondere bei mehreren Personen im Raum sollte deshalb neben der Feuchte auch abhängig von den CO_2- oder VOC-Werten gelüftet werden. Das Risiko für Virenansteckungen sinkt.

Tipps für eine gute Luftqualität und gegen Virenübertragung

- ☺ Mehrmals und ausreichend am Tag stoßlüften. Je nach Gebäude etwa alle 3 Stunden.
- ☺ Anschaffung eines CO_2-und/ oder VOC-Messgerätes zum richtigen Lüften.
- ☺ Während und nach dem Putzen lüften.
- ☺ Kochen und insbesondere Braten nur mit Dunstabzugshaube.
- ☺ Keine Wäsche in Wohnräumen trocknen.
- ☺ Nicht in geschlossenen Räumen rauchen.
- ☺ Offene Feuerstellen vermeiden.
- ☺ Bei Möbeln, Teppichen, Farben, usw., wenn möglich zertifizierte Produkte verwenden.
- ☺ Potentielle VOC-Quellen zum Ausgasen nach draußen stellen oder ganz entfernen.
- ☺ Insbesondere nach durchgeführten Renovierungen ausreichend lüften.

Äußere Umgebungseinflüsse: Pollen, Reinheit der Außenluft und Radon

Neben den Einflüssen im Gebäudeinneren kann auch die Umgebung unseres Zuhauses unser Wohlbefinden und unsere Gesundheit beeinflussen.

Pollen

In Deutschland leidet etwa jede sechste Person unter Heuschnupfen (96). Pollenflug wird durch Blütenstaub von Gräsern, Bäumen, Sträuchern oder Getreide ausgelöst. An Augen und Nasen können Schleimhäute gereizt werden und Niesreiz, Jucken oder Augentränen auslösen. Befindet sich das Zuhause in einer naturnahen Umgebung, so kann für starke Allergiker der zusätzliche Einbau einer Lüftungsanlage mit Pollenfiltern vorteilhaft sein. Neben der Energieeinsparung wird auch gleichzeitig Abhilfe gegen Pollen geschaffen.

Reinheit der Außenluft

Glücklicherweise kann heute in den allermeisten Gegenden Deutschlands und Europas von nahezu reiner Außenluft ausgegangen werden – auch wenn wir längst noch nicht am Ziel sind. Das war in der Vergangenheit nicht immer so. Erinnern wir uns an das Ruhrgebiet der 1960er-Jahre, als tagsüber wegen zu viel Smog mit Licht gefahren werden musste. Oder an die Luftverschmutzung in der ehemaligen DDR. Noch bis heute leiden in den entsprechenden Regionen Menschen vermehrt an Atemwegserkrankungen.

Stickstoffdioxid (NO_2), Feinstaub (PM) *[PM: Particulate Matter]* und Ozon (O_3) sind typische Schadstoffe in der Außenluft. Manche davon liegen regional zeitweise über den zulässigen Höchstwerten (97). Feinstaub und Stickstoffdioxid werden bei Verbrennungen, wie zum Beispiel im Straßenverkehr (Abgase, Reifenabrieb), von Heizungsanlagen oder der Industrie freigesetzt. Ozon ist ein sekundärer Luftschadstoff, der sich wiederum aus Stickoxiden entwickelt. Stickstoffdioxid und Ozon können Atemwegserkrankungen verursachen, insbesondere bei geschwächten Personen. Ozon steht zudem im Verdacht beim Menschen Krebs auszulösen (97).

Feinstaub wird in PM_{10}, $PM_{2,5}$ und in ultrafeine Partikel eingeteilt. Je feiner die Partikel sind, desto tiefer treten sie in den menschlichen Körper ein. PM_{10} bis in die Nasenhöhle, $PM_{2,5}$ ist lungengängig und dringt bis in die Bronchien vor, ultrafeine Partikel sogar bis in die Blutlaufbahn.

Die Abbildung auf Seite 152 zeigt die Messwerte einer Luftmessstation, für Stickstoffdioxid, Feinstaub und Ozon, in Echtzeit an einem Sommertag (98). Luftverschmutzungen mit einer grünen Farbskala sind gut, während rot sehr ungesund ist. Im Diagramm ist erkennbar, wie insbesondere Feinstaubwerte, aber auch Stickstoffdioxid von einem Sonntag auf den Werktag Montag ansteigen. Aufgrund des sonnigen, warmen Wetters sind die Ozonwerte insbesondere am Nachmittag erhöht.

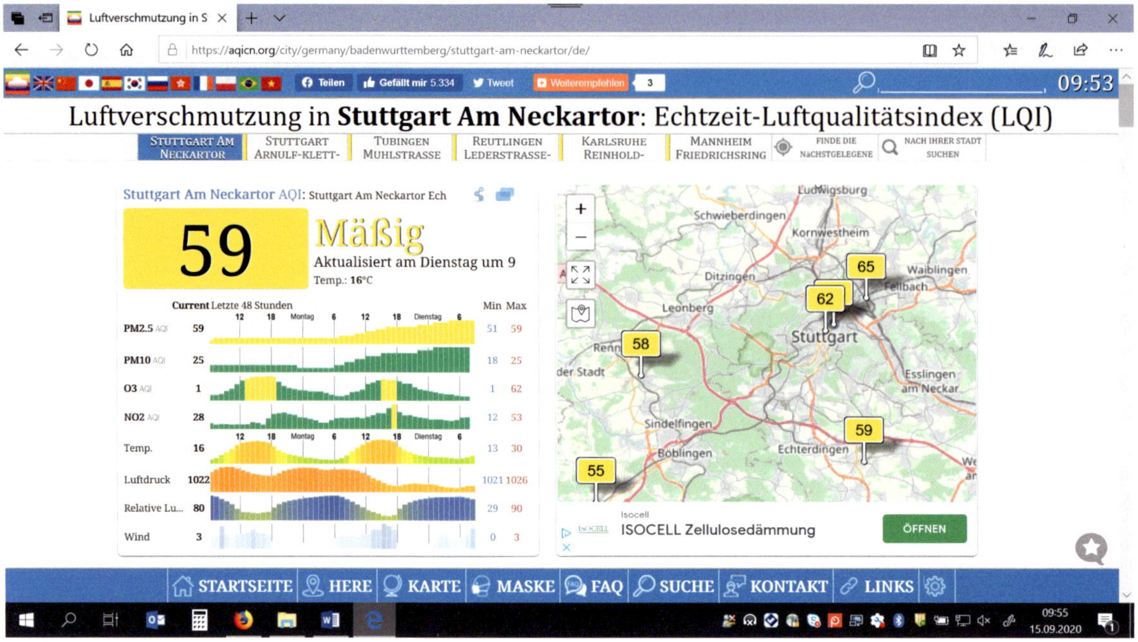

Abbildung 95: Messwerte einer Luftmessstation in Stuttgart am Neckartor an einem Sommertag

Tipps gegen Pollen und unreine Außenluft

- ☺ Pollen-App oder entsprechende Webseiten nutzen *[Beispiel: https://www.wetter.com/gesundheit/pollenflug/ https://allergiecheck.de/pollenflug/pollenflugkalender]*.
- ☺ Luftwäscher einsetzen.
- ☺ Bei Pollenflug tagsüber, wenn möglich Fenster geschlossen lassen, morgens und abends lüften.
- ☺ Bei Neubauten und Sanierungen: Lüftungsanlage mit Pollenfilter installieren.
- ☺ Bei unzureichender Reinheit der Außenluft nicht lüften. Es gibt zahlreiche Apps und Webseiten, die die Außenluftqualität darstellen *[Beispiel für Webseiten: https://www.umweltbundesamt.de/daten/luft/luftdaten/luftqualitaet https://aqicn.org/map/germany/de/]*.
- ☺ Bei hoher Feinstaubbelastung Partikelsensor anschaffen *[Zwischen 150 bis 200 € erhältlich, oft mit zusätzlicher App-Anzeige und Smart-Home-Integration]*.

Entstehung von Feinstaub im Wohnbereich

Neben der Außenluft kann Feinstaub auch im Gebäudeinneren durch offene Kamine, Kerzen, Rauchen, Kochen mit Gas, anbraten, Papier ausdrucken oder staubsaugen entstehen. Aufgrund des geringeren Luftvolumens im Gebäude kann die Feinstaubbelastung innen schnell höher als außen liegen. Auch ein Grund, weshalb die Innenraumluft um ein Vielfaches schlechter als die Außenluft sein kann.

Abbildung 97: Feinstaub kommt nicht nur von außen, sondern kann auch im Gebäude entstehen.

Tipps gegen Feinstaub im Wohnbereich

- ☺ Beim Kochen und Braten Dunstabzugshaube einschalten.
- ☺ Lüften während innen Feinstaub erzeugt wird. Z. B. durch Feuer, Kerzen, Rauchen.
- ☺ Luftwäscher einsetzen.
- ☺ Gegebenenfalls Partikelsensor anschaffen *[Zwischen 150 bis 200 € erhältlich, oft mit zusätzlicher App-Anzeige und Smart-Home-Integration].*

Radon

Ein in der Öffentlichkeit bisher nur unzureichend diskutiertes Phänomen ist die potentielle Radonbelastung in Gebäuden. Radon ist ein natürliches Zerfallsprodukt, welches als Gas aus Gesteinen und Böden entweicht und sich über Bodenluft oder Wasser ausbreitet. Im Freien sind Radonkonzentrationen gering, können jedoch in geschlossenen Gebäuden mit weniger Volumen deutlich ansteigen. Die Radonbelastung hängt in erster Linie davon ab, wie viel Radon im Untergrund entsteht, wie dicht und mit welchen Materialien das Gebäude gebaut wurde und wie oft gelüftet wird (99).

Da Radon fortdauernd entsteht, kann es nicht einmalig weggelüftet werden. Alte Gebäude sind häufiger betroffen als Neubauten, Gebäude mit Kellern stärker als Gebäude ohne. Radon ist nach dem Rauchen eine der häufigsten Ursachen für Lungenkrebs (100).

Abbildung 96: Hohe Radonkonzentrationen können insbesondere im Gebäude entstehen

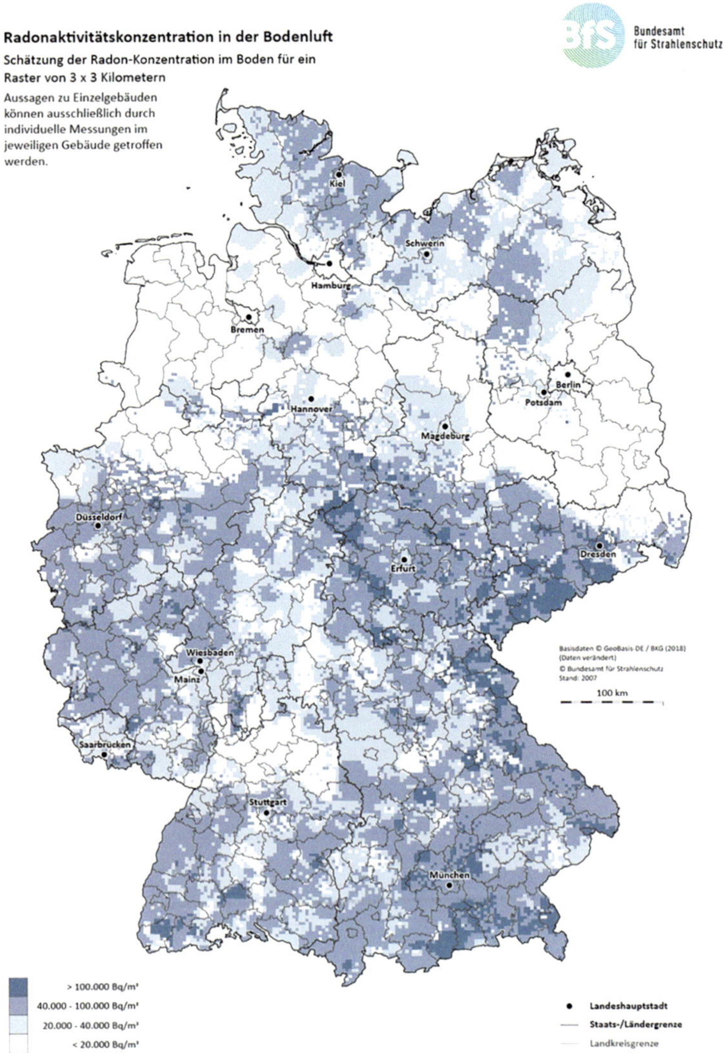

Abbildung 98: Prognose der Radonkonzentration der Bodenluft in einem Meter Tiefe. Für den genauen Wohnort sind individuelle Messungen notwendig

Die Abbildung zeigt eine Schätzung der Radonkonzentration in der Bodenluft in einem Meter Tiefe. Dies lässt allerdings keinen Rückschluss auf die individuelle Strahlenbelastung eines Gebäudes zu. Dazu sind separate Messungen notwendig. Einfache Radonmessgeräte können für wenige hundert Euro gekauft oder auch gemietet werden. Da die Radonbelastung entweder da ist oder nicht, ist das Mieten meist die günstigere Alternative.

Tipps gegen Radon Zuhause

☺	Für individuelle Radonmessung: Radonmessgerät mieten, erwerben oder Experten mit Messung beauftragen.
☺	Gegen Radon hilft als Sofortmaßnahme regelmäßiges Lüften.
☺	Bei Neubauten und Häusern in Gebieten mit hoher Belastung sollte das Gebäude durchgehend gegen Bodenfeuchte abgedichtet werden.
☺	Räume mit hoher Aufenthaltsdauer, z. B. Schlafzimmer, möglichst weit weg vom Erdboden beziehen.

Das 3G-Haus: Grün, Gescheit & Gesund

Zusammenfassend wird nun beschrieben, wie ein effizientes, intelligentes und gesundes Zuhause schon heute aussehen könnte.

Die Abbildung zeigt ein Gebäude – einen Neubau oder auch ein saniertes Bestandsgebäude –mit relevanten, intelligent vernetzten Komponenten.

Blau dargestellt sind sämtliche, miteinander vernetzten, elektrischen Erzeuger und Verbraucher. Um die Energiekosten zu senken,

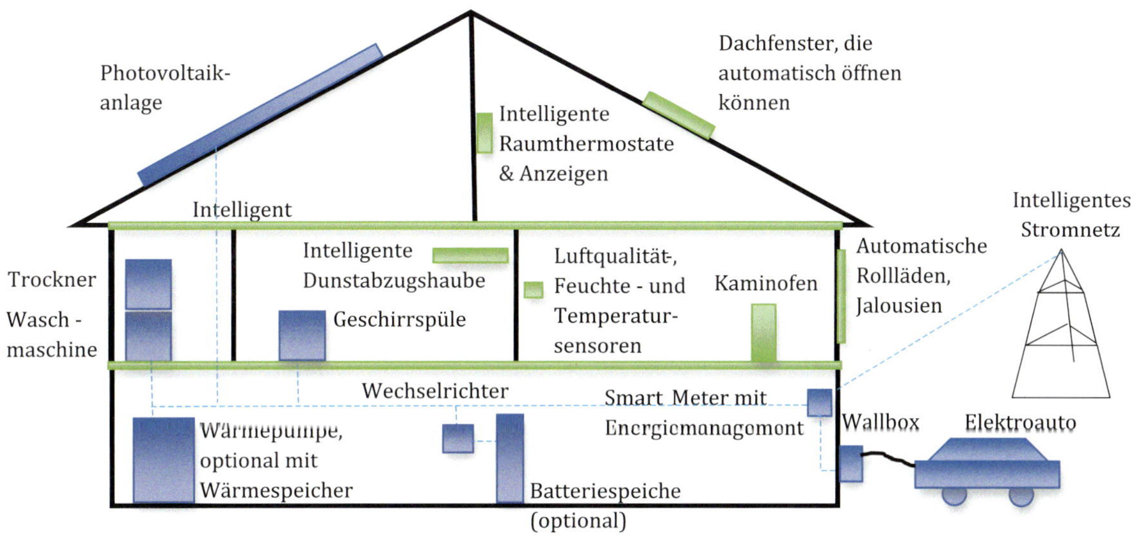

Abbildung 99: Intelligentes, energieeffizientes, sparsames und gesundes Zuhause

steuert der Energiemanager die Verbraucher so, dass ein maximaler Anteil des selbst erzeugten Photovoltaikstroms im Haus verbraucht wird. Für den Strombezug aus dem Netz werden über den Smart Meter die Verbraucher prädiktiv so gesteuert, dass ein Strombezug hauptsächlich bei günstigem Netzstrom erfolgt. Dann kann auch der optionale Stromspeicher geladen werden.

Zu den steuerbaren Großverbrauchern gehören die Wärmepumpe, Wallbox, Waschmaschine, Trockner und Spülmaschine. Nicht vernetzte Hausgeräte können gegebenenfalls auch über intelligente Steckdosen in das Energiemanagement nachträglich eingebunden werden.

Das Haus ist in der Lage, Überschüsse aus dem Stromnetz aufzunehmen oder bei Stromengpässen im Netz seinen Stromverbrauch zu reduzieren. Dies wird hauptsächlich über die Wärmepumpe und Wallbox realisiert.

Grün gefärbt sind, abgesehen vom Kaminofen, sämtliche über ein Smart-Home-System vernetzte Komponenten, welche sich auf die Gesundheit und den Wohnkomfort auswirken. Dazu gehören Sensoren, die Luftqualität und Feuchtigkeit messen und hauptsächlich in Schlafräumen zum Einsatz kommen. Sie unterstützen den Nutzer dabei, bedarfsgerecht und effizient zu lüften, um Energieverluste beim Lüften zu reduzieren. So wird Schimmel vermieden und durch eine gute Luftqualität der Schlaf, die Konzentration und der Wohnkomfort insgesamt gesteigert. Durch die Vernetzung mit der Dunstabzugshaube und automatischen Fenstern, kann die Lüftung bedarfsgerecht entsprechend der Luftqualität innen und außen erfolgen.

Der Kaminofen steigert den Wohnkomfort im Gebäude und senkt den Energiebedarf für die Wärmepumpe, die insbesondere an sehr kalten Tagen mit geringerer Effizienz arbeiten würde.

Raumthermostate zeigen dem Bewohner auf Displays (HMIs *[Human Machine Interface]*) relevante Raumwerte an und steuern entsprechend der Anwesenheit, unterstützt durch Raumtemperatursensoren, die Fußbodenheizung. Längere Abwesenheitszeiten werden erkannt und die Raumtemperatur zum Energiesparen automatisch verringert. Jalousien werden prädiktiv gesteuert, um über Sonneneinstrahlung die Heizung im Winter zu unterstützen und im Sommer ein Überhitzen der Räume zu vermeiden.

Auf Smartphone-Apps und gegebenenfalls zusätzlichen Raumdisplays werden den Bewohnern sämtliche Daten zu Energieverbrauch, Wohnkomfort und Historien visualisiert. Diese können mit Sprachsteuerung und weiteren digitalen Funktionen aus dem Internet, die das Leben erleichtern, kombiniert werden.

Im Folgenden werden zwei Beispiele für ein Bestandshaus und einen Neubau quantitativ beschrieben.

Beispiel1: Bestandshaus, nachträglich gedämmt und auf Wärmepumpenheizung umgerüstet

Überschlägige Daten:

- Wohnfläche: 170 m^2
- Verteilsystem Heizung: Radiatoren, Plattenheizkörper
- 5 Personen: Stromverbrauch 4.000 kWh
- Energieverbrauch: 90 kWh/ (m^2 a), 15.300 kWh pro Jahr
- Heizung: Sole-Wasser-Wärmepumpe mit 14 kW Nennleistung, Stromverbrauch: 6.000 kWh/ Jahr
- Kombispeicher
- Kaminofen zur Entlastung der Wärmepumpe
- Eine Wallbox mit 11 kW Ladeleistung
- 1 Elektroauto, Stromverbrauch für Laden Zuhause: 3.000 kWh/ Jahr
- Summe Stromverbrauch (Haushalt, Heizung, Mobilität): 13.000 kWh/ Jahr
- Photovoltaikanlage mit 9 kW_{Peak}, Stromerzeugung 9.000 kWh/ Jahr

Ohne die Elektroautos verbraucht das Gebäude 10.000 kWh Strom und erzeugt über die Photovoltaikanlage 9.000 kWh pro Jahr.

Unter Einbeziehung der Mobilität müssen in Summe noch 4.000 kWh Strom pro Jahr bezogen werden. Zusätzlich hinzu kommen die Strommengen für das Laden des Elektroautos an öffentlichen Ladestationen.

Beispiel 2: Neubau als Energie Plus Haus
Überschlägige Daten:

- Wohnfläche: 150 m²
- Verteilsystem Heizung: Fußbodenheizung
- 4 Personen: Stromverbrauch 3.500 kWh
- Energieverbrauch: 60 kWh/ (m² a), 9.000 kWh pro Jahr
- Heizung: Luft-Wasser-Wärmepumpe mit 8 kW Nennleistung, Stromverbrauch: 2.500 kWh/ Jahr
- Pufferspeicher: Bei Fußbodenheizung nicht unbedingt notwendig (mit Installateur im Einzelfall zu klären)
- Eine Wallbox mit 11 kW Ladeleistung
- 1 Elektroauto, Stromverbrauch für Laden Zuhause: 3.000 kWh/ Jahr
- 1 Hybridauto, Stromverbrauch für Laden Zuhause: 2.000 kWh/ Jahr
- Summe Stromverbrauch (Haushalt, Heizung, Mobilität): 11.000 kWh/ Jahr
- Photovoltaikanlage mit 7 kW_{Peak} (maximal nutzbare Dachfläche), Stromerzeugung 7.000 kWh/ Jahr
- Batteriespeicher mit 4 kWh Ladekapazität, als Paket mit neuer Photovoltaikanlage zusammen installiert. Die Batterie kann kleiner gewählt werden, da indirekt die Wärmepumpe als auch die Elektroautos in Zeiten von viel Sonne Strom speichern können

Ohne die Elektroautos verbraucht das Gebäude 6.000 kWh Strom und erzeugt 7.000 kWh pro Jahr. Es ist also ein Energie Plus Haus.

Unter Einbeziehung der Mobilität müssen noch 4.000 kWh Strom pro Jahr bezogen werden.

Passivhäuser: Ganz ohne Heizung

Die am stärksten entwickelte Form eines Energiesparhauses ist das Passivhaus. Die Gebäudehülle des Passivhauses ist äußerst stark gedämmt und „passive“ Wärmequellen werden genutzt. Dazu zählen die einfallende Sonnenstrahlung sowie interne Wärmequellen durch Menschen oder elektrische Geräte.

Aufgrund des äußerst geringen Heizwärmebedarfs benötigen Passivhäuser keine große und teure Heizung. Passivhäuser sind aufgrund ihrer Dichtheit mit einer Wohnraumlüftung mit Wärmerückgewinnung ausgestattet. Die benötigte Restwärme kann über Heizregister in der Zuluft oder solarthermisch erzeugt werden *[Ein Passivhaus hat eine maximale Heizlast von weniger als 10 W/m² und einen Heizwärmebedarf unter 15 kWh/(m²a). Für einen Neubau mit 150 m² wäre somit ein Wärmeerzeuger mit nur noch 1,5 kW Heizleistung ausreichend]*. Warmwasser wird in der Regel über eine effiziente Warmwasserwärmepumpe bereitgestellt.

Abbildung 100:
Energieeffiziente Gebäude

Wie wir in Zukunft bauen und renovieren können

Abbildung 102: Lehmverputze Häuser sorgen für ein ausgeglichenes und wohltuendes Raumklima im Inneren

Seit jeher werden wir von unseren Gebäuden beeinflusst – das galt schon für die ersten Höhlen und gilt heute genauso für die modernen Häuser. Neuere Forschungen betrachten den Einfluss der Architektur und der umbauten Umwelt (Architekturpsychologie) sowie der Räume (Wohnpsychologie) auf uns Menschen. Unser Wohlbefinden und unsere Leistungsfähigkeit hängen maßgeblich von der Gestaltung der Gebäude ab. Ferner beeinflusst die Art wie wir bauen unsere Gesundheit und das Klima.

Abbildung 101: Dank der industriellen Vorfertigung können Holzhäuser vor Ort schnell aufgestellt werden

„Neue" Materialien: Holz, Lehm, Stroh, Hanf, Schilf und Moos

Aufgrund der weltweiten Zunahme der Bevölkerung Richtung 10 Mrd. Menschen und dem wachsenden Bedarf bei der Wohnfläche pro Kopf, wird in den nächsten Jahrzehnten in einigen Weltregionen ein regelrechter Bauboom erwartet. Aber auch in Deutschland hat sich die Anzahl jährlich fertiggestellter Wohnungen von 169 Tausend im Jahr 2009 auf 293 Tausend im Jahr 2019 fast verdoppelt (103).

Die dafür notwendige Zement-Herstellung ist einer der emissions-intensivsten Industrieprozesse. Rund 2 % der deutschen Treibhausgase und 8 % der globalen Emissionen werden durch die Zementherstellung verursacht (104). Zahlen, die der Öffentlichkeit zu wenig bekannt sind. Hinzu kommt die Entsorgung von Sondermüll bei Renovierungen oder Abriss. Öffentliche Diskussionen zur Verringerung der CO_2-Emissionen im Gebäude werden, wenn, dann meist nur über das Dämmen oder effiziente Heizungstechnologie geführt. Weniger über die Reduzierung des CO_2-Rucksacks zur Herstellung der Gebäude.

Gegenüber Stahl, Beton und Glas können nachhaltige Baumaterialien die CO_2-Emissionen, die bei der Errichtung von Gebäuden entstehen, deutlich reduzieren. Sie zeichnen sich dadurch aus, dass sie in der Herstellung wenig Energie benötigen, örtlich verfügbar und wiederverwertbar sind und so den ökologischen Fußabdruck des Gebäudes verringern. Zudem geben sie keine Schadstoffe ab und schaffen eine angenehme Wohnumgebung.

Holz, Lehm, Stroh, Hanf und Schilf sowie Moos zählen zu diesen „modernen“ Baumaterialen, die zum Teil schon seit der frühen Menschheitsgeschichte zum Einsatz kommen.

Holz

Holz kommt bereits seit Jahrhunderten zum Einsatz – es gibt daher viel Erfahrung und Know-How mit Holz als Baumaterial. So gibt es in Deutschland mehrere hundert Jahre alte Fachwerkhäuser, die bis heute unsere Dörfer und Städte aufwerten. Der Baustoff der Zukunft erfreut sich in letzter Zeit großer Beliebtheit. Rund 20 % der Neubauten werden bereits als Holzhäuser realisiert. Oft von außen nicht sichtbar, da sie teilweise oder ganz verputzt werden. Um den Holzbau weiter gezielt voran zu bringen, fördern einige Länder und Kommunen den Wohnungsbau mit dem klimafreundlichen Baustoff.

Das war allerdings nicht immer so. Nach dem 2. Weltkrieg und dem Abbrand ganzer Stadtteile mit Gebäuden aus Holz, hatten wir hierzulande das Vertrauen in den Baustoff verloren. Heutzutage werden dagegen ganze Hochhäuser aus Holz gebaut. Es gilt natürlich, die strengen Brandschutzbestimmungen zu beachten, weshalb Treppenhäuser zur Sicherheit oft mit Beton realisiert werden.

Bauen mit Holz hat einige Vorteile. Der umweltfreundliche Baustoff lässt verschiedene Formen zu und ist leicht. Holzhäuser können industriell vorgefertigt werden. Die einzelnen Elemente werden inklusive Fenster und Türen an der Baustelle angeliefert und dort in wenigen Tagen aufgestellt. Durch die industrielle Vorfertigung wird „Pfusch am Bau“ reduziert. Zudem erfolgt die industrielle Herstellung der Elemente wetterunabhängig. Die gegenüber der Baustelle deutlich ergonomischeren Arbeitsplätze sind insbesondere für ältere Mitarbeiter von Vorteil.

Die Vor- und Nachteile eines Holzhauses gegenüber einem Massivhaus sind in der folgenden Tabelle auf Seite 160 dargestellt.

Abbildung 103: Individuelle Bauformen können über Holzfassaden realisiert werden

Abbildung 104: Über natürliche und vollständig recyclebare Dämmstoffe kann der ökologische Fußabdruck von Gebäuden maßgeblich gesenkt werden

Holzhaus	Massivhaus
Komplexe Bauformen realisierbar	Beständig gegen Witterung
Leicht, einfach zu verarbeiten	Gute Schallisolierung
Energieeffizient: Gute Dämmung im Winter, Hitzeschutz im Sommer	Robust
Angenehmes Wohnklima	Weniger Instandhaltung
Industrielle Vorfertigung möglich → kürzere Bauzeit vor Ort	Spätere Anbauten leichter möglich

Tabelle 7: Vorteile Holzhaus und Massivhaus

Zum Schallschutz ist in Holzhäusern oftmals eine zusätzliche Trittschalldämpfung auf dem Boden notwendig. Für zusätzlichen Schallschutz, beispielsweise in Schulen oder Bürogebäuden, können sogenannte „Sauerkrautplatten" aus Holzwolle eingesetzt werden, die den Schall aufnehmen. Tragende Holzrahmen müssen vor Feuchtigkeit geschützt werden.

Aufgrund des geringen Gewichts von Holz eignet sich der Baustoff gut für die innerörtliche Nachverdichtung. Auf bestehende Häuser können weitere Stockwerke aufgesetzt werden, die zusätzlich das bestehende Gebäude über den neuen Dachaufbau dämmen. Auf diese Art könnten allein in Deutschland 1,1 Mio. bis 1,5 Mio. Wohneinheiten auf Wohngebäuden der 1950er-bis 1990er-Jahre realisiert werden (105). Gerade in den Städten könnte dadurch der Wohnungsnot begegnet werden.

Holz wird außerdem als Dämmstoff eingesetzt. Die sogenannte Holzfaserdämmung wird vor allem aus Resthölzern hergestellt, die in der Sägeindustrie anfallen, und ermöglicht durch die Aufnahme und Abgabe von Feuchtigkeit ein gutes Raumklima bei relativ hohen Dämmeigenschaften und gutem Schallschutz. Die Holzfaserdämmung ist ein etablierter und gut erhältlich Dämmstoff.

Lehm

Auch der älteste natürliche Baustoff der Welt, der in sämtlichen Kulturen seit Jahrtausenden eingesetzt wird, hat inzwischen Hochkonjunktur bei Bauherren und Architekten. Allerdings in geringerem Maße als Holz. Insbesondere, da durch die Verdrängung des Lehms als Baustoff zu Beginn der Industrialisierung Wissen verloren ging.

Lehm besteht aus einer Mischung aus Ton, Sand und gröberen Bestandteilen wie Kies oder Schotter und zeichnet sich durch eine hervorragende Energiebilanz sowie vielfältige Einsatz- und Gestaltungsmöglichkeiten aus. Seine Zusammensetzung variiert jedoch regional. Lehmbaustoffe trocknen über die Zeit aus und werden nicht gebrannt. Durch das Trocknen erhalten sie ihre Stabilität, die durch Beimischen von weiteren Stoffen weiter erhöht werden kann.

Lehm kann auf verschiedene Arten verbaut werden. Vom Verputz an Häusern, deren Wände aus konventionellen Mauersteinen bestehen, bis zur vollständigen Herstellung von Wänden mit Lehm als tragendem Bauelement. Auch Wände von Strohballenhäusern werden meist mit Lehm verputzt.

Vorteile	Nachteile
Vollständig recyclebar	Für Planung werden fachgerechte Experten benötigt
Guter Brandschutz, schwer entflammbar	Lange Trockenzeit
Filtert Feinstaub und bindet Schadstoffe aus Raumluft. Gut für Allergiker	Lehm schwindet beim Austrocknen. Es können Trocken- und Schwindrisse entstehen
Ausgeglichenes und wohltuendes Raumklima. Nimmt als Wärmespeicher aufgenommene Heizwärme auf und gibt diese als angenehme Strahlungswärme wieder ab. Auch die Luftfeuchtigkeit wird stabilisiert, da Feuchtigkeit langsam aufgenommen und abgegeben wird. → Im Sommer bleiben die Räume angenehm kühl, im Winter schützt der Lehm vor trockener Raumluft	Geringe Dämmung. Lehmbauten müssen zusätzlich gedämmt werden. Oft in Kombination: Flachsdämmung mit einer in Lehm gehüllten Wandheizung
Konserviert Holz. Wird deshalb oft als Putz für Holzhäuser angewandt	Lehm ist nicht wasserfest. Muss vor Regen und vor Frost geschützt werden. Etwa durch Dachüberstand oder Behandlung der Lehmoberfläche im Außenbereich
Trockener Lehm wirkt antibakteriell und abweisend gegen Schädlinge	Höhere Kosten. Für Fertighäuser hingegen können aufgrund des geringeren Planungsaufwandes die Kosten sinken

Tabelle 8: Vor- und Nachteile von Lehm als Baustoff

Stroh

Bauen mit Stroh ist keine grundsätzlich neue Technik. Bereits im 19. Jahrhundert wurden in den USA mit der Entwicklung dampfgetriebener Strohballenpressen Gebäude aus Stroh errichtet.

Dabei wird zwischen tragender und nichttragender Bauweise unterschieden. Bei der tragenden Strohballenbauweise bestehen die Wände gänzlich aus Stroh und nehmen die Dachlasten auf. Bei der nichttragenden Bauweise bildet ein Holzständerwerk das Tragwerk und die Zwischenräume werden, ähnlich dem klassischen Fachwerkhaus, mit Stroh ausgefüllt. In Deutschland wird aktuell Stroh nur in der nichttragenden Bauweise eingesetzt. Hauptsächlich zur Wärmedämmung. Folgende Tabelle stellt die Vor- und Nachteile von Stroh als Baumaterial dar.

Vorteile	Nachteile
Nachwachsender, regional verfügbarer Rohstoff mit guter Klimabilanz. Vollständig recyclebar	Für Planung werden rar gesäte Experten benötigt
Gute Wärmedämmung, ähnlich wie herkömmliche Dämmstoffe	Feuchteschutz notwendig. Stroh muss verputzt werden
Akzeptabler Brandwiderstand, insbesondere, wenn entsprechend verkleidet	Etwas höhere Baukosten. Stroh ist zwar günstiger, allerdings ist der Einbau arbeitsintensiv

Tabelle 9: Vor- und Nachteile von Stroh als Baustoff

Hanf

Aus Hanf und dem ältesten Baumaterial (Naturkalk) lassen sich zusammen mit Wasser Hanfsteine pressen. Im Vergleich zu Holz wächst Hanf etwa 50-mal schneller. Somit könnte rein theoretisch auf einem 1ha großen Feld innerhalb von circa 5 Monaten ausreichend Hanf für ein Einfamilienhaus nachwachsen. Dabei können bis zu 97 % der Pflanze weiterverarbeitet werden. Neben dem Baustoff kann Hanf auch für Papier oder Textilien eingesetzt werden.

In der Vergangenheit wurde in Europa Hanf zur Herstellung von Segeln, Netzen und Kleidern eingesetzt, dann jedoch mehr und mehr durch Baumwolle ersetzt. Anschließend geriet Nutzhanf im Zuge der Verarbeitung zu Marihuana (Drogenhanf) in Verruf und vielerorts wurde der Hanfanbau komplett verboten. Erst in den 1990er-Jahren Jahren ist das Interesse an Nutzhanf wieder gestiegen, die Anbauflächen wurden vergrößert.

Die Vor- und Nachteile von Hanfsteinen werden in der folgenden Tabelle dargestellt.

Schilf

Schilf kommt vor allem in Küstenregionen seit Jahrtausenden (der Jungsteinzeit) zum Einsatz und wird bis heute hauptsächlich zur Dachdeckung (Reetdach, Reet = Rohr) verwendet. Schilf wächst in ufernahen oder sumpfigen Gebieten und kann aufgrund seines Ursprungs gut mit Wasser und Feuchtigkeit umgehen. Es ist relativ hart und verrottet so gut wie nicht.

Aufgrund des vermehrten Einsatzes von Lehm, hat auch Schilf deutlich an Bedeutung gewonnen. Schilf wird zudem als Putzträger – eine Unterkonstruktion aus Schilfrohrgewebe – und zur Fassadendämmung eingesetzt. Bei der Schilf-Dämmung werden mehrere parallele Schilfrohre zu einer Dämmplatte gepresst. Neben der guten Ökobilanz bietet Schilf als Dämmmaterial einen guten Schallschutz. Aufgrund seiner relativ hohen Wärmeleitfähigkeit muss jedoch für die Dämmung eine im Vergleich zu anderen Dämmalternativen recht hohe Dicke gewählt werden. Das schwere Dämmmaterial ist auch nur im speziellen Fachhandel verfügbar.

Vorteile	Nachteile
Nachwachsender und gut recyclebarer Baustoff mit geringen CO_2-Emissionen in der Herstellung	Hanfsteine sind alleine nicht tragfähig. Weitere Holz- oder Betonkonstruktionen sind zum Aufnehmen von Lasten notwendig
Hart und beständig gegenüber äußeren Einflüssen. In Verbindung mit Kalk brandsicher	Im Vergleich zu konventionellen Baumaterialien teurer
Feuchtigkeitsregulierend, gutes Raumklima bei guter Schalldämmung	Wissen über Hanf ist in der Baubranche wenig verbreitet
Beugt aufgrund des guten PH-Wertes Schimmel vor	
Aufgrund der guten thermischen Eigenschaften keine weitere Dämmung notwendig	

Tabelle 9: Vor- und Nachteile von Hanfsteinen

Abbildung 105: Stark im Kommen – und notwendig zur Verbesserung des Stadtklimas – sind Fassaden- und Dachbegrünungen

Moos

In der Innenarchitektur kommt zur Schaffung einer Wohlfühlatmosphäre mehr und mehr Wandmoos in Mode. Als vertikaler Garten an der Wand kann die Gestaltung auf eine kreative Art und Weise erfolgen. Die Farbe Grün steht für Ruhe, Beständigkeit, Gleichgewicht und Stille. Neben dem psychologischen Effekt entweicht über eine mit natürlichem Moos verkleidete Wand weniger Wärme nach außen, an kalten Tagen entsteht wohltuende Verdunstungskälte. Ferner absorbiert Moos den Schall. Wandmoos kommt in Schlaf-, Wohn- oder Esszimmern, aber auch in Büros zum Einsatz.

Im Gegensatz zu bewässerten Systemen (Pflanzenwand), die regelmäßig gedüngt, geschnitten und gewartet werden müssen, ist bei einer natürlich konservierten Mooswand keine Pflege erforderlich. Für eine optimale Haltbarkeit wird lediglich eine Raumluftfeuchtigkeit zwischen 40 und 60 % benötigt. Für die aufgrund der antistatischen Konservierung staubabweisende Mooswand ist kein besonderes Licht notwendig.

Von außen grün: Fassaden- und Dachbegrünung

Fassaden- und Dachbegrünung leisten einen Beitrag zur Verbesserung des Stadtklimas, filtern Staub- und Schadstoffe aus der Luft, schlucken Schall, werten die Architektur auf und schaffen wertvolle Biotope für Vögel und Insekten, also sehr wertvoll für den städtischen Raum.

Insbesondere der innerstädtische Raum heizt sich in den Sommermonaten von Jahr zu Jahr stärker auf. Neben dem spürbaren Effekt des Klimawandels spielen versiegelte Flächen, etwa durch Straßen und Gebäude, die Wärme tagsüber aufnehmen und speichern, ein geringer Luftaustausch, weniger Verdunstung sowie die Wärmefreisetzung durch den Verkehr eine große Rolle. Über Fassaden- und Dachbegrünung kann ein wenig natürlicher Lebensraum im urbanen Raum zurückgewonnen werden.

Verschiedene Kommunen fördern bereits die Dach- und Fassadenbegrünung über üppige Zuschüsse mit einer anteiligen Kostenübernahme. Es ist davon auszugehen, dass in den nächsten Dekaden unsere Städte wieder ein Stück grüner werden, um den Hitzeinseln *[Hitzeinseln beschreiben den Temperaturunterschied einer Stadt zu ihrem Umland. Insbesondere im Sommer können große Temperaturunterschiede zwischen Stadtmitte und Umland auftreten]* im urbanen Raum entgegenzuwirken.

Fassadenbegrünung

Die Fassadenbegrünung kann über Pflanzen, die vor der Wand aus dem Boden wachsen, oder im Trend liegende Wandelemente – Living Walls –, die nicht mit dem Boden verbunden sind, realisiert werden. Beide haben gemeinsam, dass sie mit der Zeit zurechtgeschnitten werden müssen.

Die klassische Methode der vertikalen Gärten setzt auf Kletterpflanzen, die gegebenenfalls durch ein fest installiertes Gerüst unterstützt werden. Nährstoffe und Wasser werden über den Boden aufgenommen, gießen oder düngen ist in der Regel nicht notwendig. Efeu, Wilder Wein oder Kletterhortensien sind typische Selbstklimmer. Da Kletterpflanzen direkt an der Wand anhaften, verbleiben nach dem Entfernen Rückstände an der Wand. Bei Fassaden mit Außendämmung sollte deshalb auf selbstklimmende Kletterpflanzen besser verzichtet werden. Blau- und Waldreben sind typische Gerüstkletterpflanzen. Eine weitere Variante sind hängende Pflanzen, die von oben herab die Fassade begrünen.

Wandgebundene Elemente sind bereits Teil der Fassade und werden mit einem integrierten System zur Bewässerung und Düngung ausgestattet. Oft bei Neubauten oder im städtischen Raum, wenn kein freier Boden verfügbar ist, der über Niederschlag die Pflanzen mit Wasser versorgen kann. Im Vergleich zur klassischen Methode muss nicht Jahre gewartet werden, ehe die Wand zuwächst. Im Gegensatz zur klassischen Wandbegrünung gibt es eine Vielzahl an Pflanzen, die zum Einsatz kommen kann. Geranien, Immergrün oder Johanniskraut sind typisch für die Living Walls.

Dachbegrünung

Durch Dachbegrünung werden in der unmittelbaren Umgebung des Gebäudes die Lufttemperatur, die Luftfeuchtigkeit und die Strahlungsverhältnisse positiv beeinflusst. Zudem entlastet die Dachbegrünung bei Regen die Kanalisation, Abwassergebühren können dadurch unter Umständen gesenkt werden. Auf Dachflächen wachsen gar Kräuter oder andere Nutzpflanzen. Auf Monokulturen sollte jedoch aufgrund der hohen Strahlung und der Frostperioden verzichtet werden. Eine Dachbegrünung steht begehbaren Dachterrassen, Photovoltaik- oder Solarthermieanlagen nicht im Wege.

Als Dachaufbau kommen verschiedene Schichten zum Einsatz, die ein Eindringen der Wurzeln in das Dach verhindern, Niederschlagswasser aufnehmen (Dränage) und gleichzeitig die Pflanzen mit entsprechenden Nährstoffen versorgen. In jedem Fall ist vor der Dachbegrünung die Tragfähigkeit der Dachkonstruktion zu bewerten.

Neben der schalldämmenden Wirkung erfreuen sich Bewohner und Nutzer von dachbegrünten Gebäuden im Winter der zusätzlichen Dämmung und im Sommer der Kühlwirkung. Pflanzen absorbieren und reflektieren die einfallende Strahlung. Zudem kühlt die Wasserverdunstung das Gebäude.

Es wird zwischen der extensiven und der etwa doppelt so teuren intensiven Dachbegrünung mit einer höheren Kühlwirkung unterschieden. Während extensive Dachbegrünung als naturnahe Vegetation eher auf Hausdächern vorzufinden ist, wird die schwerere, intensive Dachbegrünung als parkähnlicher Dachgarten öfters auf Tiefgaragen angepflanzt.

Als Dünnschichtaufbau ist die extensive Dachbegrünung leichter, stellt dafür aber den Pflanzen bei wenig Pflegebedarf nur wenige Nährstoffe bereit. Die Gewächse müssen gegenüber Frost und Trockenheit unempfindlich sein. Typisch sind Moose, Kräuter oder Gräser. Extensive Gründächer können geneigt sein und werden nur zur Wartung und Pflege begangen.

Die intensive Dachbegrünung hingegen stellt den Pflanzen annähernd gleiche Bedingungen wie auf dem Boden zur Verfügung und hat somit einen höheren Pflegeaufwand.

Oft wird die intensive Dachbegrünung mit begehbaren Terrassen oder weiterem Wohnraum über Garagen kombiniert. Auf dem deutlich höheren Dachaufbau können Bäume gepflanzt und begehbare Rasenflächen realisiert werden.

Folgende Tabelle fasst die Vor- und Nachteile einer Dachbegrünung gegenüber einer konventionellen Methode zusammen.

Vorteile	Nachteile
Schafft bessere Luftqualität. Wirkt dem Aufheizen in der Stadt entgegen	Höhere Anschaffungskosten im Vergleich zu einem konventionellen Dach
Verbesserung des Raumklimas im Gebäude (kühlt im Sommer, dämmt im Winter)	Wartungs- und Pflegeaufwand für das Zuschneiden der Pflanzen und Zuführung von Nährstoffen, insbesondere bei intensiv begrünten Dächern
Mechanischer Schutz des Daches, erhöht die Lebensdauer	Höhere Dachlasten, müssen in der Statik berücksichtigt werden
Steigert durch die kühlende Wirkung auf dem Dach die Effizienz von Photovoltaikanlagen	Nur für wenig geneigte Dächer geeignet
Zusätzliche Schalldämmung	
Schutz vor UV-Strahlung	
Entlastet Kläranlagen durch Verdunstung großer Teile des Niederschlags auf dem Dach. Regenwasser bleibt im natürlichen Wasserkreislauf	
Bietet naturnahen Lebensraum für Tiere und Insekten	

Tabelle 10: Vor- und Nachteile der Dachbegrünung

Abbildung 106: Eine Dachbegrünung sieht nicht nur gut aus. Sie kühlt das Gebäude zusätzlich im Sommer und wärmt es im Winter

Das HouseX

2060. Nachdem ich interessiert einige Kapitel im 40 Jahre zuvor verfassten Buch – Haus der Zukunft – gelesen habe, schlage ich es zu und begebe mich ins Schlafzimmer meines HouseX, lege mich aufs Bett und schlafe ein...

Ende der 20er-Jahre hatten zwei amerikanische Tech-Milliardäre auf einer Cocktailparty der California Academy of Science in San Francisco die Idee eines radikalen, disruptiven Innovationsprojektes. Das HouseX. Ein gigantisches, gemeinsames Projekt beider Firmen, welches die Art und Weise wie wir heute leben grundlegend verändern sollte. Die Serviette, auf der die Grobidee skizziert ist, kann heute noch im Technology Museum in San Francisco begutachtet werden.

Das HouseX wurde von Grund auf neu konzipiert und orientierte sich dabei radikal an den Bedürfnissen der Bewohner – neudeutsch auch UX (User Experience) genannt. Durch die starke Kundenzentrierung, verbunden mit dem von damaligen Stardesignern entworfenen Interieur, wurde ein regelrechter Hype um das HouseX ausgelöst.

Noch nie in der Geschichte zuvor gab es ein Projekt mit einem so hohen Entwicklungsbudget, wurde auf eine so völlig neue Art und Weise über die Domänengrenzen hinweg zusammengearbeitet und über virtuelle Tools die weltweit verfügbare Schwarmintelligenz derart genutzt. In dem Projekt konzentrierte sich eine Tech-Firma auf das Gebäudesystem, die Intelligenz und vor allem die Services für den Nutzer. Die andere hingegen auf Design, Entwicklung, Fertigung und den Vertrieb des HouseX.

Im Vergleich zu damaligen Neubauten waren die Investitionskosten für ein HouseX etwa 30 % günstiger. Der Preisvorteil wurde zum einen durch die komplett digitale Abwicklung von Angebot, Kauf, Architektur, Kreditvergabe, Behördenabstimmungen, individueller Konfiguration bis hin zur Bauabnahme gehoben. Zum anderen durch den Einsatz von günstigen, natürlichen Rohstoffen, durch Skaleneffekte, durch die vollautomatische Fließbandproduktion von Gebäudeelementen, durch angewandte Synergien aus der Automobilproduktion, durch ein ausgeklügeltes Logistikkonzept für die Anlieferung der Gebäudeteile und durch die extrem einfache und kurze Montage vor Ort.

Zunächst gab es verschiedene Größen und Ausstattungsniveaus vom HouseX bis zum HouseS. Gemäß einer nachhaltigen Kreislaufwirtschaft *[Auch "Cradle to Cradle" genannt. In der Regel kommen entweder technische Rohstoffe, die im Kreislauf wiederverwendet werden, oder nachwachsende Rohstoffe zum Einsatz]* ist das HouseX so konzipiert, dass es einfach recycelt werden kann. Die Konstruktion des HouseX wird als Holzständerbauweise ausgeführt und in den HouseX-Werken, durch Roboter unterstützt, vorgefertigt. Der CO_2-Fußabdruck des HouseX ist gegenüber einem konventionell gebauten Gebäude deutlich geringer.

Ein Schlüsselelement für den Erfolg dieses Gebäudes war sicherlich die Industrialisierung und Automatisierung manueller Verarbeitungsschritte zur Nutzung natürlicher Baustoffe aus den vorangegangenen Jahrhunderten. Ein Wissen, das im 20. Jahrhundert in Europa beinahe verloren gegangen wäre. Als Dämmmaterial kommen reichlich verfügbares und günstiges Stroh oder Holzfasern zum Einsatz, welche nachträglich mit Lehm verputzt werden. Durch den Einsatz dieser natürlichen Baustoffe konnten nicht nur die Baukosten deutlich reduziert werden, sondern auch der Wohnkomfort gegenüber konventionellen Gebäuden auf eine neue Stufe gehoben werden. Beispielsweise ist durch die natürlichen Baustoffe die Wandtemperatur ähnlich warm wie die Raumtemperatur, was die Behaglichkeit erhöht. Fassaden- und Dachelemente des HouseX werden teilweise begrünt. Niederschlagswasser muss kaum abgeführt werden, was die Betriebskosten reduziert.

Aufgrund der geringeren Investitionskosten und den deutlichen Vorteilen gegenüber konventionellen Gebäuden, verdreifachte sich die Abrissrate energetisch, ineffizienter und vor allem hässlicher, unpraktischer Bestandsgebäude in den 30er-Jahren. Maßgeblich zum Erfolg beigetragen hat auch die Faszination der Kunden für das HouseX.

Die äußerst innovative, optimale Raumaufteilung vergrößerte die gefühlte Wohnfläche gegenüber einem konventionellen Neubau um rund 20 %. Dabei wurden Ideen und Elemente der rund 10 Jahre zuvor entwickelten Tiny Häuser *[Tiny Haus: Ausdruck der Architektur für das Leben in kleinen Häusern, bis zu 45 m², die oft auch mobil genutzt werden. Der zur Verfügung stehende Raum wird optimal genutzt]* übernommen. Das Haus passt sich den individuellen Wohnverhältnissen, je nach Lebensphase, an. Ein junges Paar, ohne Kinder, kann den noch nicht benötigten Platz mit einem zweiten Eingang ganzjährig oder zeitweise über Plattformen vermieten. Später mit Kindern kann die Raumaufteilung einfach umgestellt werden, so dass mehr Wohnfläche für die Familie besteht. Für die Großeltern kann bei Bedarf ein separates Zimmer mit altersgerechtem Bad und Wohnflächen bereitgehalten werden.

Das HouseX ist, inklusive des Verbrauchs von zwei Elektroautos, zu 90 % energieautark. Das bedeutet, dass nur noch 10 % des Stroms zusätzlich gekauft werden müssen. Da über das Jahr gesehen mehr Energie erzeugt als verbraucht wird, handelt es sich um ein Energie Plus Haus.

Wird bei viel Sonne der Strom nicht im Haus verbraucht, so übernimmt der Tech-Gigant die Vermarktung der überschüssigen Strommengen, die von den Häusern eingespeist werden. Über TESLICITY wird der Strom wiederum für das Aufladen von Elektroautos an öffentlichen Ladestationen vermarktet.

Zudem verfügt TESLICITY über regional verteilte Elektrolyseure, die den überschüssigen Strom der Häuser bündeln – pooling – und zusammen mit überschüssigem Windstrom grünen Wasserstoff erzeugen. Überschüssiger Strom wird somit saisonal gespeichert und vor Ort in das vorhandene Gasnetz eingespeist. Die dafür notwendige Infrastruktur wurde über CO_2-Kompensationszahlungen und Zertifikate, die Endverbraucher und Industrie entrichten müssen, finanziert.

Die Dachform des HouseX ist so optimiert, dass bei unterschiedlich hohem Sonnenstand eine maximale Menge an Photovoltaikstrom geerntet werden kann. Zudem sind, abgesehen von der Nordseite, Photovoltaikmodule in die Fassade integriert. Die Fassadenbegrünung

Abbildung 107:
Das HouseX

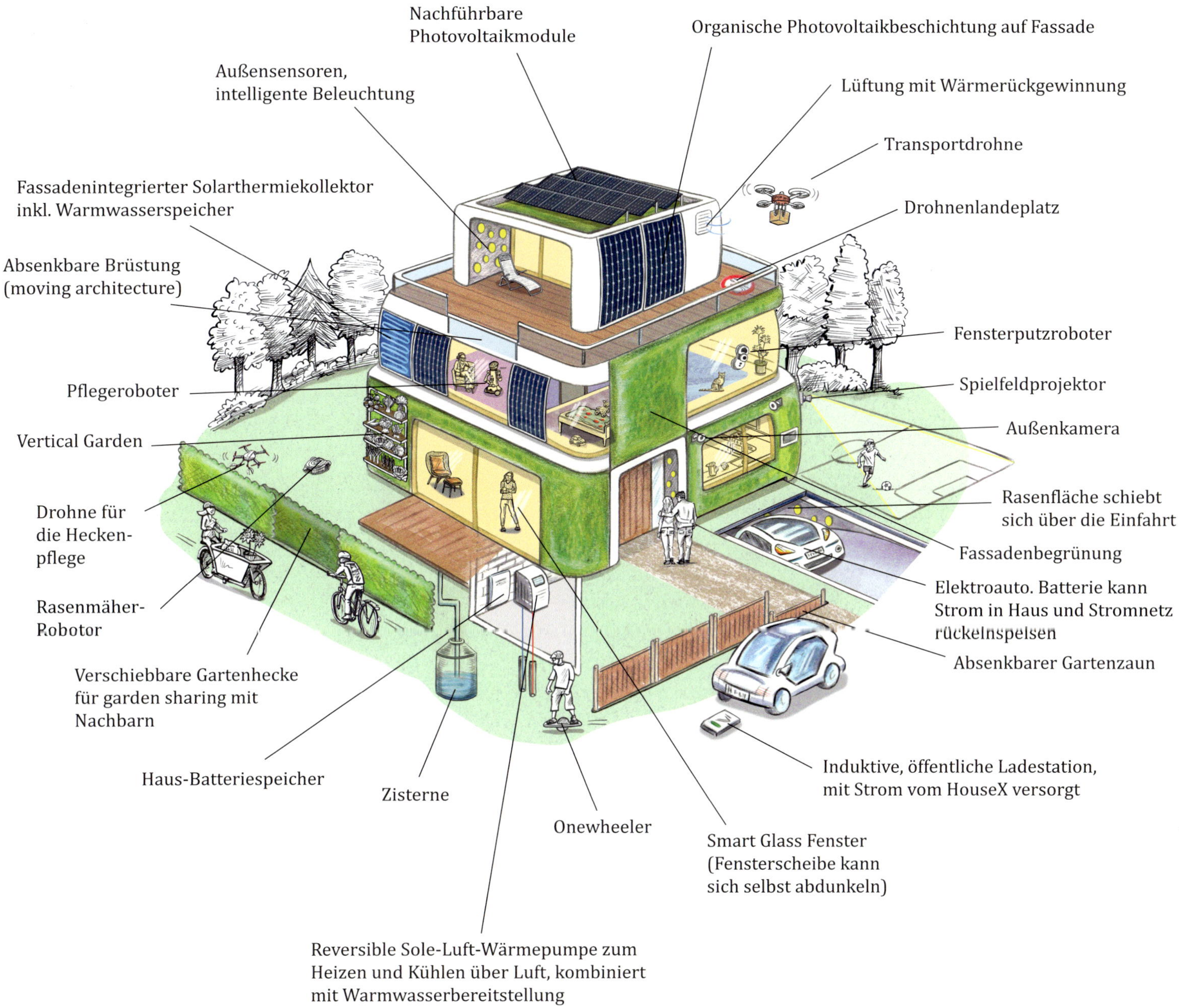
Nachführbare
Photovoltaikmodule
Organische Photovoltaikbeschichtung auf Fassade
Außensensoren,
intelligente Beleuchtung
Lüftung mit Wärmerückgewinnung
Transportdrohne
Fassadenintegrierter Solarthermiekollektor
inkl. Warmwasserspeicher
Drohnenlandeplatz
Absenkbare Brüstung
(moving architecture)
Fensterputzroboter
Pflegeroboter
Spielfeldprojektor
Vertical Garden
Außenkamera
Drohne für
die Hecken-
pflege
Rasenfläche schiebt
sich über die Einfahrt
Fassadenbegrünung
Rasenmäher-
Robotor
Elektroauto. Batterie kann
Strom in Haus und Stromnetz
rückeinspeisen
Absenkbarer Gartenzaun
Verschiebbare Gartenhecke
für garden sharing mit
Nachbarn
Induktive, öffentliche Ladestation,
mit Strom vom HouseX versorgt
Haus-Batteriespeicher
Zisterne
Onewheeler
Smart Glass Fenster
(Fensterscheibe kann
sich selbst abdunkeln)
Reversible Sole-Luft-Wärmepumpe zum
Heizen und Kühlen über Luft, kombiniert
mit Warmwasserbereitstellung

dient der zusätzlichen Dämmung, Kühlung und Säuberung der Umgebungsluft und als CO_2-Senke. Über intelligente Glasscheiben (Smartglass) in den Fenstern wird die Lichtdurchlässigkeit elektrisch gesteuert und somit Energie gespart. Rollläden oder Jalousien sind nicht notwendig. Gartenmauern, Wände und auch Terrassenbrüstungen können teilweise in den Boden versenkt werden (Moving Architecture).

In die Innenwände sind sogenannte PCM-Elemente *[Phase Change Material]* integriert. Diese eingelassenen Elemente können ihren Aggregatszustand zwischen fest und flüssig wechseln und somit ein behagliches Wohnklima schaffen. Wird das Gebäude tagsüber durch einfallende Sonneneinstrahlung zu stark erwärmt, so findet ein Zustandswechsel von fest auf flüssig statt, die Wände nehmen Energie auf. Kühlt das Gebäude während der Nacht ab, so findet ein Phasenwechsel von flüssig auf fest statt. Die Wände geben Wärme in den Raum ab. Die überschüssige Wärme wird auf eine andere Tageszeit „geschaufelt", der Wohnkomfort erhöht und Energie gespart.

In Schlafräumen sind die Innenwände teilweise mit Wandmoos bedeckt. Wandmoos verbessert nicht nur die Akustik für einen ruhigen Schlaf und wirkt beruhigend, sondern reinigt auch die Luft. Ausgeatmetes CO_2 und Stickstoff werden vom Moos aufgenommen und nicht wieder abgegeben. Die Schlafqualität steigt, was sich positiv auf die menschliche Gesundheit und Leistungsfähigkeit auswirkt.

Zum Heizen, Kühlen und für Warmwasser kommt eine reversible Wärmepumpe zum Einsatz, welche dem Erdreich sowie der Abluft die Energie zum Heizen, Kühlen und für Warmwasser entzieht. Aufgrund der hohen Energieeffizienz des HouseX ist nur eine geringe Bohrtiefe für die Erdsonde notwendig, was zusätzlich geothermische Risiken minimiert. Alternativ können auch Wärmepumpen zum Einsatz kommen, die der Umgebung die Wärme entziehen. Die Wärme- und Kälteverteilung erfolgt über Luft. Die in der Lüftungsanlage integrierten Luftfilter sorgen für ein gesundes Klima. Sensoren erkennen, wann die Filter gereinigt werden müssen und melden dies dem Digitalen Butler, der im Rahmen der jährlichen Gebäudewartung die Reinigung oder den Austausch veranlasst.

Der Digitale Butler ist mit den relevanten Geräten im Haus verknüpft und übernimmt selbstständig sämtliche Aufgaben zur Wartung oder Instandhaltung des Gebäudes. Störungen werden somit antizipiert. Er vergleicht mehrere Optionen zur optimalen Instandhaltung und ruft bei Bedarf den entsprechenden Techniker automatisch hinzu. Zu den klassischen Aufgaben des Digitalen Butlers gehören die Wartung der Heizungsanlage, der Wechsel von LED-Leuchten, die Erkennung von abnormalen Energieverbräuchen oder das Überprüfen der Alarmanlage. Für die HouseX-Bewohner recht angenehm, denn sie sparen Zeit.

Das HouseX und das zugehörige Elektroauto können als Packet zusammen finanziert und versichert werden. Über die Elektroladestation (Wallbox) können bis zu zwei Elektroautos parallel geladen werden. Ferner kann über den Ladepunkt an der Straße Dritten der Strom zum Laden von Elektroautos verkauft werden. Die Verrechnung übernimmt der Digitale Butler im Hintergrund. In Zeiten mit geringer oder keiner Stromerzeugung kann der Strom wieder aus dem Elektroauto in das HouseX rückgespeist werden (vehicle to home). Auch ist eine Einspeisung in das Stromnetz (vehicle to grid) über TESLICITY möglich.

Ein Meilenstein war die Integration Künstlicher Intelligenz (KI) in das HouseX. Es wurde eigens ein neues Betriebssystem für das Gebäude entwickelt, vergleichbar mit einem Windows-Betriebssystem auf früheren PCs. Auf diesem Betriebssystem ist es bis heute Dritten möglich, ihre Programme zu entwickeln und über den HouseX-Store dem Kunden anzubieten. Über offene Schnittstellen werden Drittkomponenten anderer Hersteller in das Betriebssystem mit eingebunden. Beispielsweise Kühlschränke oder Geschirrspülmaschinen.

Neben einem gefühlt unendlich großen Angebot an Services werden Schäden direkt erfasst oder gar antizipiert, Energieverbräuche automatisch optimiert oder dem Bewohner stets der optimale Wohnkomfort vorab eingestellt. Das HouseX denkt mit und das rund um die Uhr.

Der Wohnbereich ist mit übergroßen Wall-Screens ausgestattet. Diese in die Wand integrierten Bildschirme dienen der Kommunikation mit Freunden, Familienmitgliedern, Arbeitskollegen oder Lehrern und können Informationen hochauflösend und perspektivisch darstellen. Die Interaktion kommt dadurch der Realität recht nahe. Auch werden Medieninhalte wie Nachrichten, Fotos und Filme über die Wall-Screens dargestellt. Entsprechend unserem Gemütszustand können verschiedene Live-Szenen visualisiert werden. So zum Beispiel der aktuelle Großstadttrubel in New York, die Ruhe im Gebirge oder das beruhigende Meeresrauschen. Auch werden über Farbänderungen der Wall-Screens, zusammen mit verschiedenen Lichtfarben, gewünschte Stimmungen im Haus erzeugt. Etwa für konzentriertes Arbeiten, Entspannen oder das gemeinsame Abendessen mit Freunden. Homeoffice und Homeschooling wurde mit dem HouseX einfacher und effizienter.

Der Digitale Butler, der ständig dazulernt und dadurch die Wünsche der Bewohner geradezu von ihren Lippen ablesen kann, kommuniziert meist über die Wall-Screens. Er filtert die Nachrichtenauswahl entsprechend der Interessen vor, wählt interessante Filme aus oder bereitet automatisch Urlaubsfotos auf.

Eine sehr große Hilfe ist die optional aktivierbare DCS-Funktion (Digital Decission Support), eine Logik, die bei täglichen Entscheidungen unterstützt und Vor- und Nachteile abwägt. Bei der Vielzahl an Möglichkeiten, die die Welt heute bietet, hilft dies, sich auf das Wesentliche zu konzentrieren. Zumal mit der Zeit das HouseX die Vorlieben und Präferenzen seiner Bewohner lernt.

Falls notwendig erfolgt die Interaktion mit dem HouseX über Sprache: Vom E-Mail schreiben, Wecker stellen, bis zur Temperatureinstellung am Backofen.

Das HouseX zum Wohlfühlen

Das HouseX wurde so konzipiert, dass Verschmutzungen in den Wohnräumen deutlich weniger auftreten und folglich die Gesundheit weniger belastet wird. Zum einen filtert die Lüftungsanlage den Staub in der Zuluft, zum anderen wischen Roboter kontinuierlich den Boden. Durch den Lotuseffekt *[Ein von der Lotuspflanze abgeschautes Funktionsprinzip für selbstreinigende Oberflächen. Wasser perlt an der Oberfläche ab und nimmt Schmutzpartikel mit auf]* müssen Fenster*scheiben oder auch Wände in Nasszellen seltener gereinigt werden als in konventionellen Häusern.*

Sämtliche Räume sind mit Temperatur- und Luftqualitätssensoren ausgestattet, welche helfen, die Luftzufuhr und Raumtemperatur automatisch zu regeln. In Schlafräumen sind weitere Sensoren mit integriert, die über Atemgasanalyse während des Schlafens präventiv Krankheiten diagnostizieren können. Beispiele sind Diabetes, Magenerkrankungen oder Lungenentzündungen. Über Atemgasanalyse wird kontinuierlich der Stoffwechsel (auch Metabolismus genannt) gemessen, um größere Abweichungen gegenüber dem Normwert detektieren zu können. Der Stoffwechsel im Körper gibt Auskunft über das Ernährungsverhalten und die Umwandlung der Nährstoffe im Körper. Funktioniert der Stoffwechsel nicht richtig, kann das ein Indiz für Krankheiten sein.

Sämtliche Werte werden in die digitale Gesundheitsakte übertragen und ausgewertet. Bei Bedarf kann man über die Wall-Screens mit einem Arzt in Kontakt treten. Ein Großteil der Untersuchungen und der ärztlichen Vorgespräche findet zuhause statt. Das Aufsuchen von Arztpraxen konnte damit um mehr als die Hälfte gesenkt werden. Neben den oben genannten Präventionsmaßnahmen mit ein Grund, warum

HouseX-Bewohner weniger Krankenkassenbeiträge bezahlen müssen.

Das HouseX bietet die Möglichkeit, bis ins hohe Alter in den eigenen vier Wänden zu leben. Bei alternden Gesellschaften, etwa in China oder Japan, ist dies ein wichtiger Grund zur Kaufentscheidung. Sämtliche Treppen im Gebäude können einfach zu Rolltreppen umgerüstet werden. Betten und Toiletten sind höhenverstellbar, und in die Dusche muss man sich nur reinsetzen, während der Duschvorgang bis zum Abtrocknen automatisch abläuft. Die Hauseingangstür kann für Gäste aus der Ferne geöffnet werden, Licht schaltet sich automatisch ein und aus, Stürze im Haus werden sofort erkannt und bei Bedarf Hilfe geholt.

Das „Indoor Gardening" hilft auf bequeme Art und Weise, Nahrungsmittel wie etwa Gewürze, Tomaten, Brokkoli, Salat oder Gurken anzupflanzen und frisch zu verzehren. Die Essempfehlungen werden automatisch mit den Auswertungen der Atemgasanalyse abgestimmt.

Über „Smart life" können weitere Services dazu gebucht werden. Beispielsweise Essen per Drohne, Unterstützung im Haushalt, individuelle Gesundheitsprogramme oder schnellere Hilfe in Notfällen.

Über die Wall-Screens im HouseX und die im Wohnraum fliegende Drohne, für Sicherheitsanwendungen mit Kameras ausgestattet, ist es recht einfach mit Verwandten oder Freunden zu kommunizieren und sich auszutauschen. Für die Angehörigen, der allein im Haus lebenden Person, beinhaltet das Paket sogenannte AAL-Services (Ambient Assisted Living). AAL-Services informieren Verwandte bei Verhaltensänderungen der allein stehenden Person – wird beispielsweise das Haus seltener verlassen, die Toilette häufiger aufgesucht oder schläft die Person weniger? Kameras werden dabei nicht eingesetzt, sodass die Privatsphäre gewahrt bleibt.

Services

Die individuell buchbaren Services runden das HouseX ab und steigern die Attraktivität für die Nutzer. Anlieferungen, etwa Nahrungsmittel, Medizin oder Einkäufe, kommen per Drohne oder konventionell an und werden von der im Haus integrierten Delivery box entgegengenommen. Essen wird über ein internes Transportsystem direkt in die Küche weitergeleitet. Über die Delivery box wird außerdem Schmutzwäsche abgeholt, zentral gewaschen und als gebügelte Wäsche wieder angeliefert. Früher war dafür noch jedes Haus eigens mit einer „Waschküche" samt notwendigen Geräten zum Waschen und Trocknen ausgestattet. Heute wird dieser Platz sinnvoller genutzt, die Wäsche energieeffizient sowie professionell gewaschen und automatisch gebügelt. Der Nutzer spart Zeit.

Über den „Smart Garden Service" können verschiedene Optionen für mehr oder weniger Gartenpflege gebucht werden. Über Außenkameras, die aus Sicherheitsgründen rund um das HouseX installiert sind oder als Drohne um das Haus fliegen, wird ermittelt, ob der Rasen oder die Hecke geschnitten werden muss oder Gartenwege mal wieder eine Reinigung benötigen. Ein Service Mitarbeiter wird in diesem Fall automatisch kontaktiert. Er nimmt sich mit seinen autark arbeitenden Robotern, die je nach Bedarf den Rasen mähen, die Hecke schneiden oder den Boden reinigen, der Aufgabe an.

Das regelmäßige Gießen übernimmt in der Regel die Gießdrohne, welche abhängig von Pflanze und Wetter die exakt notwendige Wassermenge entsprechend dosiert. Und gegebenenfalls düngt. Sie informiert zudem, wenn eine Pflanze mal wieder zurechtgeschnitten werden muss.

Das HouseXL

Aufgrund des enormen Erfolgs des HouseX wurde wenige Jahre später ein weiteres, revolutionäres Gebäude für den städtischen Raum geschaffen – das HouseXL. Es ist modular aufgebaut und kann in Höhe,

Breite und Länge individuell erweitert werden. Somit können in dem Mehrfamilienhaus bis zu 20 Stockwerke mit bis zu 100 Wohneinheiten realisiert werden. Durch sein Design hat das HouseXL seitdem das innerstädtische Erscheinungsbild massiv aufgewertet.

Begrünte Fassaden und Dachflächen reinigen nicht nur die Luft, sie kühlen sie auch. Dies ist aufgrund der durch den Klimawandel verursachten Hitzewellen im Sommer wichtig, um vor allem ältere Personen zu schützen.

Im HouseXL werden durch „sharing" zur Verfügung stehende Flächen optimal genutzt. Sofern Individualverkehr überhaupt noch stattfindet, dann über den zugehörigen Fuhrpark, der von den Bewohnern geteilt wird. Zum HouseXL gehören elektrisch angetriebene Fahrzeuge unterschiedlicher Größen, die von den Bewohnern zusammen genutzt werden. Diese dienen gleichzeitig als Stromspeicher für das Gebäude. Stellflächen für PKW konnten somit auf ein Minimum reduziert werden.

Anstelle von Kellerräumen verfügt das Gebäude über automatisierte Hochregale, die nur einen Bruchteil der Fläche benötigen.

Über das Nahwärmenetz können sowohl das HouseXL als auch angrenzende Gebäude versorgt werden. Eine Kombination aus einer Sole-Wasser-Wärmepumpe sowie einer wasserstoffbetriebenen Brennstoffzelle (Kraft-Wärme-Kopplung) sorgt für einen optimalen Energieeinsatz im Sommer, Winter und der Übergangszeit. In Spitzenlastzeiten, an eisigen Tagen, kann somit im urbanen Raum vor Ort Brennstoffzellenstrom in das Stromnetz eingespeist werden.

Was war das damals für ein Hype, als die ersten HouseX-Häuser in den USA auf den Markt kamen. Mit Stolz erfüllt und feuchten Augen wurden sämtliche Freunde und Bekannte eingeladen, um das HouseX jedem vorzuführen. In sozialen Medien wurden Videos und Bilder vom revolutionären Haus ins Netz gestellt. Es gab sogar eine Netflix-Serie zum Wohnen im HouseX. Die Häuser waren der letzte Schrei.

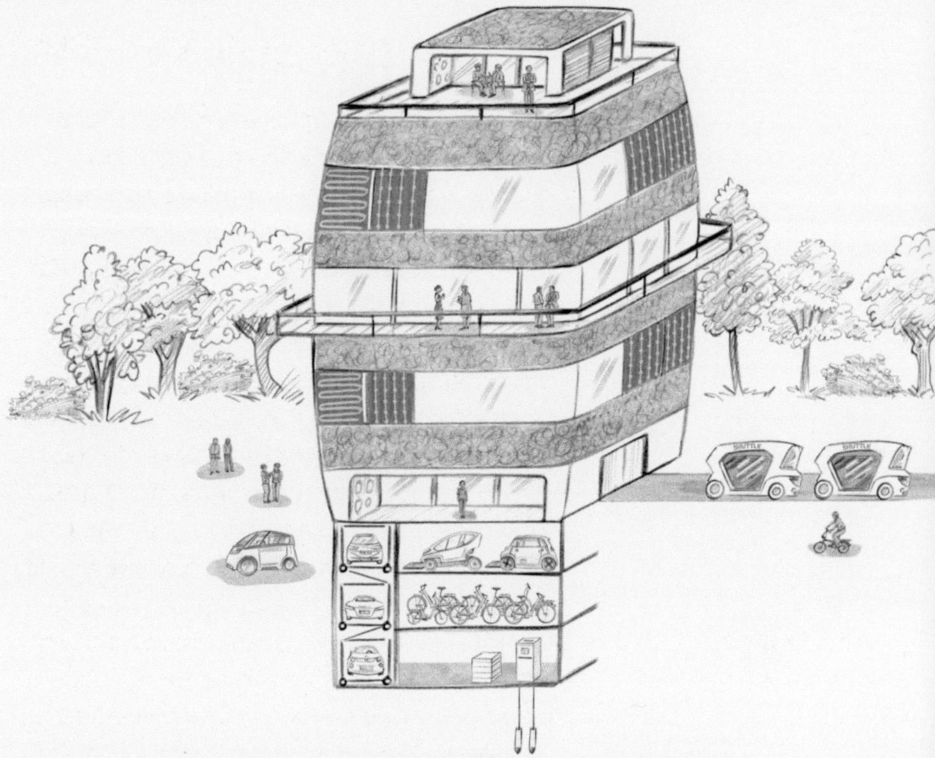

Abbildung 108: Das HouseXL

Anfang der 30er-Jahre brachten zwei deutsche Großkonzerne, die vorher bereits im Gebäudebereich tätig waren, ein Gemeinschaftsunternehmen – die BeFuture AG – an die Börse. Es war einer der größten Börsengänge aller Zeiten. Mit den von Investoren eingesammelten Milliarden für die Entwicklung und dem dahinterstehenden Know-how beider Konzerne, konnten als europäische Version die BeFuture-Häuser entwickelt und vermarktet werden. Als „HouseX fighter" konnten sich die BeFuture-Häuser nach einigen Startschwierigkeiten schon bald am Markt durchsetzen und vor allem in Europa dem HouseX Paroli bieten.

Wird es das HouseX jemals in Realität geben? Braucht man so etwas überhaupt?

„Ich denke, es gibt weltweit einen Markt für vielleicht fünf Computer"

(Thomas John Watson, Vorsitzender von IBM, 1943)

Epilog: Was bleibt

Der Klimawandel ist die größte Herausforderung im 21. Jahrhundert für uns Menschen. Er ist kein abstraktes Umweltproblem für die Eliten, sondern eine Gefahr für uns alle. Vor allem für die Ärmsten, die kaum für Treibhausgasemissionen verantwortlich sind.

Nach wie vor haben wir in Deutschland einen exorbitant hohen CO_2-Ausstoß pro Kopf und haben weit mehr vom weltweiten CO_2-Budget verbraucht als uns zusteht. Wir leben auf Kosten anderer.

Die Folgen des Klimawandels sind heute bereits spürbar und nehmen von Jahr zu Jahr zu. Ein absolut unkalkulierbares Risiko ist das Überschreiten von Kipppunkten und auslösen irreversibler Dominoeffekte, die wir als Menschen nicht mehr kontrollieren können. Um dieses Risiko einzuschränken, bleibt uns nicht mehr viel Zeit. Wir müssen bereits innerhalb der nächsten zehn 10 Jahre massiv Emissionen senken.

Unstrittig ist, dass ein „Weiter so" nur mehr Geld kosten wird. Viel schlimmer jedoch, dass schon heute hunderte Millionen Menschen unter Klimawandel leiden und Hunderttausende pro Jahr deshalb früher sterben. Bleibt ein konsequentes Gegensteuern aus, wird sich diese Zahl in Zukunft noch weiter erhöhen. Insbesondere da die Weltbevölkerung ausgerechnet am meisten in den Regionen wächst, die am stärksten vom Klimawandel betroffen sind.

Was heißt das jetzt für uns hier in Deutschland, als kleiner Bürger ohne Macht auf dem Sofa?

Wir können im ersten Schritt ohne Kosten heute bereits unseren überproportional hohen CO_2-Ausstoß pro Kopf senken, indem wir unser Verhalten anpassen und unsere Ernährungsgewohnheiten ändern. Allerdings reicht das noch nicht aus.

Der Jahresheizwärmebedarf unserer Gebäude ist in Summe in Deutschland etwa um Faktor zwei zu hoch. Wir müssen Dämmen und Verbräuche senken. Eingesparte Energie ist immer noch die beste Energieform.

Das geht über Sanieren oder ganz abreißen. Von staatlicher Seite gibt es üppige Förderprogramme, die Zinsen sind niedrig und zukünftige, eingesparte Kosten quasi eine Art Zusatzrente. Immerhin hält eine Dämmung rund 40 Jahre.

Wir haben auf dem Weg zum Energiesystem der Zukunft bereits einen großen Schritt getan, sind aber erst bei der Hälfte des Weges angelangt. Unser produzierter Strom wird von Jahr zu Jahr sauberer. Mit dem zunehmend grüner werdenden Strom müssen wir perspektivisch fossile Energieträger ablösen, die Gebäude und unsere Mobilität elektrifizieren. Das „Almost All Electric Szenario" ist für Deutschland der einzig gangbare Weg, um die Klimaziele zu erreichen. Weiterhin werden jedoch als Brückentechnologie Gas sowie zukünftig Wasserstoff notwendig sein.

Nebenbei stärkt er die hiesige Wirtschaft und senkt unsere Importabhängigkeit aus dem Ausland. Terrorgruppen und zweifelhafte

Staatsführer werden dadurch weniger über deutsche Tankstellen mitfinanziert.

Im Energiesystem der Zukunft wird Wasserstoff als Speichermedium im existierenden Gasnetz und für nur schwer zu elektrifizierende Bereiche – weniger im Einfamilienhaus oder PKW – eine Rolle spielen. Allerdings steckt die Entwicklung der Elektrolyse noch in den Kinderschuhen. Das Potential zur Erzeugung von grünem Wasserstoff aus erneuerbaren Energien ist in Europa beschränkt. Deshalb wird Deutschland einen Großteil des Wasserstoffs aus dem Ausland importieren müssen. Importe aus Afrika sollten jedoch fair ablaufen und nicht zu einem „Energiekolonialismus" führen wie heute bei Öl und Gas.

Etwas weiter ist man bereits bei der intelligenten Verknüpfung zwischen Verbrauchern und fluktuierenden Stromerzeugern durch Smart Meter. Intelligente Stromverbraucher im Haus, deren Betrieb mit zeitabhängigen Tarifen abgestimmt ist, bieten für Privatpersonen Chancen, Geld zu sparen und das Stromnetz zu entlasten.

Unsere Gebäude und der Verkehr müssen elektrifiziert werden. Technisch ausgereifte Wärmepumpen und Photovoltaikanlagen sowie Elektroautos, die in den nächsten Jahren aufgrund der Skaleneffekte und höheren Reichweiten massentauglich werden, sind Schlüsseltechnologien der Zukunft. Natürlich regelbar und vernetzt mit dem intelligenten Energiesystem.

Bei Investitionsentscheidungen in neue Heizungsanlagen sollten die zukünftige Energiepreisentwicklung und deren Treiber mitberücksichtigt werden. Die große „wild card" spielt die Politik. Sie agiert mit „Zuckerbrot und Peitsche".

Sie reizt mit üppigen Förderprogrammen Investitionen in Wärmepumpen oder Elektroautos auf der einen Seite an, hat als „Peitsche" mit der neu eingeführten CO_2-Steuer ein sinnvolles, wenn auch aktuell noch stumpfes Schwert auf den Tisch gelegt. Es ist stark davon auszugehen, dass dieses in den nächsten Jahren „gewetzt" wird, um die Etappenziele zur CO_2-Reduktion bis 2030 zu erreichen.

Vermutlich wird zukünftig im Energieausweis die Energieeffizienz des Gebäudes um seine Intelligenz ergänzt – Energiemanagement, Gesundheit und Wohnklima. Das Haus wird zum digitalen Helfer.

Mit Informations- und Kommunikationstechnologie (ICT – Information and Communication Technology) beziehungsweise dem Smart Home, kann über ein domänenübergreifendes, intelligentes System der Energieverbrauch im Bereich Wärme und Strom weiter optimiert werden. Der Nutzer wird mit einbezogen, „langweilige" Heizungen über das Smartphone aus dem Keller geholt. Durch ein ganzheitliches Energiemanagement wird die Energieautarkie erhöht. Sauberer, selbst erzeugter Photovoltaikstrom vermehrt im eigenen Haus verbraucht.

Gleichzeitig wird mit Hilfe von Sensoren und Smart Home das Wohnklima verbessert, was insbesondere in luftdicht gedämmten Gebäuden äußerst wichtig ist. Immerhin verbringen wir einen Großteil unseres Lebens Zuhause, vor allem im Schlafzimmer.

Hüpft ein Frosch ins Wasser

Hüpft ein Frosch ins heiße Wasser, so springt er sofort wieder raus. Sitzt er allerdings im kalten Wasser und wird dieses langsam erwärmt, springt er nicht, sondern bleibt so lange drinnen bis er irgendwann platzt.

So ähnlich ist es mit dem Klimawandel. Wir müssen heute springen, tun es aber nicht, weil es noch nicht „heiß" genug ist. Könnten wir 40 Jahre in die Zukunft schauen und die Klimafolgen schon jetzt spüren, würden wir uns wahrscheinlich anders verhalten. Das macht es so schwierig.

Ein Anliegen dieses Buches ist es, Probleme nicht nur zu beschreiben, sondern auch Lösungsmöglichkeiten anzubieten und gleichzeitig optimistisch in die Zukunft zu blicken. Lieber etwas zu optimistisch als zu pessimistisch.

Auf den Klimawandel gibt es Antworten, und das ist die gute Nachricht! Wir haben heute alles an Werkzeugen zur Hand, um den Klimawandel einzugrenzen. Wir können ressourcenschonende Technologien und die Digitalisierung zum Wohle für uns alle nutzen. Wir müssen es nur tun. Packen wir's an, springen wir!

„Wir können den Wind nicht ändern, aber die Segel anders setzen."
(Aristoteles)

Vielen Dank,

dass Sie sich die Zeit genommen und dieses Buch gelesen haben! Ich hoffe, es konnte einen Überblick verschaffen, interessante Fakten liefern und an der ein oder anderen Stelle auch zum Nachdenken anregen!

Hoffentlich kann es Ihnen helfen, in effiziente Technologien zu investieren und Sie dabei unterstützen, bewusst Energie einzusparen. Jedes Zuhause kann einen Beitrag zum Erreichen des 1,5-Grad-Zieles leisten.

Was wird von dem beschriebenen Ausblick bis 2060 wirklich alles passieren und was Fiktion bleiben? Wir wissen es nicht, können aber darauf hinarbeiten, dass das Positive überwiegt…

Alles Gute dabei!

Simon Grieger

Anhang

Technische Bewertung der Dämmeigenschaften

Die folgenden Abschnitte werden etwas tiefgründiger und stellen dem interessierten Leser ein paar detailliertere Rechenbeispiele vor.

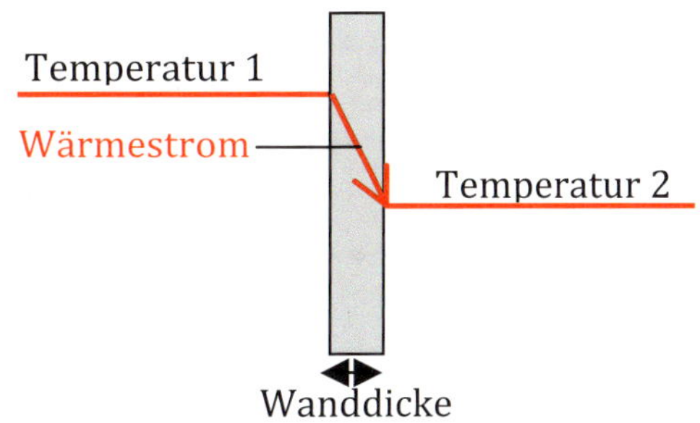

Abbildung 109: Schematische Darstellung für den Wärmestrom durch ein Dämmelement mit einem spezifischen U-Wert

Verschiedene Dämmmaterialien bewerten: Der U-Wert

Im Gebäudebereich fällt bei Dämmmaterialien öfters der Begriff U-Wert (früher k-Wert genannt), welcher den Wärmeübergangskoeffizienten definiert. Herrschen an einer Wand links und rechts unterschiedliche Temperaturen, so führt dies zu einem Wärmestrom von der wärmeren zu kälteren Seite.

Der Wärmeübergangskoeffizient gibt an, wie hoch der Wärmestrom durch eine Wand bei 1°C Temperaturunterschied für 1 m^2 Wandfläche ist. Die Einheit wird deshalb in W/ (m^2 K) angegeben. Je geringer der U-Wert, desto besser die Dämmwirkung. Der U-Wert wird durch die Dämmeigenschaft des Materials und die Dämmstärke definiert. Für eine Schicht aus verschiedenen Baumaterialien wird der kombinierte U-Wert berechnet *[Bei Materialkombinationen, z. B. Mauerwerk mit einem U-Wert von 1,2 W/ (m^2 K) und aufgebrachter Dämmplatte mit 0,23 W/ (m^2 K), errechnet sich der kombinierte U-Wert aus der Summe der Kehrwerte. Die Kehrwerte werden als Wärmedurchlasswiderstand R bezeichnet. In diesem Beispiel: Ukombiniert = 1/ (1/1,2 + 1/0,23) W/ (m^2 K) = 0,19 W/ (m^2 K). Die Energieeinsparung mit Dämmung ist somit ca. 6 Mal höher als ohne]*.

Die Energiemenge, die in einer Stunde über 1 m^2 Wand bei 1°C (oder Kelvin K) Temperaturunterschied und einem U-Wert von 1,2 W/ (m^2 K) (ungedämmte Mauer) verloren geht, beträgt somit 1,2 Wh.

Baustoffe werden oft mit der Wärmeleitfähigkeit λ (Lambda) klassifiziert, welche in W/ (m K) gemessen wird. Der Wärmeübergangskoeffizient (U-Wert) lässt sich einfach ableiten, indem man die Wärmeleitfähigkeit λ eines Baustoffes durch dessen Stärke dividiert.

Abbildung 110: Anzahl der Heiztage mit einer durchschnittlichen Tagestemperatur von weniger als 15°C, im Jahr 2019 in Mitteldeutschland

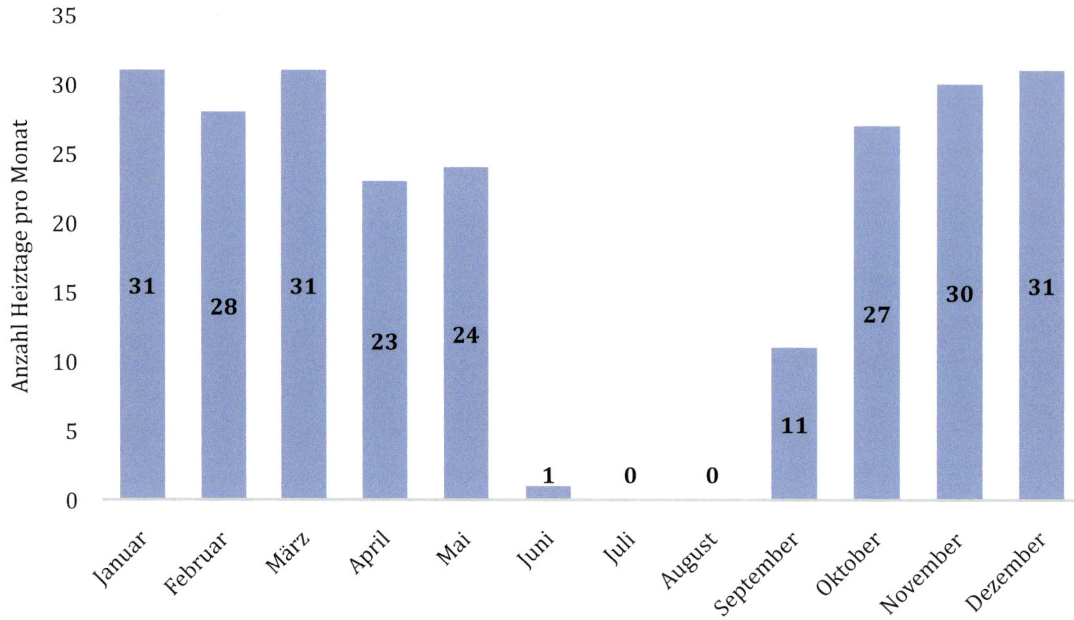

Die Gradtagzahl (GTZ)

Über die Gebäudedämmung kann der U-Wert der Gebäudehülle verbessert werden. Wie in dem Beispiel in der Fußnote erwähnt, reduzieren sich die Energieverluste einer gedämmten im Vergleich zur nicht gedämmten Wand auf ein Sechstel. Um die Einsparung über das gesamte Jahr zu bestimmen, müssen jedoch die Dauer und die Temperaturunterschiede innen und außen berücksichtigt werden.

Dafür wird die Gradtagzahl eingeführt *[Die Gradtagzahl wird des Weiteren zur monatsgenauen Heizkostenabrechnung bei Mieterwechseln verwendet. Dafür gibt es regional unterschiedliche Standardwerte.]*. Die Gradtagzahl setzt sich zum einen aus der Anzahl der Tage mit einer Außentemperatur unterhalb der Heizgrenztemperatur zusammen. Für Deutschland ist die Heizgrenztemperatur bei 15°C Außentemperatur definiert, um eine Raumtemperatur mit 20°C zu halten. Zum anderen wird die Gradtagzahl aus der Temperaturdifferenz zwischen Raumtemperatur und Außentemperatur abgeleitet. Sie wird berechnet aus Anzahl der Tage unterhalb der Heizgrenztemperatur, multipliziert mit der Differenz aus der Raumtemperatur (zum Beispiel 20°C) und dem Tagesmittelpunkt der Außentemperatur. Die Einheit ist Kelvin Tage. Die Gradtagzahl eines kalten, langen Winters ist höher als die eines milden, kurzen Winters. Aufgrund des Klimawandels ist deshalb zu erwarten, dass die Gradtagzahl zukünftig abnimmt.

Mit dem oben genannten Beispiel einer ungedämmten Wand (U-Wert: 1,2 W/ (m^2 K) lassen sich die Wärmeverluste über die Fassade berechnen. Für die komplette Fassadenfläche nehmen wir 120 m² an und eine für Deutschland typische Gradtagzahl von 3.000 Kd. Damit berechnen sich die Wärmeverluste zu:

- $3.000 \text{ Kd} \times 120 \text{ m}^2 \times 1{,}2 \text{ W/ (m}^2 \text{ K)} \times 24 \text{ h/d} \times 10^{-3} = 10.368 \text{ kWh}$

Mit einer Fassadendämmung können die Transmissionsverluste über die Fassade in dem Beispiel auf ein Sechstel, nur noch 1.728 kWh, verringert werden.

Im Gebäude kompensieren zwar solare Gewinne (Sonneneinstrahlung) und interne Gewinne (durch Wärmeabgabe von Menschen, Haushaltsgeräte, Beleuchtung usw.) zwar teilweise die Energieverluste, ein Großteil muss jedoch über die Heizung ausgeglichen werden.

Energieausweis: Berechnung der Energieeffizienz des Zuhauses

Man benötigt dazu die Abrechnungen und die jährlichen Verbräuche, wenn möglich für mindestens 3 Jahre. Die Werte können über Zähler oder die Abrechnung abgelesen werden *[Sollte in der Abrechnung der Verbrauch nicht in kWh ausgewiesen werden, können für die Umrechnung für 1 Liter Öl oder 1 m3 Erdgas 10 kWh angenommen werden]*. Da die Verbräuche für Warmwasser und Heizung in der Regel nicht bekannt sind, wird für Warmwasser pauschal ein Verbrauch von 20 kWh/ m² angenommen.

Zur Witterungsbereinigung wird mit dem regional unterschiedlichen Klimafaktor der Energieverbrauch auf ein langjähriges deutsches Normklima umgerechnet. Klimatische Schwankungen von Jahr zu Jahr als auch Unterschiede der verschiedenen, klimatischen Gegebenheiten innerhalb Deutschlands werden dadurch korrigiert. Der Klimafaktor wird von Jahr zu Jahr aktualisiert und steht als Excel Datei auf der Seite des Deutschen Wetterdienstes kostenlos zur Verfügung *[https://www.dwd.de/DE/leistungen/klimafaktoren/klimafaktoren.html (zip Datei mit Klimfaktoren über mehrere Jahre)]*. Über die Postleitzahl kann für die jeweilige Region und das entsprechende Jahr der Klimafaktor ermittelt werden.

Der Verbrauchskennwert berechnet sich wie folgt:
(Witterungsbereinigter Jahresenergieverbrauch fürs Heizen + Jahresenergieverbrauch für Warmwasser) / Nutzfläche

Dieser Wert kann mit anderen Gebäuden über die Skala im Energieausweis verglichen werden.

Folgendes Beispiel soll die Berechnung verdeutlichen
Wohngebäude mit 150 m²
Heizungsart: Zentrale Gasheizung
Warmwasserverbrauch pauschal:
$20 \text{ kWh/ m}^2 \times 150 \text{ m}^2 = 3.000 \text{ kWh}$
Ort: Berlin Mitte (PLZ: 10119)

Jahr	Jahresendenergieverbrauch[1] [kWh]	Davon Warmwasser pauschal [kWh]	Jahresenergieverbrauch, nur Heizung [kWh]	Klimafaktor (Deutscher Wetterdienst)	Witterungsbereinigter Jahresenergieverbrauch, nur heizen [kWh]	Witterungsbereinigter Jahresenergieverbrauch inkl. Warmwasser [kWh]	Verbrauchskennwert Endenergie [kWh/ m^2]
01.07.17 bis 30.06.18	14.823	3.000	11.823	1,18	13.951	16.951	113
01.07.18 bis 30.06.19	13.247	3.000	10.247	1,21	12.399	15.399	103
01.07.19 bis 30.06.20	12.539	3.000	9.539	1,24	11.828	14.828	99
						Mittelwert	**105**

Tabelle 11: Berechnung des Energieverbrauchskennwerts (Endenergie)

1 Endendergieverbrauch in einem Jahr. Z. B. aus Abrechnung oder abgelesen vom Energiezähler

Der berechnete Mittelwert des Endenergieverbrauchs kann auf der Skala eingeordnet werden. Mit 105 kWh/ m^2 liegt das Gebäude in der Klasse D, leicht über dem aktuellen Durchschnitt in Deutschland.

Grobe technische Auslegung von Wärmeerzeugern

Insbesondere in Bestandsgebäuden und bei unklaren Wärmeverlusten über die Gebäudehülle legen Heizungsinstallateure die Anlage gerne etwas größer aus als sie sein müsste, um bei der Wärmeversorgung auf Nummer Sicher zu gehen. Allerdings kann eine überdimensionierte Anlage eine schlechtere Effizienz aufweisen und besonders bei Wärmepumpen ist mit deutlich höheren Investitionen zu rechnen.

Für die Auslegung berechnet man die Heizlast (auch Heizleistung genannt), das heißt die maximale Leistung, die zur Erwärmung des Gebäudes an kalten Tagen notwendig ist, um die aus dem Gebäude verlorene Energie wieder auszugleichen. Es macht durchaus Sinn, den Heizungsinstallateur nach der Heizlastberechnung zu fragen. Im Internet gibt es verschiedene Seiten zur Heizlastberechnung, die auch vom Laien für eine Erstabschätzung genutzt werden können. Im Anschluss sollte jedoch unbedingt vom Fachmann die Heizlast überprüft werden.

In der Regel folgen die frei verfügbaren Heizlastrechner folgendem Prinzip:

Wichtiger Eingabewert ist der Endenergieverbrauch aus der Historie über ein Jahr oder besser gemittelt über mehrere Jahre. Davon muss der Anteil für Warmwasser abgezogen werden. Ferner benötigt wird die Normaußentemperatur für den Standort, welche aus dem Internet bezogen werden kann *[Die Normaußentemperatur ist die tiefste Temperatur, die sich über die letzten Jahre über mehrere Tage gehalten haben muss. Für verschiedene Standorte kann die Normaußentemperatur im Internet ermittelt werden: https://www.waermepumpe.de/normen-technik/klimakarte/].*

Abschätzung Heizlast:
Endenergieverbrauch pro Jahr ohne Warmwasser / (Gradtagzahl × 24) × (gewünschte Innentemperatur – Normaußentemperatur)

Im Beispiel verwenden wir ein Bestandshaus mit folgenden Parametern:

- Endenergie pro Jahr ohne Warmwasser (ggf. Warmwasser mit pauschalem Wert pro Quadratmeter abziehen): 21.000 kWh
- Gradtagzahl am Standort: 3.000 K d
- Gewünschte Innentemperatur: 21°C
- Normaußentemperatur am Standort: – 12°C
- Die Differenz der gewünschten Innentemperatur zur Normaußentemperatur beträgt damit 33 K

Damit berechnet sich überschlägig die Heizlast zu:

- 21.000 kWh / (3.000 k d × 24 h/ d) × 33 K = 9,6 kW
- Bzw. bei 140 m^2 pro Quadratmeter: 9,6 kW/ 140 m^2 = 69 W/ m^2

Es gibt im Internet auch andere Heizlastrechner, die neben dem Standort grob die Energieeffizienz des Gebäudes abfragen und daraus eine Indikation für die Heizlast angeben. Für Neubauten wird die Heizlastberechnung in der Regel vom Architekten, Heizungsbauer oder Energieberater durchgeführt. Zur Bestimmung der Energieverluste über die Gebäudehülle – die Transmissionswärmeverluste – werden die Verluste der Einzelkomponenten (Wand, Fenster, Türen, Rollläden, Dach usw.) der Gebäudehülle ermittelt und gemäß den Flächen der einzelnen Komponenten aufaddiert. Zusätzlich werden Verluste über Lüftung sowie interne Gewinne durch Sonneneinstrahlung oder Personen berücksichtigt. Wichtige Parameter sind zudem die Normaußentemperatur für den Standort sowie die Innentemperaturen für die einzelnen Zimmer (Beispiel Bäder: 24°C, Kinderzimmer: 20°C). Um das Gebäude aus dem kühlen Zustand kurzfristig wieder aufzuheizen, wird eine zusätzliche Aufheizleistung, abhängig von der Wohnfläche, mit berücksichtigt.

Die Leistungsauslegung für den Warmwasserverbrauch ist deutlich komplizierter. Hängt diese doch neben der Heizleistung stark von der Speichergröße, der Anzahl der Personen und deren Nutzerprofil ab. Befindet sich beispielsweise eine Badewanne im Haushalt, wie oft wird täglich geduscht und zu welchen Zeiten? In der Regel unterbrechen moderne Heizsysteme die Gebäudeheizung während der Warmwasserbereitstellung. Die Auskühlung über den kurzen Zeitraum hält sich in Grenzen. Damit kann die Heizleistung in Summe geringer ausgelegt werden. Ist das Speichervolumen größer, dann reicht eine geringere Heizleistung. Allerdings sind dann auch die Energieverluste über den Speicher höher.

Ganz überschlägig kann man pro Kopf im Haus mit etwa 30 – 50 Litern Speichervolumen rechnen. Ist keine Badewanne im Haushalt verfügbar und wird zeitversetzt oder sparsam geduscht, so können es auch 30 Liter oder weniger sein. Ferner korrelieren die Größe des Warmwasserspeichers und der Heizleistung. Bei einer hohen Heizleistung (> 15 kW) darf der Speicher etwas kleiner sein (etwa 30 Liter pro Kopf), da dieser mit der hohen Heizleistung wieder schnell erwärmt werden kann. Bei Heizleistungen von 10 kW oder weniger, empfiehlt es sich, einen größeren Speicher zu wählen. Allerdings können aufgrund der geringeren Umwälzung dann eher Keime entstehen und die Verluste eines größeren Speichers sind höher. Bei solarer Unterstützung sollte der Speicher größer gewählt werden (etwa 100 Liter pro Kopf).

Die Aufheizzeit eines komplett entleerten Warmwasserspeichers kann überschlägig wie folgt abgeschätzt werden:

Aufheizzeit: Speichervolumen × 4,2[2] × Wasseraufheizung / Heizleistung

Beispiel:

- Speichervolumen Wasser: 150 Liter = 150 kg
- Aufheizung kaltes Leitungswasser von 10°C auf 50°C, also 40 K
- Heizleistung 10 kW

Aufheizzeit: 150 kg × 4,2 kWs/ (kg K) × 40 K / 10 kW × (min / 60 s) = 42 min

Im schlechtesten Fall müsste man also ungefähr 42 Minuten warten, bis Warmwasser wieder zur Verfügung steht. Dieser Fall dürfte in der Realität allerdings nur sehr selten vorkommen. Beispielsweise wenn zwei Badewannen zeitgleich gefüllt werden sollen. Auch sind weder zum Duschen noch zum Baden Warmwassertemperaturen von 50°C notwendig, so wird der Speicher in der Regel nie komplett entleert. Gängige Warmwassertemperaturen liegen bei rund 37°C, je nach persönlichem Empfinden. Dem Warmwasser aus dem Speicher wird deshalb Kaltwasser zugemischt.

2 [Spezifische Wärmekapazität für Wasser in [kJ/ (kg K)] oder [kWs/ (kg K)]. Heißt um ein Kilogramm Wasser um ein Kelvin zu erwärmen müssen 4,2 kJ zugeführt werden]

Literaturverzeichnis

1. **Europäische Kommission.** Ursachen des Klimawandels. [Online] https://ec.europa.eu/clima/change/causes_de.
2. **IPCC, 2018: Zusammenfassung für politische Entscheidungsträger. In: 1,5 °C globale Erwärmung (S. 10).** *Ein IPCC-Sonderbericht über die Folgen einer globalen Erwärmung um 1,5 °C gegenüber vorindustriellem Niveau und die damit verbundenen globalen Treibhausgasemissionspfade.* Im Zusammenhang mit einer Stärkung der weltweiten Reaktion auf die Bedrohung durch den Klimawandel, nachhaltiger Entwicklung und Anstrengungen zur Beseitigung von Armut, [V. Masson-Delmotte, P. Zhai, H. O. Pörtner, D. Roberts, J. Skea, P. R. Shukla, A. Pirani, W. Moufouma-Okia, C. Péan, R. Pidcock, S. Connors, J. B. R. Matthews, Y. Chen, X. Zhou, M. I. Gomis, E. Lonnoy. T. Maycock, M. Tignor, T. Waterfield (Hrsg.)]: s.n., World MeteorologicalOrganization, Genf, Schweiz. Deutsche Übersetzung auf Basis der Version vom 14.11.2018. Deutsche IPCC-Koordinierungsstelle, ProClim/SCNAT, Österreichisches Umweltbundesamt, Bonn/Bern/Wien, November 2018.
3. **Laboratoy, Global Monitoring: Earth System Research Laboratories.** Trends in Atmospheric Carbon Dioxide. [Online] https://www.esrl.noaa.gov/gmd/ccgg/trends/data.html.
4. **Potsdam-Institut für Klimaforschung.** Kippelemente – Achillesfersen im Erdsystem. *Geografische Einordnung der wichtigsten Kippelemente im Erdsystem mit Angabe der Klimazonen nach Köppen.* [Online] 2017. https://www.pik-potsdam.de/services/infothek/kippelemente#klimaklassifikation-nach-k-ppen.
5. **Umweltbundesamt.** *Kipp-Punkte im Klimasystem, welche Gefahren drohen?*
6. —. Trends der Lufttemperatur. [Online] 23. 02 20. https://www.umweltbundesamt.de/daten/klima/trends-der-lufttemperatur#steigende-durchschnittstemperaturen-weltweit.
7. **Bastin JF, Clark E, Elliott T, Hart S, van den Hoogen J, et al.** Understanding climate change from a global analysis of city analogues. [Online] https://journals.plos.org/plosone/article?id=10.1371/journal.pone.0217592#abstract0.
8. **Landwirtschaft, Bundesministerium für Ernährung und.** *Ergebnisse der Waldzustandserhebung 2019.*
9. **Deutsches Institut für Wirtschaftsforschung e.V. (DIW).** Klimawandel kostet die deutsche Volkswirtschaft Milliarden. [Online] 2007. https://www.cdp.net/en/research/global-reports/costing-the-earth.
10. **Global Humanitarian Forum.** *Human Impact Report Climate Change: The Anatomy of A Silent Crisis.* Genf : s.n., 2009.
11. **Germanwatch.** Globaler Klima-Risiko-Index 2021. [Online] https://germanwatch.org/de/19777.
12. **Oxfam, 2019.** UN-Weltklimakonferenz in Madrid: Klimakrise zwingt jährlich 20 Millionen Menschen zur Flucht. [Online] https://www.oxfam.de/presse/pressemitteilungen/2019-12-02-klimakrise-zwingt-jaehrlich-20-millionen-menschen-flucht.
13. **The World Bank.** Meet the Human Faces of Climate Migration. [Online] 2021. https://www.worldbank.org/en/news/feature/2018/03/19/meet-the-human-faces-of-climate-migration.
14. **Global Carbon Atlas.** Global Carbon Atlas. [Online] http://www.globalcarbonatlas.org/en/CO_2-emissions.
15. **Bundesministerium für Wirtschaft und Energie.** BMWi – Energiedaten, Tabelle 8a. [Online] https://www.bmwi.de/Redaktion/DE/Binaer/Energiedaten/energiedaten-gesamt-xls.xlsx?__blob=publicationFile&v=95.
16. **Umweltbundesamt.** Energiesparende Gebäude. [Online] 29. 05 2020. https://www.umweltbundesamt.de/themen/klima-energie/energiesparen/energiesparende-gebaeude#gebaude-wichtig-fur-den-klimaschutz.
17. —. Einkommen, Konsum, Energienutzung, Emissionen privater Haushalte. [Online] 19. 08 2019. https://www.umweltbundesamt.de/daten/private-haushalte-konsum/strukturdaten-privater-haushalte/einkommen-konsum-energienutzung-emissionen-privater#konsumausgaben-der-privaten-haushalte-steigen.
18. **Deutsche Bundesregierung.** CO_2-Bepreisung. [Online] https://www.bundesregierung.de/breg-de/themen/klimaschutz/co2-bepreisung-1673008.
19. **Bundesministerium für Wirtschaft und Energie (BMWi).** *Energieeffizienz in Zahlen, Entwicklungen und Trends in Deutschland 2019.* Berlin : Bundesministerium für Wirtschaft und Energie (BMWi), 2019.
20. **Energieagentur NRW.** Energiefluss von der Primaerenergie zur Nutzenergie. [Online] https://www.energieagentur.nrw/mediathek/Grafik/energiefluss_von_der_primaerenergie_zur_nutzenergie.
21. **Umweltbundesamt.** Entwicklung es Primärenergieverbrauch in Deutschland nach Energieträgern und politischen Zielen. [Online] https://www.umweltbundesamt.de/daten/energie/primaerenergieverbrauch#entwicklung-und-ziele.
22. **Bundesministerium für Wirtschaft und Energie (BMWi).** BMWi – Energiedaten, Tabelle 4. [Online] https://www.bmwi.de/Redaktion/DE/Binaer/Energiedaten/energiedaten-gesamt-xls.xlsx?__blob=publicationFile&v=95.
23. —. BMWi – Energiedaten, Tabelle 6a. [Online] 2020. https://www.bmwi.de/Redaktion/DE/Binaer/Energiedaten/energiedaten-gesamt-xls.xlsx?__blob=publicationFile&v=95.
24. **Umweltbundesamt.** Endenergieverbrauch nach Energieträgern und Sektoren. [Online] https://www.umweltbundesamt.de/daten/energie/energieverbrauch-nach-energietraegern-sektoren.
25. **Bundesministerium für Wirtschaft und Energie (BMWi).** BMWi – Energiedaten, Tabelle 20. [Online] https://www.bmwi.de/Redaktion/DE/Binaer/Energiedaten/energiedaten-gesamt-xls.xlsx?__blob=publicationFile&v=95.
26. —. BMWi – Energiedaten, Tabelle 22. [Online] https://www.bmwi.de/Redaktion/DE/Binaer/Energiedaten/energiedaten-gesamt-xls.xlsx?__blob=publicationFile&v=95.
27. **Fraunhofer-Institut für Solare Energiesysteme ISE.** *Wege zu einem klimaneutralen Energiesystem.* Freiburg: s.n., Februar 2020.
28. **Umweltbundesamt.** Bilanz 2019: CO_2-Emissionen pro Kilowattstunde Strom sinken weiter. [Online] [Zitat vom:] https://www.umweltbundesamt.de/presse/pressemitteilungen/bilanz-2019-co2-emissionen-pro-kilowattstunde-strom.
29. —. Die Treibhausgase. [Online] 26. 03 2020. https://www.umweltbundesamt.de/themen/klima-energie/klimaschutz-energiepolitik-in-deutschland/treibhausgas-emissionen/die-treibhausgase.
30. **Bundesministerium für Bildung und Forschung.** Bundesregierung verabschiedet Wasserstoffstrategie. [Online] https://www.fona.de/de/

aktuelles/nachrichten/2020/nationale-wasserstoffstrategie-verabschiedet.php.
31. **Fraunhofer-Institut für System- und Innovationsforschung ISI, Karlsruhe, Fraunhofer-Institut für Solare Energiesysteme ISE, Freiburg.** *Eine Wasserstoff-Roadmapfür Deutschland.* Karlsruhe und Freiburg: s.n., 2019.
32. **Bundesministerium für Wirtschaft und Energie (BMWi).** *Die Nationale Wasserstoffstrategie.* 06/20.
33. **Müller, Gerd.** *UMDENKEN Überlegensfragen der Menscheit.* s.l.: Murmann Verlag, 2020.
34. **Boston Consulting Group (BCG).** The real promisse of hydrogen. [Online] https://www.bcg.com/de-de/publications/2019/real-promise-of-hydrogen.
35. **AG Energiebilanzen e.V.** *Importabhängigkeit der deutschen.* 03/20.
36. **Bundesnetzagentur.** Wie setzt sich der Strompreis zusammen? [Online] https://www.bundesnetzagentur.de/SharedDocs/FAQs/DE/Sachgebiete/Energie/Verbraucher/PreiseUndRechnungen/WieSetztSichDerStrompreisZusammen.html.
37. —. Wie setzt sich der Gaspreis zusammen? [Online] https://www.bundesnetzagentur.de/SharedDocs/FAQs/DE/Sachgebiete/Energie/Verbraucher/PreiseUndRechnungen/WieSetztSichDerGaspreisZusammen.html.
38. **Bundesministerium für Wirtschaft und Energie (BMWi).** Zahlen und Fakten Energiepreise (Tabelle 28). [Online] https://www.bmwi.de/Redaktion/DE/Artikel/Energie/energiedaten-gesamtausgabe.html.
39. **Verbraucherzentrale Nordrhein-Westfalen.** Energiepreise in NRW. [Online] https://www.verbraucherzentrale.nrw/wissen/energie/preise-tarife-anbieterwechsel/energiepreise-in-nrw-25610.
40. **Bundesministerium für Wirtschaft und Energie.** *Energiedaten Tabelle 28.*
41. **Transport & Environment.** Elektrifizierung von Dienstwagen würde Pkw-Emissionen in Deutschland um ein Drittel senken – Studie. [Online] https://www.transportenvironment.org/press/elektrifizierung-von-dienstwagen-w%C3%BCrde-pkw-emissionen-deutschland-um-ein-drittel-senken-studie.
42. **The Shift Project.** The Shift Project. [Online] https://theshiftproject.org/en/home/.
43. **Statista.** Anteil der Ausgaben der privaten Haushalte in Deutschland für Nahrungsmittel, Getränke und Tabakwaren an den Konsumausgaben in den Jahren 1850 bis 2019. [Online] https://de.statista.com/statistik/daten/studie/75719/umfrage/ausgaben-fuer-nahrungsmittel-in-deutschland-seit-1900/.
44. **Welthungerhilfe.** Hunger: Verbreitung, Ursachen & Folgen. [Online] https://www.welthungerhilfe.de/hunger/.
45. **Deutsche Energie-Agentur (DENA).** Gebäude energieeffizient gestalten. [Online] https://www.dena.de/themen-projekte/energieeffizienz/gebaeude/.
46. **Bundesministerium für Wirtschaft und Energie (BMWi).** *Das neue Gebäudeenergiegesetz – kurz zusammen gefasst.* Berlin: s.n., 2019.
47. **Bundesministerium für Wirtschaft und Technologie (BMWi).** *Sanierungsbedarf im Gebäudebestand: Ein Beitrag zur Energieeffizienzstrategie Gebäude.* Berlin: s.n., 2014.
48. **Bundesministerium für Wirtschaft und Energie (BMWi).** Eine Frage des Jahrgangs: So viel Energie verbrauchen alte Gebäude. [Online] 03. 03 2015. https://www.bmwi-energiewende.de/EWD/Redaktion/Newsletter/2015/4/Meldung/infografik-energiekosten-gebaeude.html.
49. **BDEW Bundesverband der Energie- und Wasserwirtschaft e.V. (BDEW).** *Entwicklung des Wärmeverbrauchs – Basisdaten und Einflussfaktoren.* Berlin: s.n., 29.05.2019.
50. **Deutsche Energie-Agentur (DENA).** Transparenz bei der Energienutzung. [Online] https://www.dena.de/themen-projekte/energieeffizienz/gebaeude/beraten-und-planen/energieausweis/.
51. **Leonmedia Ralf Gründling.** [Online] https://www.energieausweis-vorschau.de/.
52. **Jarmoluk.** Pixabay. [Online] https://pixabay.com/de/photos/stift-dokument-energieausweis-428305/.
53. **Schwarzburger, Heiko.** *Energie im Wohngebäude.* s.l.: VDE Verlag GmbH, 2017.
54. **Bosch Thermotechnik GmbH, Buderus Deutschland.** [Online]
55. **Krenok43.** Pixabay. [Online] https://pixabay.com/de/photos/fu%C3%9Fbodenheizung-tube-bretter-3814621/.
56. **BDEW Bundesverband der Energie- und Wasserwirtschaft e. V.** Wie heizt Deutschland 2019? BDEW-Studie zum Heizungsmarkt. [Online] 10 2019. https://www.bdew.de/media/documents/Pub_20191031_Wie-heizt-Deutschland-2019.pdf.
57. **Bundesverband der Deutschen Heizungsindustrie.** Pressegrafiken. [Online] https://www.bdh-koeln.de/presse/pressegrafiken.
58. **Fraunhofer-Institut für Solare Energiesysteme ISE, Freiburg.** *Was kostet die Energiewende? Wege zur Transformation des deutschen Energiesystems bis 2050.* Freiburg: s.n., 2015.
59. **Bosch Thermotechnik GmbH.** [Online]
60. **Mrdidg.** Pixabay. [Online] https://pixabay.com/de/photos/pellets-holzbrennstoff-heizung-4844847/.
61. **VfW – Bundesverband für Wohnungslüftung e.V.** Wir brauchen Luft zum Leben – auch in unseren vier Wänden. [Online] http://wohnungslueftung-ev.de/lueften/einfuehrung/.
62. **Bosch Thermotechnik GmbH.** Kontrollierte Wohnraumlüftung einfach erklärt. [Online] https://www.bosch-thermotechnology.com/de/de/wohngebaeude/wissen/heizungsratgeber/kontrollierte-wohnraumlueftung/.
63. **Robert-Koch-Institut (RKI).** Legionellose. [Online] 05. 09 2019. https://www.rki.de/DE/Content/Infekt/EpidBull/Merkblaetter/Ratgeber_Legionellose.html#doc2387614bodyText3.
64. **Fraunhofer-Institut für Bauphysik.** *Energieeffizienz elektrisch angetriebener Wärmepumpen Praxisergebnisse aus dem Monitoring.* 2017.
65. **13902.** Pixabay. [Online] https://pixabay.com/de/photos/haus-neubau-eigenheim-wohung-66627/.
66. **Congerdesign.** Pixabay. [Online] https://pixabay.com/de/photos/photovoltaik-haus-dach-energie-533688/.
67. **Fraunhofer-Institut für Solare Energiesysteme ISE.** *Aktuelle Fakten zur Photovoltaik in Deutschland.* Photovoltaik Module und Kraftwerke. Freiburg : s.n., 2020.
68. **8510670.** Pixabay. [Online] https://pixabay.com/de/photos/techniker-solar-panel-erneuerbare-3936984/.
69. **Pagaling.** Pixabay. [Online] https://pixabay.com/de/photos/wechselrichter-grid-tie-solar-647181/.
70. **Hochschule für Technik und Wirtschaft Berlin (HTW-Berlin).** *Individuelle Autarkie.* 2014.
71. **Fraunhofer-Institut für Solare Energiesysteme ISE.** *Aktuelle Fakten zur Photovoltaik in Deutschland.* Freiburg: s.n., 2020.
72. **Statista.** Durchschnittlicher Kraftstoffverbrauch der in Deutschland zugelassenen PKW in den Jahren von 2007 bis 2018. [Online] https://de.statista.com/statistik/daten/studie/484054/umfrage/durchschnittsverbrauch-pkw-in-privaten-haushalten-in-deutschland/.
73. **Bundesministerium für Verkehr und digitale Infrastruktur (BMVI).** *Mobilität in Deutschland – MiD.* Bonn : s.n., 2019.

74. **Allgemeine Deutsche Automobil-Club e. V. (ADAC).** Elektroautos im Winter: Wie weit reicht der Akku? [Online] 17. 12 2019. https://www.adac.de/rund-ums-fahrzeug/elektromobilitaet/info/elektroauto-reichweite-winter/.
75. **Mohamed Hassan.** Pixabay. [Online] https://pixabay.com/de/illustrations/home-smart-automatisierung-haus-4100193/.
76. **Bundesamt für Wirtschaft und Ausfuhrkontrolle (BAFA).** Förderübersicht: Heizen mit erneuerbaren Energien 2020. [Online] 21. 01 2020. https://www.bafa.de/SharedDocs/Downloads/DE/Energie/ee_foerderuebersicht_2020.pdf?__blob=publicationFile&v=4.
77. —. Merkblatt zu den förderfähigen Kosten – Heizen mit Erneuerbaren Energien. [Online] 26. 03 2020. https://www.bafa.de/SharedDocs/Downloads/DE/Energie/ee_merkblatt_foerderfaehige_kosten.pdf?__blob=publicationFile&v=8.
78. **co2online.** Die 26 besten Stromspartipps: Strom sparen leicht gemacht. [Online] 2929. https://www.co2online.de/energie-sparen/strom-sparen/strom-sparen-stromspartipps/strom-sparen-tipps-und-tricks/#c120551.
79. **Deutschalnd in Zahlen.** [Online] https://www.deutschlandinzahlen.de/tab/deutschland/infrastruktur/gebaeude-und-wohnen/wohnflaeche-je-einwohner.
80. **Geralt.** Pixabay. [Online] https://pixabay.com/de/photos/kosten-taschenrechner-euro-dollar-4164538/.
81. **Statista.** Verteilung der Haushalte in Deutschland nach Miete und Eigentum von 1998 bis 2018. [Online] https://de.statista.com/statistik/daten/studie/237719/umfrage/verteilung-der-haushalte-in-deutschland-nach-miete-und-eigentum/.
82. —. Bevölkerung in Deutschland nach Anzahl der PKW im Haushalt von 2016 bis 2019. [Online] https://de.statista.com/statistik/daten/studie/172093/umfrage/anzahl-der-pkw-im-haushalt/.
83. —. Umsatz mit Bio-Lebensmitteln in Deutschland in den Jahren 2000 bis 2019. [Online] https://de.statista.com/statistik/daten/studie/4109/umfrage/bio-lebensmittel-umsatz-zeitreihe/.
84. —. Anzahl der Anlagen in der Fitnessbranche in Deutschland von 2008 bis 2019. [Online] 2020. https://de.statista.com/statistik/daten/studie/6231/umfrage/anzahl-der-anlagen-in-der-fitness-branche/.
85. **Schulungsstelle Traunstein.** Behaglichkeit. [Online] http://www.schulungsstelle-traunstein.de/Energieberatung/background/images/luftfeuchtebehaglichkeit.jpg.
86. **Bayerisches Landesamt für Umwelt.** Die Wirkung von Lärm auf den Menschen. [Online] https://www.lfu.bayern.de/laerm/laerm_allgemein/wirkung_auf_menschen/index.htm.
87. **Umweltbundesamt.** Stressreaktionen und Herz-Kreislauf-Erkrankungen. [Online] 22. 12 2015. https://www.umweltbundesamt.de/themen/verkehrlaerm/laermwirkung/stressreaktionen-herz-kreislauf-erkrankungen#auswirkungen-des-larms-auf-die-gesundheit.
88. **Velux.** *Healthy Home Barometer 2016.* 2016.
89. **Innungskrankenkasse (IKK).** Licht – Energie für Körper und Seele. [Online] https://www.ikk-gesundplus.de/gesundheit/entspannung_wohlbefinden/licht_stimmung/.
90. **Immowelt.** Gefährliche Sporen: In jedem 4. Haushalt mit Kindern gibt es Schimmel. [Online] 29. 11 2016. https://www.immowelt-group.com/presse/pressemitteilungenkontakt/immoweltde/2016/gefaehrliche-sporen-in-jedem-4-haushalt-mit-kindern-gibt-es-schimmel/.
91. **Hessisches Ministerium für Umwelt, Energie, Landwirtschaft und Verbraucherschutz.** *Lüftung im Wohngebäude.* Wiesbaden: s.n.
92. **Velux.** Richtig lüften – so schaffen Sie ein angenehmes Raumklima bis ins Dachgeschoss. [Online] https://magazin.velux.de/artikel/richtig-lueften.html.
93. **Handelskrankenkasse (HKK).** Mit frischer Luft Grippe-Viren ausbremsen. [Online] https://www.hkk.de/themen/erkaeltung/mit-frischer-luft-grippeviren-ausbremsen.
94. **Bundes Bau Blatt (BBB), Diagramm nach Scofield Sterling.** Luftfeuchte entscheidend für Gesundheit und Gebäudeschutz. [Online] 11 2018. https://www.bundesbaublatt.de/artikel/bbb_Luftfeuchte_entscheidend_fuer_Gesundheit_und_Gebaeudeschutz_3251934.html.
95. **Robert Koch Institut.** Empfehlungen für Gesundheitsämter zu Prävention und Management von COVID-19-Erkrankungen in Aufnahmeeinrichtungen und Gemeinschaftsunterkünften für Schutzsuchende (im Sinne von §§ 44, 53 AsylG). [Online] 10. 07 2020. https://www.rki.de/DE/Content/InfAZ/N/Neuartiges_Coronavirus/AE-GU/Aufnahmeeinrichtungen.html.
96. **Stiftung Deutscher Polleninformationsdienst.** [Online] http://www.pollenstiftung.de/pollenvorhersage/neu-namensgeber-fuer-die-wochen-pollenvorhersage-des-pid/.
97. **Umweltbundesamt.** Außenluft. [Online] 21. 01 2019. https://www.umweltbundesamt.de/themen/luft/wirkungen-von-luftschadstoffen/wirkungen-auf-die-gesundheit#woher-stammen-die-schadstoffe-und-wie-wirken-sie-sich-auf-die-gesundheit-aus.
98. **World Air Quality Index project.** Luftverschmutzung in: Echtzeit-Luftqualitätsindex (LQI). [Online] https://aqicn.org/here/de/.
99. **Bundesamt für Strahlenschutz (BfS).** Radon in Gebäuden. [Online] 09. 08 2019. https://www.bfs.de/DE/themen/ion/umwelt/radon/vorkommen/gebauede.html.
100. —. So wirkt Radon auf die Gesundheit. [Online] 01. 06 2020. https://www.bfs.de/DE/themen/ion/umwelt/radon/wirkungen/wirkungen.html.
101. —. Radon in der Boden-Luft in Deutschland. [Online] https://www.bfs.de/DE/themen/ion/umwelt/radon/karten/boden.html.
102. **Gaida, Michael.** Pixabay. [Online] https://pixabay.com/de/photos/architektur-einfamilienhaus-h%C3%A4user-3383067/.
103. **Statista.** Baufertigstellungen von Wohnungen in Wohn- und Nichtwohngebäuden* in Deutschland in den Jahren 2002 bis 2019. [Online] [Zitat vom:] https://de.statista.com/statistik/daten/studie/39008/umfrage/baufertigstellungen-von-wohnungen-in-deutschland/.
104. **WWF Deutschland.** *Klimaschutz in der Beton- und Zementindustrie – Hintergrund und Handlungsoptionen.* Berlin : WWF Deutschland, 2019.
105. **Technische Universität Darmstadt.** *Wohnraumpotenziale in urbanen LagenAufstockung und Umnutzung von Nichtwohngebäuden.* 2019.
106. **Institut Wohnen und Umwelt (IWU).** [Online] https://www.iwu.de/publikationen/fachinformationen/energiebilanzen/#c205.
107. **Umweltbundesamt.** Erneuerbare Energien in Zahlen. [Online] https://www.umweltbundesamt.de/themen/klima-energie/erneuerbare-energien/erneuerbare-energien-in-zahlen.
108. **SMA.** Die Eigenstromzulage Informationen und Hintergründe zum Solarstrom-Eigenverbrauch. [Online] 07 2010. https://www.sma.de/partner/expertenwissen/die-eigenstromzulage.html.
109. **Bundestag.** CO_2-Bilanzen verschiedener Energieträgerim Vergleich. [Online] 2007. https://www.bundestag.de/resource/blob/406432/70f77c4c170d9048d88dcc3071b7721c/wd-8-056-07-pdf-data.pdf.
110. **Discovergy.** Neue Funktionen und Verbesserungen für unsere Discovergy-App. [Online] https://discovergy.com/blog/app-zum-strom-sparen.
111. Quelle: European Heart Journal: Cardiovascular disease burden from ambient air pollution in Europe reassessed using novel hazard ratio functions https://academic.oup.com/eurheartj/article/40/20/1590/5372326

Bildnachweis

Cover oben links: Shutterstock, Slavun
Cover oben rechts: Shutterstock, Andrey Suslov
Cover oben Mitte: Shutterstock, Palatinate Stock
Cover unten Mitte: Bosch Thermotechnik GmbH, Buderus Deutschland
Cover unten rechts: Shutterstock, Oleksandr Riabokin
Cover unten: Shutterstock, HQuality

Abbildung 1: LAVA – Laboratory for Visionary Architecture
Abbildung 2: Intergovernmental Panel on Climate Change (IPCC)
Abbildung 3: Daten von Global Monitoring Laboratory
Abbildung 4: Potsdam-Institut für Klimafolgenforschung (PIK), Creative Commons BY-ND 3.0DE
Abbildung 5: pixabay. 4334627
Abbildung 6: www.germanwatch.org/kri
Abbildung 7: Daten BMWi
Abbildung 8: Daten BMWi
Abbildung 9: Die Werkstatt Medienproduktion
Abbildung: 10: Daten von Umweltbundesamt und BMWi
Abbildung 11: Daten vom BMWi
Abbildung 12: Daten vom BMWi
Abbildung 13: Daten vom BMWi
Abbildung 14: Daten vom BMWi
Abbildung 15: Daten vom Umweltbundesamt
Abbildung 16: Fraunhofer ISE: Wege zu einem klimaneutralen Energiesystem
Abbildung 17: www.Electricitymap.org
Abbildung 18: www.Electricitymap.org
Abbildung 19: www.Electricitymap.org
Bild Seite 31: iStock, Igor Borisenko
Abbildung 20: Projektträger Jülich, Forschungszentrum Jülich GmbH
Abbildung 21: Die Werkstatt Medienproduktion
Abbildung 22: www.bundesnetzagentur.de
Abbildung 23: Daten vom BMWi
Abbildung 24: Simon Grieger
Abbildung 25: iStock, sompong_tom
Abbildung 26: pixabay, donata44
Abbildung 27: iStock, kertu_ee
Bild Seite 54: Shutterstock, Vaclav Volrab
Abbildung 28: Daten vom BMWi
Abbildung 29: Energieausweis-Vorschau
Abbildung 30: Energieausweis-Vorschau
Abbildung 31: Energieausweis-Vorschau
Abbildung 32: Die Werkstatt Medienproduktion
Abbildung 33: Mein Sanierungsfahrplan, S. 7, BMWi
Abbildung 34: (links) Bosch Thermotechnik GmbH, Buderus; (rechts) Pixabay, Krenok43.
Abbildung 35: Zahlen BDH; Bundesverband der Deutschen Heizungsindustrie, Pressegrafiken.
Abbildung 36: Bosch Thermotechnik GmbH
Abbildung 37: Die Werkstatt Medienproduktion
Abbildung 38: Engelmann Energien Service GmbH
Abbildung 39: Bundesverband Wärmepumpe e. V., BWP
Abbildung 40: Bundesverband Wärmepumpe e. V., BWP
Abbildung 41: Bundesverband Wärmepumpe e. V., BWP
Abbildung 42: Bosch Thermotechnik GmbH
Abbildung 43: iStock, KangeStudio
Abbildung 44: iStock, imantsu
Abbildung 45: iStock, KangeStudio; Pixabay. 4844847 (rechts)
Abbildung 46: iStock, Grassetto
Abbildung 47: Bosch Thermotechnik GmbH
Abbildung 48: Bosch Thermotechnik GmbH, Buderus Deutschland
Abbildung 49: Die Werkstatt Medienproduktion
Abbildung 50: Die Werkstatt Medienproduktion
Abbildung 51: Bosch Thermotechnik GmbH
Abbildung 52: Pixabay, 428305
Abbildung 53: Bosch Thermotechnik GmbH
Abbildung 54: iStock, Pro2sound
Abbildung 55: Bosch Thermotechnik GmbH, Buderus Deutschland
Abbildung 56: Shutterstock, serato
Abbildung 57: Bosch Thermotechnik GmbH
Abbildung 58: Shutterstock, hydebrink
Abbildung 59: Bosch Thermotechnik GmbH, Buderus Deutschland
Abbildung 60: Die Werkstatt Medienproduktion
Abbildung 61: Bosch Thermotechnik GmbH, Buderus Deutschland
Abbildung 62: Pixabay, 66627
Abbildung 63: Pixabay, CongerDesign
Abbildung 64: Pixabay, 510670 und Pagaling
Abbildung 65: Die Werkstatt Medienproduktion
Abbildung 66: HTW Berlin – pvspeicher.htw-berlin.de
Abbildung 66: HTW Berlin – pvspeicher.htw-berlin.de
Abbildung 68: Die Werkstatt Medienproduktion
Abbildung 69: Bosch Thermotechnik GmbH, Buderus Deutschland
Abbildung 70: Shutterstock, Herr Loeffler
Abbildung 71: Die Werkstatt Medienproduktion
Abbildung 72: Shutterstock, Gorodenkoff
Abbildung 73: Die Werkstatt Medienproduktion
Abbildung 74: Shutterstock, RikoBest
Abbildung 75: iStock, sl-f
Abbildung 76: Shutterstock, Sergii Chernov
Abbildung 77: pixabay, Mohamed Hassan
Abbildung 78: Bosch Thermotechnik GmbH, Buderus Deutschland
Abbildung 79: Bosch Smart Home GmbH
Abbildung 80: Die Werkstatt Medienproduktion
Abbildung 81: Die Werkstatt Medienproduktion
Abbildung 82: Bosch Thermotechnik GmbH
Abbildung 83: Die Werkstatt Medienproduktion
Abbildung 84: VITO, funded by the European Commission
Bild Seite 131: Shutterstock, RossHelen
Abbildung 85: iStock, bernardbodo
Bild Seite 134: Shutterstock, Romolo Tavani
Abbildung 86: Deutschland in Zahlen
Abbildung 87: Pixabay, Geralt
Abbildung 88: iStock, yacobchuk
Abbildung 89: iStock, skynesher
Abbildung 90: Die Werkstatt Medienproduktion nach Schulungszentrum Traunstein
Abbildung 91: Die Werkstatt Medienproduktion
Abbildung 92: Die Werkstatt Medienproduktion
Abbildung 93: Die Werkstatt Medienproduktion nach Scofield Sterling
Abbildung 94: iStock, kzenon
Abbildung 95: World Air Quality Index Project
Bild Seite 96: Shutterstock, Francesco Scatena
Bild Seite 97: Shutterstock, DenisProduction.com
Abbildung 98: Bundesamt für Strahlenschutz
Abbildung 99: Die Werkstatt Medienproduktion
Abbildung 100: pixabay, Michael Gaida
Abbildung 101: Shutterstock, FOTOGRIN
Abbildung 102: Shutterstock, Jozef Klopacka
Abbildung 103: Shutterstock, Petair
Abbildung 104: Shutterstock, ushi
Abbildung 105: Shutterstock, Wirestock Creators
Abbildung 106: Shutterstock, Aleksei Kochev
Bild Seite 165: Shutterstock, elwynn und Who is Danny
Abbildung 107: Rebecca Meyer Illustration
Abbildung 108: Rebecca Meyer Illustration
Abbildung 109: Die Werkstatt Medienproduktion
Abbildung 110: Institut Wohnen und Umwelt

Index

Weitere Bücher im ökobuch Verlag

Anders gärtnern

Permakultur-Elemente im Hausgarten. Ob Kräuterspirale, Krater- bzw. Hochbeet, Kartoffelturm, Wurmfarm oder Erdgewächshaus mit Hühnerstall, bei allem dient die Natur als Vorbild. Mit vielen Anleitungen für einen Hausgarten, in dem die Bereiche harmonisch zusammenwirken und sich gegenseitig fördern. Von Margit Rusch. 96 Seiten, mit vielen farbigen Abbildungen, 14,95 €

Mein kleiner Permakultur-Garten

300 kg Ernte auf 150 m² Fläche mitten in der Stadt. Der Autor Josef Chauffrey beschreibt die Kultivierung eines Reihenhausgartens nach Permakultur-Prinzipien und zeigt, wie sich beachtliche Ernteerfolge an Obst u. Gemüse erzielen lassen. 110 Seiten, mit vielen farbigen Abbildungen, 14,95 €

Biogarten-Praxisbuch

Anleitung zum naturgemäßen Gärtnern in Bildern. Hier wird das notwendige Wissen vermittelt, um erfolgreich den Boden zu bestellen und reichhaltig gesundes Obst und Gemüse zu ernten. Von Susanne Bruns. 224 Seiten, viele Abbildungen, 18,95 €

Dächer begrünen

Grüne Dächer sind nicht nur schön anzusehen: Sie bilden wertvolle Biotope in der Stadt, verbessern die Luft und haben erhebliche bautechnische wie auch bauphysikalische Vorzüge. Von Gernot Minke. 96 Seiten, mit vielen Abbildungen, 16,95 €

Auf 300 qm Gemüseland

… den Bedarf eines Haushalts ziehen. Wie man auf kleinstem Raum einen Nutzgarten anlegt und erfolgreich bewirtschaftet, können wir von unseren Vorfahren lernen. Mit schnellen, praktischen, alphabetisch geordneten Infos über die wesentlichen Pflanzen, über Anbau- und Arbeitsmethoden. Von Arthur Janson. Neugestalteter Nachdruck der Erstausgabe von 1926. 170 Seiten, 13,95 €

Saatgut aus dem Hausgarten

Nach einer Einführung in die Saatgutgewinnung und in die Praxis der Vermehrung werden die nötigen Hilfsmittel, Ernte, Reinigung und Lagerung der Samen sowie Aussaat und Aufzucht beschrieben. Mit kurzen Pflanzenporträts aller im Hausgarten üblichen Kräuter, Gemüse und Blumen. Von Marlies Ortner. 138 Seiten, mit vielen farbigen Abbildungen, 19,90 €

Trocknen und Dörren mit der Sonne

Bau & Betrieb von Solartrocknern. Ein Buch für alle, die einen funktionstüchtigen Solartrockner kostengünstig selbst bauen möchten, um Obst, Gemüse und Kräuter natürlich und hochwertig haltbar zu machen. Außerdem: Praxis des Trocknens mit vielen Tipps aus langjähriger Erfahrung. Herausgegeben von Claudia Lorenz-Ladener. 96 Seiten, mit vielen farbigen Abbildungen, 13,95 €

Terrassen und Decks aus Holz selbst gebaut

Planungsüberlegungen, sinnvolle Konstruktionen, Materialempfehlungen. Viele Beispiele und Schritt-für-Schritt-Bilder vermitteln das Wissen zum Bau schöner Holzdecks. Von Peter Himmelhuber. 102 Seiten, mit vielen farbigen Abbildungen, 14,95 €

Mein Garten lebt

Vögel, Schmetterlinge, Igel, Wildbienen und andere nützliche Tiere ansiedeln. Mit Bauanleitungen und Gestaltungsideen, um durch Nisthilfen, Schlafquartiere u.ä, Gärten tierfreundlich zu gestalten. Von Peter Himmelhuber. 96 Seiten, mit vielen farbigen Abbildungen, 14,95 €

Natürlich konservieren

Die 250 besten Rezepte, um Gemüse und Obst möglichst naturbelassen haltbar zu machen und ein maximum an Vitaminen, Nährstoffen und Geschmack zu erhalten. Herausgegeben von Terre Vivante. 160 Seiten, mit vielen Abbildungen, 14,95 €

Trockenmauern für den Garten

Bauanleitung & Gestaltungsideen. Ob Sitzplätze oder Hochbeete einzufassen, eine Hangfläche zu terrassieren oder das Grundstück einzugrenzen: Mit einfachen Werkzeugen kann jeder kostengünstig eine schöne und dauerhafte Trockenmauer selbst bauen. Von Jana Spitzer und Reiner Dittrich. 96 Seiten, mit vielen farbigen Abbildungen, 13,95 €

Hütten von Kindern selbst gebaut

Das Buch zeigt schön illustriert, wie Kinder ohne großen Aufwand ihr eigenes kleines Reich erschaffen können, mit Baumaterialien, die fast alle draußen zu finden sind: Spielhäuschen, Kuppelbau, Schlupfwinkel, Beobachtungsversteck. Ab 8 Jahre. Von Louis Espinassous. 58 Seiten, mit vielen Abbildungen, 13,95 €

Kleine Baumhäuser und Hütten

… kinderleicht gebaut. Hier wird gezeigt, wie Baum- und Stelzenhäuser gebaut werden können.

Mit Anleitungen für verschiedene Konstruktionen und Bildern von realisierten Beispielen. Von David Stiles. 96 Seiten, mit vielen farbigen Abbildungen, 14,95 €

Holzbacköfen im Garten

Detaillierte Bauanleitungen vom einfachen Lehmofen bis zum gemauerten Brotbackhäuschen.

Mit vielen Erfahrungen und Ratschlägen sowie pfiffigen Tipps und Rezepten. Herausgegeben von Claudia Lorenz-Ladener. 138 Seiten, mit vielen Abbildungen, 15,95 €

Gestalten mit Stein im Garten
Pflastern von Wegen, Terrassen und Zufahrten, Anlegen von Treppen und das Errichten von Mauern und Hangbefestigungen, mit Hinweisen zur Materialwahl, zu Aufwand und Kosten, und mit Anregungen für eigenes Schaffen. Von Peter Himmelhuber. 126 Seiten, mit vielen farbigen Abbildungen, 15,95 €

Hauserneuerung
Instandsetzen - Modernisieren - Energiesparen - Umbauen: mit Anleitung zur Selbsthilfe. Das Buch beschreibt ausführlich den behutsamen, handwerklich sachgerechten und umweltverträglichen Umgang mit alter Bausubstanz. Von G. Haefele, W. Oed und L. Sabel. 256 Seiten, mit vielen Abbildungen, 28,90 €

Vom Altbau zum Effizienzhaus
Energietechnische Gebäudesanierung in der Praxis: Nachträgliche Wärmedämmung der Gebäudehülle, Fenstererneuerung, sowie Sanierung der Haustechnik einschließlich Lüftung, Heizung, Sanitär und Elektro. Hrsg. von Ingo Gabriel und Heinz Ladener. 200 Seiten, mit vielen farbigen Abbildungen, 36,- €

Handbuch Lehmbau
Umfassendes Lehrbuch und Nachschlagewerk: Es zeigt Einsatzmöglichkeiten, Eigenschaften und Verarbeitungstechniken des Baustoffes Lehm. Mit Forschungsergebnissen und Beschreibungen ausgeführter Lehmhäuser. Von Gernot Minke. 222 Seiten, mit vielen Abbildungen, 38,- €

Handbuch Strohballenbau
Ein Konstruktions-Handbuch, das Konzeption, Bautechnik und alle Details beschreibt, um aus Strohballen gut gedämmte, dauerhafte Häuser zu bauen. Mit vielen Konstruktionsdetails und Beispielen. Von Gernot Minke und Benjamin Krick. 152 Seiten, mit vielen farbigen Abbildungen, 29,90 €

Naturkeller
Grundlagen der Kühllagerung und Anleitungen für Planung und Bau naturgekühlter Lagerräume im Haus und Freiland. Von Claudia Lorenz-Ladener. 140 Seiten, mit vielen Abbildungen, 19,90 €

Gestalten mit Holz im Garten
Bodenbeläge, Holzdecks, Zäune, Rankgerüste, Lauben. Bauanleitungen und Gestaltungsideen für Nützliches und Dekoratives aus Schnittholz und aus grünem Holz. Von Heidi Howcroft. 136 Seiten, mit vielen Abbildungen, 18,95 €

Mit Weiden bauen
Anleitungen für Zäune, Laubengänge, Wigwams, Sitzplätze und grüne Kuppeln. Arbeiten mit lebendem Material, aus dem sich viele schöne, nützliche Dinge herstellen lassen. Von Jon Warnes. 60 Seiten, mit vielen farbigen Abbildungen, 12,95 €

Kleine grüne Archen
Passivsolare Gewächshäuser als Alternative zum transparenten Standard-Gewächshaus. Das Buch zeigt, wie Solargewächshäuser freistehend, angelehnt oder teilweise in der Erde versenkt auch selbst gebaut werden können. Von Claudia Lorenz-Ladener. 128 Seiten, mit vielen farbigen Abbildungen, 22,90 €

Einfache Lauben und Hütten selbst gebaut
Einfache Paradiese zum Selbstbauen. Bauanleitungen für schnell zu errichtende Behausungen (Tipi, Baumhaus, Kuppelbau, Hogan etc.), sowie für schöne Lauben für den Garten oder die freie Natur. Von Claudia Lorenz-Ladener. 160 Seiten, mit vielen farbigen Abbildungen, 16,95 €

Praxis: Holzfassaden
Material, Planung, Ausführung. Das Buch zeigt nicht nur die gestalterischen Möglichkeiten moderner Holzfassaden, sondern stellt zahlreiche vorbildliche Beispiele und Detaillösungen mit Ecken, Sockel, Dach- und Fensteranschlüssen vor. Von Ingo Gabriel. 112 Seiten, mit vielen farbigen Abbildungen, 28,- €

Neues Bauen mit Stroh in Europa
Bauen mit großformatigen Quadern aus gepresstem Stroh: gebaute Beispiele, erprobte Bauformen und Konstruktionen, Besonderheiten, neue Projekte und Forschungen.
Von H. u. A. Gruber u. H. Santler. 112 Seiten, mit vielen Abbildungen, 14,95 €

Das neue Heizen
Umweltfreundlich und wirtschaftlich heizen mit Gas, Holz, Strom und Sonnenenergie. Eine vergleichende Übersicht über moderne Heizungstechniken und deren Einsatz in gut gedämmten Gebäuden. Von M. Schulz u. H. Westkämper. 230 Seiten, mit vielen farbigen Abbildungen, 36,00 €

Regenwasser für Garten und Haus
Ein kompetenter Ratgeber für Planung und Bau von Regenwassersammelanlagen nach dem Stand der Technik: Bemessung, Genehmigung, Speichertanks, Pumpen, Rohrleitungen, Zubehör. Von Karlheinz Böse. 96 Seiten, mit vielen Abbildungen, 16,95 €

Autonome Stromversorgung
Auslegung, Aufbau und Praxis autonomer Stromversorgungsanlagen mit Batteriespeicher für Beleuchtung und für netzferne Handwerks- u. Landwirtschaftsbetriebe. Von Philipp Brückmann und Georg Bopp. 126 Seiten, mit vielen Abbildungen, 18,95 €

Unsere Bücher erhalten Sie in allen Buchhandlungen.
www.oekobuch.de · E-Mail: verlag@oekobuch.de

ökobuch
Zukunft leben